U0266362

普通高等教育"十二五"规划教材
新世纪新理念高等院校数学教学改革与教材建设精品教材

常微分方程

主　编：李必文　赵临龙　张明波
副主编：郑绿洲　王勤龙　吴庆华

华中师范大学出版社

内 容 提 要

本书系统地介绍了常微分方程的基本理论和基本解法，内容包括常微分方程的基本概念、一阶微分方程的初等解法、解的存在唯一性定理、n 阶线性微分方程、线性微分方程组、定性与稳定性理论初步、常微分方程在数学建模中的应用。本书在体系安排上与传统教材略有不同，更显科学合理，语言风格上更是注重通俗易懂，以便能适应各个不同层面的读者群。

本书可作为普通高等院校本科生教材，亦可作为常微分方程理论研究者和教育工作者的参考用书。

新出图证(鄂)字 10 号

图书在版编目(CIP)数据

常微分方程/李必文 赵临龙 张明波主编. —武汉：华中师范大学出版社，2014.8(2019.8 重印)
(普通高等教育"十二五"规划教材/新世纪新理念高等院校数学教学改革与教材建设精品教材)

ISBN 978-7-5622-6679-2

Ⅰ. ①常… Ⅱ. ①李… ②赵… ③张… Ⅲ. ①常微分方程—高等学校—教材 Ⅳ. ①O175.1

中国版本图书馆 CIP 数据核字(2014)第 121166 号

常微分方程

© 李必文 赵临龙 张明波 主编

编 辑 室：第二编辑室 **电 话**：027－67867362
责任编辑：冯红亮 袁正科 **责任校对**：王 胜 **封面设计**：胡 灿
出版发行：华中师范大学出版社
社 址：湖北省武汉市洪山区珞喻路 152 号 **邮 编**：430079
销售电话：027－67861549
邮购电话：027－67861321 **传 真**：027－67863291
网 址：http://press.ccnu.edu.cn **电子信箱**：press@mail.ccnu.edu.cn
印 刷：湖北民政印刷厂 **督 印**：王兴平
开 本：787mm×1092mm 1/16 **印 张**：11.75
字 数：270 千字
版 次：2014 年 8 月第 1 版 **印 次**：2019 年 8 月第 3 次印刷
印 数：4001－7000 **定 价**：29.50 元

欢迎上网查询、购书

普通高等教育“十二五”规划教材
新世纪新理念高等院校数学教学改革与教材建设精品教材

丛书编写委员会

丛书总序

未来社会是信息化的社会，以多媒体技术和网络技术为核心的信息技术正在飞速发展，信息技术正以惊人的速度渗透到教育领域中，正推动着教育教学的深刻变革。在积极应对信息化社会的过程中，我们的教育思想、教育理念、教学内容、教学方法与手段以及学习方式等方面已不知不觉地发生了深刻的变革。

现代数学不仅是一种精密的思想方法、一种技术手段，更是一个有着丰富内容和不断向前发展的知识体系。《国家中长期教育改革和发展规划纲要(2010－2020年)》指明了未来十年高等教育的发展目标："全面提高高等教育质量"、"提高人才培养质量"、"提升科学研究水平"、"增强社会服务能力"、"优化结构办出特色"。这些目标的实现，有赖于各高校进一步推进数学教学改革的步伐，借鉴先进的经验，构建自己的特色。而数学作为一个基础性的专业，承担着培养高素质人才的重要作用。因此，新形势下高等院校数学教学改革的方向、具体实施方案以及与此相关的教材建设等问题，不仅是值得关注的，更是一个具有现实意义和实践价值的课题。

为推进教学改革的进一步深化，加强各高校教学经验的广泛交流，构建高校数学院系的合作平台，华中师范大学数学与统计学学院和华中师范大学出版社充分发挥各自的优势，由华中师范大学数学与统计学学院发起，诚邀华中和周边地区部分颇具影响力的高等院校，面向全国共同开发这套"新世纪新理念高等院校数学系列精品教材"，并委托华中师范大学出版社组织、协调和出版。我们希望，这套教材能够进一步推动全国教育事业和教学改革的蓬勃兴盛，切实体现出教学改革的需要和新理念的贯彻落实。

总体看来，这套教材充分体现了高等学校数学教学改革提出的新理念、新方法、新形式。如目前各高等学校数学教学中普遍推广的研究型教学，要求教师少讲、精讲，重点讲思路、讲方法，鼓励学生的探究式自主学习，教师的角色也从原来完全主导课堂的讲授者转变为学生自主学习的推动者、辅导者，学生转变为教学活动的真正主体等。而传统的教材完全依赖教师课堂讲授、将主要任务交给任课教师完成、学生依靠大量的被动练习应对考试等特点，已不能满足这种新教学改革的推进。如果再叠加脱离时空限制的网络在线教学等教学方式带来的巨大挑战，传统教材甚至已成为教学改革的严重制约因素。

基于此，我们这套教材在编写的过程中注重突出以下几个方面的特点：

一是以问题为导向、引导研究性学习。教材致力于学生解决实际的数学问题、运用所学的数学知识解决实际生活问题为导向，设置大量的研讨性、探索性、应用性问题，鼓励学生在教师的辅导、指导下于课内课外自主学习、探究、应用，以加深对所学数学知识的理解、反思，提高其实际应用能力。

二是内容精选、逻辑清晰。整套教材在各位专家充分研讨的基础上，对课堂教学内容进一步精炼浓缩，以应对课堂教学时间、教师讲授时间压缩等方面的变革；与此同时，教材还在各教学内容的结构安排方面下了很大的功夫，使教材的内容逻辑更清晰，便于教师讲授和学生自主学习。

三是通俗易懂、便于自学。为了满足当前大学生自主学习的要求，我们在教材编写的过程中，要求各教材的语言生动化、案例更切合生活实际且趣味化，如通过借助数表、图形等将抽象的概念用具体、直观的形式表达，用实例和示例加深对概念、方法的理解，尽可能让枯燥、繁琐的数学概念、数理演绎过程通俗化，降低学生自主学习的难度。

当然，教学改革的快速推进不断对教材提出新的要求，同时也受限于我们的水平，这套教材可能离我们理想的目标还有一段距离，敬请各位教师，特别是当前教学改革后已转变为教学活动“主体”的广大学子们提出宝贵的意见！

朱长江
于武昌桂子山
2013 年 7 月

前　言

常微分方程是伴随着微积分的产生和发展而成长起来的一门历史悠久的学科。早在十七世纪，它就作为牛顿力学的得力助手，在天体力学和机械力学等研究领域发挥了巨大的作用。这里仅举出科学史上一件大事为证：在海王星被实际观测到之前，这颗行星的存在就被天文学家用微分方程推算出来了。时至今日，常微分方程仍然是最有生命力的数学分支之一。

常微分方程是数学类专业一门重要的专业基础课，是学习物理、经济、工程等学科不可缺少的基础课程之一。比如，它是数学物理方程、动力系统定性理论、生物数学、数学模型、数理经济、生物学等许多后续课程学习的基础。从数学发展的角度看，常微分方程分为经典和现代两部分，经典部分以数学分析、高等代数为工具，以求常微分方程的解为主要目的；现代部分主要是用泛函分析、拓扑学等知识来研究解的性质。常微分方程对先修课程（如数学分析、高等代数等）及后继课程（如微分方程数值解法、偏微分方程、微分几何、泛函分析）的学习起到了承前启后的作用，是数学理论中不可缺少的一个知识板块，也是学生进一步深入地学习其他数学课程的基础，对培养和提升学生分析问题和解决问题的能力有着重要的促进作用。

本书是根据普通高等院校常微分方程的教学大纲，由多年从事本门课程教学的一线教师共同编写。与其他同类教材相比，本书力求重点、难点更为突出，数学理论的文字表述更为通俗易懂，以便能更全面地适应不同院校学生的需求。同时添加了“常微分方程在数学建模中的应用”一章，目的是想借此章的学习，能更好地培养学生的创新意识、创新思维。

在编写此书的过程中，我们得到了华中师范大学数学与统计学学院、荆楚理工学院数理学院、湖北工程学院数学与统计学院、安康学院数学与统计系、贺州学院理学院以及湖北师范学院数学与统计学院的大力支持，得到了华中师范大学出版社的的鼎力相助，在此对他们一并表示感谢！

由于编者水平有限，书中难免存在诸多不妥之处，欢迎广大读者批评指正。

编者

2014 年 5 月

目　录

第1章 绪论

常微分方程是伴随着微积分的产生和发展而成长起来的一门历史悠久的学科，是研究自然科学和社会科学中事物的演化规律、物体的运动规律和现象的变化规律最为基本的数学理论和方法。常微分方程在自然科学和社会科学领域都有着广泛的应用，如牛顿的运动定律、万有引力定律、机械能守恒定律、能量守恒定律、人口发展规律、生态种群竞争、疾病传染、遗传基因变异、股票的涨跌趋势、利率的浮动、市场均衡价格的变化、病毒的繁殖与扩散等。这些应用问题一旦加以精确的数学描述，往往会出现微分方程。牛顿通过解微分方程证实了地球绕太阳的运动轨道是一个椭圆。海王星的存在是天文学家先通过微分方程的方法推算出来，然后才实际观测到的。

同时，在数学学科内部的许多分支中，常微分方程也是经常要用到的重要工具之一，常微分方程推动着其他数学分支的发展。这一古老的学科，由于应用领域的不断扩大和新理论生长点的不断涌现，其发展至今仍充满着生机和活力。

本章先给出微分方程的一些基本概念，再介绍一些应用实例，最后简要介绍常微分方程的发展历史。

1.1 常微分方程的基本概念

1.1.1 常微分方程和偏微分方程

在初等数学中我们曾讨论过一些方程，如：

(1)$x^2-2x-3=0$；　　(2)$\sin x=x$；

(3)$x^2-y^2=1$；　　(4)$x^2+y^2+z^2=2$。

(1)和(2)要求的未知量 x 是一个或几个特定的数值。(1)和(2)是代数方程。(3)和(4)要求的是一个或几个函数，若 x 是自变量，则 y 和 z 是未知函数。(3)和(4)是包含自变量和未知函数的函数方程。

本书要研究的是另一类方程，这类方程包含自变量、未知函数及未知函数的导数，我们称之为**微分方程**。只有一个自变量的微分方程称为**常微分方程**，自变量的个数为两个或两个以上的微分方程称为**偏微分方程**。

例如，下面的方程都是常微分方程，其中 y 是未知函数且仅含一个自变量 x。

$$\frac{dy}{dx}=-\frac{x}{y}, \tag{1.1}$$

$$\frac{\mathrm{d}^2 y}{\mathrm{d}x^2}+b\frac{\mathrm{d}y}{\mathrm{d}x}+cy=f(x), \tag{1.2}$$

$$\left(\frac{\mathrm{d}y}{\mathrm{d}x}\right)^2+x\frac{\mathrm{d}y}{\mathrm{d}x}+y=0, \tag{1.3}$$

$$\frac{\mathrm{d}^2 y}{\mathrm{d}x^2}+\frac{g}{l}\sin y=x。 \tag{1.4}$$

下面的方程都是偏微分方程,其中 T 是未知函数,x,y,z,t 是自变量。

$$\frac{\partial^2 T}{\partial x^2}+\frac{\partial^2 T}{\partial y^2}+\frac{\partial^2 T}{\partial z^2}=0, \tag{1.5}$$

$$\frac{\partial^2 T}{\partial x^2}=2\frac{\partial^2 T}{\partial t^2}。 \tag{1.6}$$

本书主要介绍常微分方程,因此本书中把常微分方程简称为“微分方程”,有时简称为“方程”。

1.1.2 微分方程的阶数

微分方程中出现的最高阶导数的阶数称为**微分方程的阶数**。例如,方程(1.1)、方程(1.3)是一阶常微分方程,方程(1.2)、方程(1.4)是二阶的常微分方程,而方程(1.5)、方程(1.6)是二阶的偏微分方程。

一般地,n 阶微分方程具有如下形式

$$F\left(x,y,\frac{\mathrm{d}y}{\mathrm{d}x},\cdots,\frac{\mathrm{d}^n y}{\mathrm{d}x^n}\right)=0, \tag{1.7}$$

这里 y 是未知函数,x 是自变量,$F\left(x,y,\frac{\mathrm{d}y}{\mathrm{d}x},\cdots,\frac{\mathrm{d}^n y}{\mathrm{d}x^n}\right)$ 是关于 $x,y,\frac{\mathrm{d}y}{\mathrm{d}x},\cdots,\frac{\mathrm{d}^n y}{\mathrm{d}x^n}$ 的已知函数,而且一定含有 $\frac{\mathrm{d}^n y}{\mathrm{d}x^n}$。

1.1.3 线性和非线性

如果方程(1.7)的左端为关于 y 及 $\frac{\mathrm{d}y}{\mathrm{d}x},\cdots,\frac{\mathrm{d}^n y}{\mathrm{d}x^n}$ 的一次有理整式,则称方程(1.7)为 n 阶 **线性微分方程**,否则称为**非线性微分方程**。

如方程(1.2)是二阶线性方程,方程(1.3)是一阶非线性方程,方程(1.4)是二阶非线性方程。

一般地,n 阶线性微分方程具有如下形式

$$\frac{\mathrm{d}^n y}{\mathrm{d}x^n}+a_1(x)\frac{\mathrm{d}^{n-1} y}{\mathrm{d}x^{n-1}}+\cdots+a_{n-1}(x)\frac{\mathrm{d}y}{\mathrm{d}x}+a_n(x)y=f(x), \tag{1.8}$$

这里 $a_1(x),a_2(x),\cdots,a_n(x),f(x)$ 是关于 x 的已知函数。

1.1.4 解和隐式解

满足微分方程的函数称为微分方程的**解**,即若函数 $y=\varphi(x)$ 代入方程(1.7)中,使其成为恒等式,则称 $y=\varphi(x)$ 为方程(1.7)的解。

例如，容易验证 $y = \cos\omega x$ 是方程 $\frac{d^2 y}{dx^2} + \omega^2 y = 0$ 的解。

如果关系式 $\Phi(x,y) = 0$ 决定的隐函数 $y = \varphi(x)$ 为方程(1.7) 的解，则称 $\Phi(x,y) = 0$ 是方程(1.7) 的**隐式解**。

例如，一阶微分方程

$$\frac{dy}{dx} = -\frac{x}{y}$$

有解 $y = \sqrt{1 - x^2}$ 和 $y = -\sqrt{1 - x^2}$，而关系式 $x^2 + y^2 = 1$ 是方程的隐式解。

为简单起见，方程的解和隐式解统称为方程的解。

1.1.5　通解和特解

含有 n 个独立的任意常数 $c_1, c_2, \cdots, c_n$ 的解 $y = \varphi(x, c_1, c_2, \cdots, c_n)$ 称为 n 阶方程(1.7) 的**通解**。所谓函数 $y = \varphi(x, c_1, c_2, \cdots, c_n)$ 含有 n 个独立常数，是指存在 $(x, c_1, c_2, \cdots, c_n)$ 的某一邻域，使得行列式

$$\begin{vmatrix} \frac{\partial \varphi}{\partial c_1} & \frac{\partial \varphi}{\partial c_2} & \cdots & \frac{\partial \varphi}{\partial c_n} \\ \frac{\partial \varphi'}{\partial c_1} & \frac{\partial \varphi'}{\partial c_2} & \cdots & \frac{\partial \varphi'}{\partial c_n} \\ \vdots & \vdots & \ddots & \vdots \\ \frac{\partial \varphi^{(n-1)}}{\partial c_1} & \frac{\partial \varphi^{(n-1)}}{\partial c_2} & \cdots & \frac{\partial \varphi^{(n-1)}}{\partial c_n} \end{vmatrix} \neq 0, \tag{1.9}$$

其中 $\varphi^{(k)}$ 表示 φ 对 x 的 k 阶导数。同样可以定义方程(1.7) 的**隐式通解**。为简单起见，方程的通解和隐式通解统称为方程的通解。

为了确定方程的一个特定的解，通常给出这个解所必需的条件，称为**定解条件**。方程满足特定条件的解称为方程的**特解**。常见的定解条件有**初值条件**和**边值条件**，也称为**初始条件**和**边界条件**。

n 阶微分方程(1.7) 的初始条件是指如下的 n 个条件：

当 $x = x_0$ 时

$$y = y_0, \frac{dy}{dx} = y_0^{(1)}, \cdots, \frac{d^{n-1} y}{dx^{n-1}} = y_0^{(n-1)}, \tag{1.10}$$

这里 $x_0, y_0, y_0^{(1)}, \cdots, y_0^{(n-1)}$ 是给定的 $n+1$ 个常数，初始条件(1.10) 有时可以写为

$$y(x_0) = y_0, y'(x_0) = y_0^{(1)}, \cdots, y^{(n-1)}(x_0) = y_0^{(n-1)}。 \tag{1.11}$$

求方程满足定解条件的解的问题称为**定解问题**，当定解条件为初始条件或边界条件时，相应的定解问题称为初值问题或**边值问题**。本书主要讨论初值问题。

一般地，初值问题为

$$\begin{cases} F(x, y, y', \cdots, y^{(n)}) = 0, \\ y(x_0) = y_0, y'(x_0) = y_0^{(1)}, \cdots, y^{(n-1)}(x_0) = y_0^{(n-1)}。 \end{cases}$$

一般来说，初始条件不同特解也不同，特解可以通过初始条件的限制来确定通解中的

任意常数而得到。

例 1　已知曲线上任意一点(x,y)处切线的斜率等于该点横坐标的2倍，且曲线经过点$(1,2)$，求该曲线。

解　设曲线方程为 $y=f(x)$，由题意有

$$\frac{\mathrm{d}y}{\mathrm{d}x}=2x, \tag{1.12}$$

积分得

$$y=x^2+c, \tag{1.13}$$

这里 c 是任意常数。又已知当 $x=1$ 时，$y=2$，得 $c=1$。

所以，所求曲线方程为

$$y=x^2+1。 \tag{1.14}$$

例 1 其实是求初值问题

$$\begin{cases}\dfrac{\mathrm{d}y}{\mathrm{d}x}=2x,\\ y(1)=2,\end{cases}$$

的解。$y=x^2+c$ 是方程$\dfrac{\mathrm{d}y}{\mathrm{d}x}=2x$ 的通解，$y(1)=2$ 是初始条件，$y=x^2+1$ 是方程满足初始条件的特解。

1.1.6　积分曲线和方向场

一阶微分方程

$$\frac{\mathrm{d}y}{\mathrm{d}x}=f(x,y) \tag{1.15}$$

的解 $y=\varphi(x)$ 表示 xOy 平面上的一条曲线，称为方程的**积分曲线**；通解 $y=\varphi(x,c)$ 表示 xOy 平面上的一族曲线，称为方程的**积分曲线族**；满足初始条件 $y(x_0)=y_0$ 的特解就是通过点(x_0,y_0)的一条积分曲线。

方程(1.15)的积分曲线上每一点(x,y)的切线斜率$\dfrac{\mathrm{d}y}{\mathrm{d}x}$刚好等于方程右端函数 $f(x,y)$ 在这点的值，也就是说，积分曲线的每一点(x,y)及这点上的切线斜率$\dfrac{\mathrm{d}y}{\mathrm{d}x}$恒满足方程(1.15)；反之，如果一条曲线上每点的切线斜率刚好等于函数 $f(x,y)$ 在这点的值，则这一条曲线就是方程(1.15)的积分曲线。

设函数 $f(x,y)$ 的定义域为 D，在 D 内每一点(x,y)处，画上一小线段，使其斜率恰好为 $f(x,y)$，将这种带有小线段的区域 D 称为由方程(1.15)所规定的**方向场**，又称**向量场**。

在方向场中，方向相同的点的几何轨迹称为**等斜线**。方程(1.15)的等斜线方程为

$$f(x,y)=k, \tag{1.16}$$

其中 k 是参数。给出参数 k 的一系列充分接近的值，可得足够密集的等斜线族，借此可以

近似地描绘出方程的积分曲线。

例 2　方程$\frac{\mathrm{d}y}{\mathrm{d}x}=-y$在区域$D=\{(x,y)\big|\,|x|\leqslant 2,|y|\leqslant 2\}$内的方向场和积分曲线如图 1-1、图 1-2 所示。

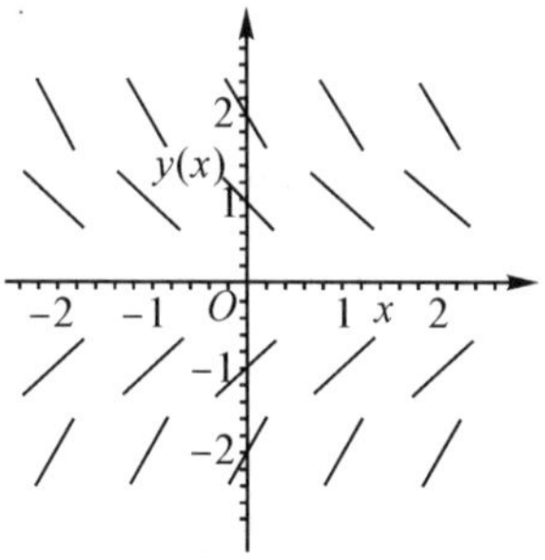

图 1-1　方向场示意图

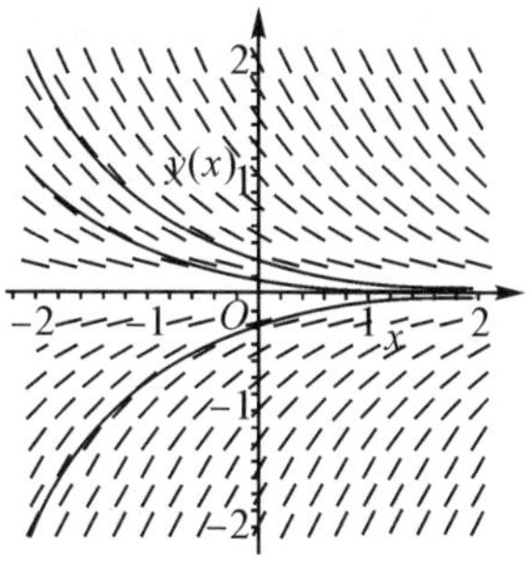

图 1-2　积分曲线

例 3　方程$\frac{\mathrm{d}y}{\mathrm{d}x}=x^2-y$的方向场和积分曲线如图 1-3、图 1-4 所示。

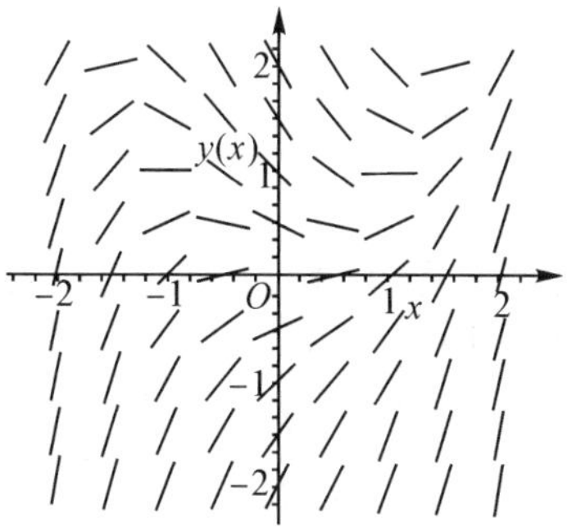

图 1-3　方向场

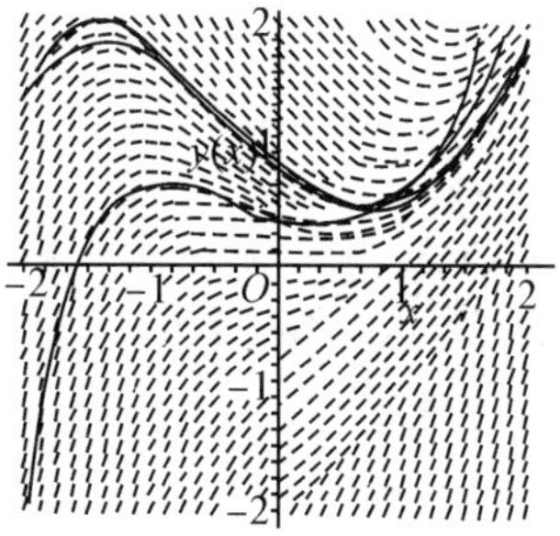

图 1-4　积分曲线

例 4　方程$\frac{\mathrm{d}y}{\mathrm{d}x}=1+xy$的方向场和积分曲线如图 1-5、图 1-6 所示。

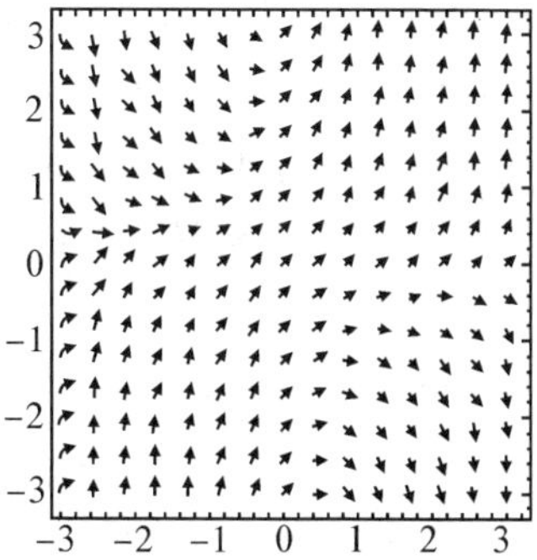

图 1-5　向量场

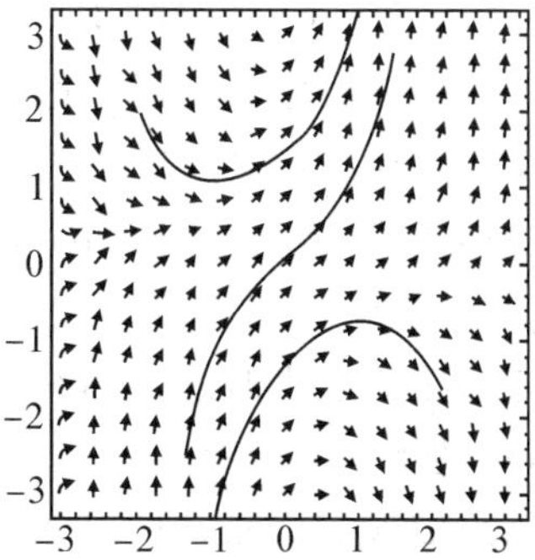

图 1-6　积分曲线

1.2 几个常微分方程应用的例子

在运用微积分知识解决一些实际问题时，根据科学定律和原理，常常会得到一些微分方程。下面给出几个常微分方程应用例子。

例 5 曲率处处为正数 α 的曲线方程。

设此曲线的方程为 $y=y(x)$，由微积分学的知识知道，$y=y(x)$ 在点 x 处的曲率为

$$\left|y''(x)\left[1+y'^2(x)\right]^{-\frac{3}{2}}\right|,$$

因此该曲线应满足方程

$$\left|y''(x)\left[1+y'^2(x)\right]^{-\frac{3}{2}}\right|=\alpha,$$

这就是一个二阶的非线性常微分方程。

例 6 嫌疑犯的确定。

根据牛顿冷却定律，高温物体冷却的速率与物体周围的温差成正比。现在已知此物体周围的温度是 d℃，最初 t_0 时刻物体的温度是 y_0℃，经过 t 分钟时的温度是 $y=y(t)$，则物体温度 $y(t)$ 应满足

$$\frac{\mathrm{d}y}{\mathrm{d}t}=-k(y-d), \tag{1.17}$$

$$y(t_0)=y_0, \tag{1.18}$$

其中 k 为正常数，式(1.17) 是一个一阶线性常微分方程，式(1.18) 为初始条件，求方程(1.17) 满足初始条件(1.18) 的解的问题称为初值问题。

由方程(1.17) 得

$$y(t)=d+c\mathrm{e}^{-kt}, \tag{1.19}$$

将(1.18) 式代入，得方程(1.17) 满足初始条件(1.18) 的解为

$$y(t)=d+(y_0-d)\mathrm{e}^{-k(t-t_0)}。$$

现发现一起命案，受害者的尸体于晚上 7:30 被发现，法医于晚上 8:20 赶到凶案现场，测得尸体温度为 32.6℃。一小时后，当尸体即将被抬走时，测得尸体温度为 31.4℃，室温在几个小时内始终保持 21.1℃。此案最大的嫌疑犯张某声称自己是无罪的，并有证人说："下午张某一直在办公室上班，5:00 时打完电话后就离开了办公室。"从张某到受害者家(凶案现场) 步行需 5 分钟，现在的问题是，张某不在凶案现场的证言能否被采信，使他排除在嫌疑犯之外？

首先应确定凶案的发生时间，若死亡时间在下午 5 点 5 分之前，则张某就不是嫌疑犯，否则不能将张某排除。

根据上述描述，$d=21.1$℃，记晚上 8:20 为 $t_0=0$，则 $y(t_0)=y(0)=32.6$℃，$y(1)=31.4$℃。假设受害者死亡时体温是正常的，即受害者死亡时的温度是37℃。尸体温度的变化率服从牛顿冷却定律，即尸体温度的变化律与他同周围的温度差成正比。现在要求 $y(T)=37$℃ 时的时刻 T，进而确定张某是否为嫌疑犯。

将 $y(0) = 32.6℃$ 代入(1.19) 式,得 $c = 11.5$;

将 $y(1) = 31.4℃, c = 11.5$ 代入(1.19) 式,得 $e^{-k} = \frac{103}{115}$,即 $k = -\ln\frac{103}{115} \approx 0.11$,则有

$$y(t) = d + ce^{-kt} = 21.1 + 11.5e^{-0.11t}。$$

将 $y(T) = 37℃$ 代入上式求得 $T = -2.95$ 小时 $= -2$ 小时 57 分,则

$$8 \text{ 小时 } 20 \text{ 分} - 2 \text{ 小时 } 57 \text{ 分} = 5 \text{ 小时 } 23 \text{ 分},$$

即死亡时间大约在下午 5:23,因此张某不能被排除在嫌疑犯之外。

例 7 人口数预测。

英国人口统计学家马尔萨斯(Malthus,1766—1834) 在担任牧师期间,查看了当地教堂 100 多年人口出生统计资料,发现一个现象 —— 人口出生率是一个常数。1798 年他在自己出版的《人口原理》一书中,提出了闻名于世的 Malthus 人口模型。其基本假设是在人口自然增长的过程中,净相对增长率(单位时间内人口的净增长数与人口总数之比) 是常数,记此常数为 r(生命系数)。

在 t 到 $t + \Delta t$ 这段时间内人口数量 $N = N(t)$ 的增长量为

$$N(t + \Delta t) - N(t) = rN(t)\Delta t,$$

于是 $N(t)$ 满足微分方程

$$\frac{dN}{dt} = rN(\text{Malthus 人口模型}), \tag{1.20}$$

将上式改写为

$$\frac{dN}{N} = rdt,$$

于是变量 N 和 t 被"分离",两边积分得

$$\ln|N| = rt + c_1,$$

从而方程(1.20) 的解为

$$N(t) = ce^{rt}, \tag{1.21}$$

其中,$c = \pm e^{c_1}$ 为任意常数,因为 $N = 0$ 也是方程(1.20) 的解。

如果设初始条件为,当 $t = t_0$ 时,有

$$N(t_0) = N_0, \tag{1.22}$$

代入式(1.21) 可得 $c = N_0 e^{-rt_0}$,即方程(1.20) 满足初值条件(1.22) 的解为

$$N(t) = N_0 e^{r(t-t_0)}。 \tag{1.23}$$

上述结果虽然简单,但在估计 1700—1961 年间世界人口总数时却惊人的准确,但是在用上述公式预测未来人口数时出现了问题。因为如果 $r > 0$,上式说明人口总数 $N(t)$ 将按指数规律无限增长,若按年增长率 2% 来计算,则 1961 年世界人口数为 30.6 亿,若仍然按年增长率 2% 计算,2000 年世界人口数为 66.5 亿 …… 结果是不可想象地出现"人口爆炸"。这说明 Malthus 人口模型仅在生物群体数目不大时可以较准确地反映生物群体的增长情况,而当群体数目很庞大时就不适用了。这是由于线性模型过于简单,不能反映生物个体之间为了争取生存空间、自然资源和食物所进行的竞争,所以 Malthus 模型在

$N(t)$ 很大时是不合理的。

荷兰生物学家Verhulst假设净相对增长率为 $r(t)=a-bN(t)$，这里 a,b 为大于零的常数，称为生命系数。净相对增长率 $r(t)$ 随 $N(t)$ 的增加而减少。

按上述假定，人口增长的方程应改写为

$$\frac{\mathrm{d}N(t)}{\mathrm{d}t}=[a-bN(t)]N(t)。\tag{1.24}$$

如果设初始条件为，当 $t=t_0$ 时，$N(t)=N_0$，则有

$$\begin{cases}\dfrac{\mathrm{d}N(t)}{\mathrm{d}t}=[a-bN(t)]N(t),\\ N(t_0)=N_0,\end{cases}\quad \text{（生物群体增长的 Logistic 模型）}\tag{1.25}$$

解得

$$N(t)=\frac{aN_0}{bN_0+(a-bN_0)\mathrm{e}^{-a(t-t_0)}}。\tag{1.26}$$

显然 $\lim\limits_{t\to+\infty}N(t)=\dfrac{a}{b}$，记 $N_m=\dfrac{a}{b}$，表示自然资源和环境条件所容纳的最大人口数（环境最大容纳量）。净相对增长率

$$r(t)=a-bN(t)=a-\frac{aN(t)}{N_m},$$

当 N_m 与 N 相比较很大时，$bN(t)=\dfrac{aN(t)}{N_m}$ 可以忽略，则模型变为Malthus模型，但 N_m 与 N 相比较不是很大时，$bN(t)$ 这一项就不能忽略，人口增长的速度要缓慢下来。某些人口学家测算出人口自然增长率为 $a=0.029$，b 值要根据一个国家和地区工业化程度的高低、生存空间的大小、自然资源与食物的丰富程度等条件来确定，条件越好，b 值越小。

用Logistic模型来预测我国人口数，根据1980年5月1日公布的数字，我国人口总数在1979年底为 9.7092×10^8 人，统计数据测算当时的人口增长率为1.45%，即取 $t_0=1979$，$N_0=9.7092\times10^8$，$r(t_0)=0.0145$，则对我国的情况来说

$$b=\frac{a-r(t_0)}{N(t_0)}=\frac{0.029-0.0145}{9.7092\times10^8}=1.493\times10^{-11}。$$

利用模型结果(1.26)对我国人口数进行估算，理论值如表1-1所示。

表 1-1

年份	1987	1988	1990	1995	2000	2020	2050	2500
人口 / 亿	10.82	10.96	11.24	11.91	12.57	14.88	17.21	19.41

事实上，我国人口数的抽样统计结果如表1-2所示。

表 1-2

年份	1987	1988	1990	1995	2000
人口 / 亿	10.72	10.9614	11.43	12.11	12.65

预测我国人口数的极限值为

$$\lim_{t\to+\infty}N(t)=\frac{a}{b}=\frac{0.029}{1.493\times10^{-11}}\approx1.942\times10^{9}(19.42\text{ 亿})。$$

当然以上两种人口模型还比较粗糙，要更精确地刻画需用到更复杂的数学模型。

例 8　古尸年代的判断。

自然界中碳元素有三种同位素，即稳定同位素 C-12、C-13 和放射性同位素 C-14(即碳 14)。由于碳元素在自然界中各个同位素的比例一直都很稳定，人们可以通过检测一件含碳物质中的 C-14 的含量，来估计该物质的大概年龄，这种方法称为 C-14 测年法(或断代法)。那么，C-14 测年法是如何测定古代含碳物质遗存的年龄呢?其原理如下：

宇宙空间中有许多人们看不见的射线，即宇宙射线，宇宙射线由宇宙中天体发出的高能粒子组成。它们在撞击地球大气层时，与空气中的分子发生撞击和变化，产生中子、质子和电子等微粒。当中子和氮气分子中的氮原子核碰撞时，氮原子核就会“捕获”一个中子，释放出一个质子，自己则变成了 C-14。C-14 具有放射性，当它放出电子后又变成了氮。这样，由于宇宙射线的作用，C-14 不断产生，由于自身的放射性，C-14 又不断减少。结果，大气层中的 C-14 的含量(C-14 的原子个数与非放射性碳原子个数之比)可以认为是一个常值(测量值约为 1.2×10^{-12})。

大气中的 C-14 和其他碳原子一样，能与氧原子结合成二氧化碳。植物在进行光合作用时，吸收水和二氧化碳，合成体内的淀粉、纤维素等，C-14 也就进入了植物体内。当植物死亡后，植物就停止吸入大气中的 C-14。从这时起，植物体内的 C-14 得不到外界补充，而在自动发出射线的过程中，数量不断减少。科学研究发现，放射性元素的裂变规律遵循裂变速度与剩余质量成正比的规律，且 C-14 的半衰期为 5730 年。因此，检测文物中的 C-14 含量，再根据 C-14 的半衰期，就能得出文物的年代。

1949 年，美国化学家利比(W. F. Libby，1908—1980)根据 C-14 半衰期这一特性，创立了一种崭新的化学分析法 —— 放射性 C-14 断代法，为考古学作出了杰出贡献。由于这种方法应用广泛，准确无误，具有重大的科学价值，因此，利比于 1960 年获得了诺贝尔化学奖。

1972 年发掘长沙市东郊马王堆汉墓时，考古人员开棺后惊奇地发现，虽历经 2000 多年，然而棺内这具女尸保存完好，考古专家把这座墓穴定为 1 号墓。对其棺外主要用以防潮吸水用的木炭分析了其含 C-14 的量约为大气中的 0.7757 倍，据此，你能推断出此女尸下葬的年代吗?

以 t 表示时间(年)，$t_0=0$ 对应木炭烧制的时刻，以 $y=y(t)$ 表示木炭经过 t 年后 C-14 的含量，则 $\frac{\mathrm{d}y}{\mathrm{d}t}$ 是 C-14 的增长速率，亦即 C-14 的裂变速率是 $-\frac{\mathrm{d}y}{\mathrm{d}t}$，按放射性元素的裂变规律：裂变速度与剩余质量成正比，有

$$\frac{\mathrm{d}y}{\mathrm{d}t}=-ky,\tag{1.27}$$

其中，$k>0$ 为比例常数。式(1.27)是一个线性微分方程。

木炭在 $t_0=0$ 时 C-14 的含量与大气中 C-14 的含量 $\alpha=1.2\times10^{-12}$ 一致，而经过 5730 年

后衰减了一半，即有

$$y(0)=\alpha=1.2\times10^{-12},\quad y(5730)=\frac{\alpha}{2}。\tag{1.28}$$

将方程(1.27)改写为

$$\frac{\mathrm{d}y}{y}=-k\mathrm{d}t,$$

两边积分得 $\ln|y|=-kt+c_1$，从而

$$y=c\mathrm{e}^{-kt},$$

其中，$c=\pm\mathrm{e}^{c_1}$，c_1 为任意常数，因为 $y=0$ 也是方程(1.27)的解。由式(1.28)知

$$y(0)=c=\alpha,\ y(5730)=\alpha\mathrm{e}^{-5730k}=\frac{\alpha}{2},$$

据此可以确定

$$k=\frac{\ln2}{5730},$$

得方程(1.27)满足初值条件(1.28)的解为

$$y(t)=\alpha\mathrm{e}^{-\frac{\ln2}{5730}t}。\tag{1.29}$$

马王堆1号汉墓C-14的含量约为大气中的0.7757倍，即 $y(t)=0.7757\alpha$，由式(1.29)有

$$y(t)=0.7757\alpha=\alpha\mathrm{e}^{-\frac{\ln2}{5730}t},$$

由此计算出

$$t=-\frac{\ln(0.7757)}{k}=-5730\frac{\ln(0.7757)}{\ln2}\approx2100,$$

即木炭为2100前烧制的，表明女尸大约是公元前128年下葬的。

以上我们只列举了几个有趣的常微分方程应用例子，可以看出微分方程的特点是反映客观世界中量与量的变化关系。量与量的变化关系往往与时间有关，是一个动态系统。同时可以看出，微分方程与许多实际问题之间有着紧密的联系。这是因为在寻求某些变量之间的函数关系时，往往不易或不能找到这些函数关系，但却能建立有关变量和它们的导数(或微分)之间的关系式，即微分方程。还可以看到，完全无关、本质上不同的问题有时可以用同样的微分方程来描述，还有许多应用问题可以用微分方程来解决，可参见第7章。

1.3 常微分方程发展简介

常微分方程有着深刻而生动的实际背景，常微分方程从生产实践与科学技术中产生，又成为现代科学技术分析问题与解决问题的强有力工具。

300多年前，在牛顿(Newton，1642—1727)和莱布尼兹(Leibniz，1646—1716)奠定微积分基本思想的同时，就正式提出了微分方程的概念。

按照历史年代划分，常微分方程研究的历史发展大体可以分为四个阶段：18 世纪及其以前、19 世纪初期和中期、19 世纪末期及 20 世纪初期和 20 世纪中期以后。

17 世纪末到 18 世纪，常微分方程研究的中心问题是如何求出通解的表达式。

19 世纪末到 20 世纪初，主要研究解的定性理论与稳定性问题。

20 世纪进入新的阶段，定性上升到理论，进一步发展分为解析方法、几何方法、数值方法。

解析方法：把微分方程的解看作是依靠这个方程来定义的自变量的函数。

几何方法(或定性方法)：把微分方程的解看作是充满平面或空间或其局部的曲线族。

数值方法：求微分方程满足一定初始条件(或边界条件)的解的近似值的各种方法。

微分方程和微积分几乎是同时产生的，苏格兰数学家耐普尔(Johnnapier，1550—1617)创立对数的时候，就讨论过微分方程的近似解。牛顿在建立微积分的同时，对简单的微分方程用级数来求解，后来瑞士数学家雅科布・贝努利(Jakob Bernoulli，1654—1705)、欧拉(Euler，1707—1783)、法国数学家克莱罗(Claude，1713—1765)、达朗贝尔(D'Alembert，1717—1783)、拉格朗日(Lagrange，1736—1813)等学者又不断地研究和丰富了微分方程的理论。

按照研究内容划分，常微分方程的研究可以分为：经典阶段、适定性理论阶段、解析理论阶段及定性理论阶段。

1. 常微分方程的经典阶段 —— 以通解为研究内容。

1676 年，莱布尼兹在给牛顿的信中第一次提出“微分方程”这个数学名词，且提出了分离变量法求解微分方程，但没有建立一般的方法。1693 年，荷兰数学家惠更斯(Huygens，1629—1695)在《教师学报》中明确提到了微分方程，同年，莱布尼兹给出线性方程的通解表达式。

1694 年，瑞士数学家约翰・伯努利(Johann Bernoulli，1667—1748)(变分法奠基人)在《教师学报》上对分离变量法与齐次方程的求解做了更加完整的说明。他的哥哥雅科布・伯努利发表了关于等时问题的解答，于 1695 年提出伯努利方程，且于次年用分离变量法解决了这一问题。

1740 年，欧拉用变量代换方法给出了欧拉方程的通解。通解与特解的概念是 1743 年瑞士数学家欧拉定义的，同时欧拉还给出了恰当方程的解法和常系数线性齐次方程的特征根解法。

17 世纪到 18 世纪是常微分方程理论发展的经典理论阶段，以求通解为主要研究内容。在这一阶段，还出现了许多精彩的成果。例如 1694 年，莱布尼兹发现了方程解族的包络，1718 年泰勒(Taylor，1685—1731)提出奇解的概念，克莱罗和欧拉对奇解进行了全面研究，给出了从微分方程本身求得奇解的方法，参加奇解研究的数学家还有拉格朗日、凯莱(Arthur Cayley，1821—1895)和达布(Darboux，1842—1917)等学者。

2. 常微分方程的适定性理论阶段 —— 以定解问题的适定性理论为研究内容。

1841 年，法国数学家刘维尔（Joseph Liouville，1809—1882）证明了意大利数学家黎卡提（V. Riccati，1707—1775）于 1724 年提出的黎卡提方程的解一般不能通过初等函数的积分来表示，常微分方程从“求通解”转向“求定解”时代。

19 世纪 20 年代，法国数学家柯西（Cauchy，1789—1857）建立了柯西问题解的存在唯一性定理。1873 年，德国数学家李普希兹（Lipschitz，1832—1903），提出“李普希兹条件”，对柯西的存在唯一性定理做了改进。

在适定性的研究中，与柯西、李普希兹同一时期，还有皮亚诺（Peano，1858—1932）和皮卡（Picard，1856—1941），他们先后于 1875 年和 1876 年给出了常微分方程的逐次逼近法，皮亚诺在仅仅要求 $f(x,y)$ 在 (x_0,y_0) 点邻域连续的条件下证明了柯西问题解的存在性。

3. 常微分方程的解析理论阶段 —— 以解析理论为研究内容。

19 世纪为常微分方程理论发展的解析理论阶段，这一阶段的主要成果是微分方程的解析理论，运用幂级数和广义幂级数解法，求出一些重要的二阶线性方程的级数解，并得到极其重要的一些特殊函数。

1816 年贝塞尔（Bessel，1784—1846）研究行星运动时，开始系统地研究贝塞尔方程，得到方程的两个基本解 —— 第一类和第二类贝塞尔函数。

1784 年，勒让德（Legendre，1752—1833）出版的代表作《行星外形的研究》一书研究了勒让德方程，给出幂级数解的形式。1821 年，高斯（C. F. Gauss，1777—1855）研究了高斯几何方程得到超几何级数解。

19 世纪，常微分方程解析理论中一个重点成果是关于奇点的富克斯理论。1877 年希尔伯特（David Hilbert，1862—1943），开创了周期系数方程的研究。

4. 常微分方程的定性理论阶段 —— 以定性和稳定性理论为研究内容。

早在 19 世纪，庞加莱（Poincaré，1854—1912）就开创了微分方程定性理论研究，李雅普诺夫（Lyapunov，1857—1918）则开创了微分方程运动稳定性理论的研究。

1881—1886 年，庞加莱用同一标题《关于由微分方程确定的曲线的报告》发表了 4 篇论文，他说：“要解答的问题是动点是否描出一条闭曲线？它是否永远逗留在平面某一部分内部？即轨道是否稳定？”从 1881 年起，庞加莱独创常微分方程的定性理论，这一理论的创建成为动力系统理论的开端。

1892 年李雅普诺夫的博士论文《关于运动稳定性的一般问题》给出了判定运动稳定性普遍的数学方法与理论基础。1937 年俄国数学家庞特里亚金（Лев Семёнович Понтрягин，1908—1988）提出结构稳定性概念，并严格证明了其充要条件，使动力系统的研究向大范围转化。

常微分方程理论的形成与发展是和力学、天文学、物理学以及其他科学技术的发展密切相关的。数学的其他分支的新发展，如复变函数、李群、组合拓扑学等，都对常微分方程理论的发展产生了深刻的影响，当前计算机技术的飞速进步更是为常微分方程的应用及理论研究提供了非常有力的工具。

牛顿研究天体力学和机械力学时，利用了微分方程这个工具，从理论上得到了行星运动规律。法国天文学家勒维烈和英国天文学家亚当斯使用微分方程理论各自计算出那时尚未发现的海王星的位置。这些成果都使数学家更加深信微分方程理论在认识自然、改造自然方面的巨大力量。

当微分方程的理论完善的时候，利用这一理论就可以精确地表述事物变化所遵循的基本规律，只要列出相应的微分方程，有了解方程的方法，微分方程也就成了最有生命力的数学分支。

本章学习要点

本章介绍了三方面的内容：自然科学及社会科学中的常微分方程模型、常微分方程的基本概念和常微分方程的发展史。

本章简要介绍了常微分方程和偏微分方程、线性微分方程和非线性微分方程、微分方程的解和隐式解、微分方程的通解和特解、微分方程与方程组、积分曲线和轨线、方向场、等斜线等概念，要求读者对常微分方程的概念有一个基本认识和理解，为该课程以后的学习打下基础。

关于常微分方程的发展历史及其在数学中的地位仅做了简单的介绍，要求读者了解其全貌和发展过程，也为后面内容的学习提供参考。

习题 1

1. 回答下列方程是否是线性的，并指出其阶数：

(1) $\dfrac{d^2y}{dx^2}=-\dfrac{x}{y}$；

(2) $\dfrac{d^2y}{dx^2}+b\dfrac{dy}{dx}+cy=\cos x$；

(3) $\left(\dfrac{dy}{dx}\right)^2+\dfrac{dy}{dx}+x^2y=0$；

(4) $\dfrac{d^3y}{dx^3}+\sin y=x$。

2. 判断 $y(x)=2e^{-x}+xe^{-x}$ 是否是方程 $y''+2y'+y=0$ 的一个解。

3. 求初值问题 $y''+4y=0, y(0)=0, y'(0)=1$ 的解，已知其通解为

$$y(x)=c_1\sin 2x+c_2\cos 2x,$$

其中，c_1, c_2 为任意常数。

4. 求下列曲线族所满足的微分方程：

(1) $y=\sin(x+c)$；

(2) $y=cx+c^2$；

(3) $(x-a)^2+(y-b)^2=1$；

(4) $y=ae^x+be^{-x}+x-1$。

5. 在 xOy 平面上求有下列性质的曲线的方程所满足的微分方程：该曲线上的任意一点 $P(x,y)$ 的切线均与过坐标原点 O 与该点 P 的直线垂直。

6. 试建立分别具有下列性质的曲线所满足的微分方程：

(1) 曲线上任一点的切线介于两坐标轴之间的部分等于定长 l；

(2) 曲线上任一点的切线介于两坐标轴之间的部分被切点平分；

(3) 曲线上任一点的切线的纵截距等于切点横坐标的平方；

(4) 曲线上任一点的切线与两坐标轴所围成的三角形的面积等于常数 a。

第 2 章 一阶微分方程的初等解法

本章我们主要介绍一阶微分方程的初等解法。所谓初等解法，是指将微分方程的解用初等函数或者它们的积分形式表示出来。在微分方程的发展初期，人们认为所有的微分方程都是可以用初等解法进行求解的，而且牛顿、欧拉、莱布尼兹和伯努利兄弟等学者也确实发现了许多微分方程的初等解法的方法和技巧。但是后来刘维尔证明了大多数的微分方程不能用初等解法进行求解。虽然如此，微分方程的初等解法仍构成了常微分方程这门课程的主要部分。

本章我们讨论几种常见的可以用初等解法求解的一阶微分方程，按照方程特征介绍几种常用的微分方程初等解法。这些方程类型在实际应用中十分重要，学习好本章内容对于我们学习好这门课程的后面章节和数学的其他分支，有着十分重要的意义。

2.1　变量可分离方程与分离变量法

2.1.1　变量可分离方程

形如

$$\frac{\mathrm{d}y}{\mathrm{d}x}=f(x)g(y) \tag{2.1}$$

的一阶微分方程，称为**变量可分离方程**，其中 $f(x)$，$g(y)$ 分别是 x 和 y 的连续函数。

对于方程(2.1)，当 $g(y)\neq 0$ 时，则方程可以化为

$$\frac{\mathrm{d}y}{g(y)}=f(x)\mathrm{d}x, \tag{2.2}$$

方程(2.2) 的左右两边分别只含有变量 y 或 x，这个过程即为变量分离的过程。然后对方程(2.2) 的左右两边分别积分，有

$$\int\frac{1}{g(y)}\mathrm{d}y=\int f(x)\mathrm{d}x+c, \tag{2.3}$$

其中，c 是不定积分得到的任意常数。式(2.3) 所确定的一个隐函数即为方程(2.1) 的一个隐式通解。

当 $g(y)=0$ 时，求出 $y=y_0$，将此常数函数代入方程(2.1) 中，显然左右两边恒等，所以 $y=y_0$ 是方程(2.1) 的一个特解。上述求解方程(2.1) 的方法称为**分离变量法**。

例 1　解方程$\frac{\mathrm{d}y}{\mathrm{d}x}=xy$。

解 当 $y \neq 0$ 时，分离变量得

$$\frac{\mathrm{d}y}{y} = x\mathrm{d}x,$$

两边分别积分，得

$$\ln|y| = \frac{1}{2}x^2 + c',$$

也可以改写成

$$y = ce^{\frac{1}{2}x^2},$$

这里 c', c 是任意常数。

当 $y = 0$ 时，上式显然也是原方程的解，且正好对应前面的通解表达式中 $c = 0$ 的情况。于是原方程的通解为

$$y = ce^{\frac{1}{2}x^2}。$$

例 2 解方程 $\frac{\mathrm{d}y}{\mathrm{d}x} = p(x)y$，这里 $p(x)$ 是已知的关于 x 的连续函数。

解 当 $y \neq 0$ 时，分离变量得

$$\frac{\mathrm{d}y}{y} = p(x)\mathrm{d}x,$$

两边积分，得

$$y = ce^{\int p(x)\mathrm{d}x}(c \neq 0)。$$

又 $y = 0$ 是原方程的特解，对应上式中 c 取 0。所以原方程的通解为

$$y = ce^{\int p(x)\mathrm{d}x},$$

其中，c 是任意常数。

例 3 求方程 $\frac{\mathrm{d}y}{\mathrm{d}x} = \frac{\cos x}{y^2}$ 满足当 $x = 0$ 时 $y = 1$ 的特解。

解 先对方程分离变量，得

$$y^2\mathrm{d}y = \cos x\mathrm{d}x,$$

再两边积分，得

$$\frac{1}{3}y^3 = \sin x + c。$$

因为当 $x = 0$ 时 $y = 1$，得到 $c = \frac{1}{3}$。于是所求的特解为

$$\frac{1}{3}y^3 = \sin x + \frac{1}{3}。$$

2.1.2 可化为变量可分离方程的类型

下面我们主要讨论两种类型的可化为变量分离的方程形式。

情形一：形如

$$\frac{\mathrm{d}y}{\mathrm{d}x} = f\left(\frac{y}{x}\right) \tag{2.4}$$

的方程，其中 $f(\tau)$ 是关于 τ 的连续函数。

下面我们介绍方程(2.4)的解法。令

$$u=\frac{y}{x},$$

则 $y=xu$，从而$\frac{dy}{dx}=u+x\frac{du}{dx}$，代入方程(2.4)，得

$$u+x\frac{du}{dx}=f(u),$$

移项，得

$$\frac{du}{dx}=\frac{f(u)-u}{x}。\tag{2.5}$$

可以看到方程(2.5)是一个变量可分离的方程，因此用变量分离法可以求解。最后将 $u=\frac{y}{x}$ 代回解的表达式中，即得到原方程(2.4)的解。

例 4　解方程$\frac{dy}{dx}=\frac{y}{x}+\sec\left(\frac{y}{x}\right)$。

解　利用变量替换，令 $u=\frac{y}{x}$，则$\frac{dy}{dx}=u+x\frac{du}{dx}$，原方程可以化为

$$u+x\frac{du}{dx}=u+\sec u,$$

整理得

$$x\frac{du}{dx}=\sec u,$$

分离变量，得

$$\cos u\,du=\frac{1}{x}dx,$$

再积分，得 $\sin u=\ln|x|+c$。于是原方程的通解为

$$\sin\frac{y}{x}=\ln|x|+c,$$

其中，c 为任意常数。

例 5　解方程 $x\,dy=(y+\sqrt{x^2-y^2})dx\,(x>0)$。

解　原方程可以化为

$$\frac{dy}{dx}=\frac{y+\sqrt{x^2-y^2}}{x},$$

方程右端分子分母同除以 x，得到

$$\frac{dy}{dx}=\frac{y}{x}+\sqrt{1-\left(\frac{y}{x}\right)^2}。$$

令 $u=\frac{y}{x}$，则$\frac{dy}{dx}=u+x\frac{du}{dx}$，所以上面的方程可以化为

$$u+x\frac{\mathrm{d}u}{\mathrm{d}x}=u+\sqrt{1-u^2},$$

先化简然后分离变量，得

$$\frac{\mathrm{d}u}{\sqrt{1-u^2}}=\frac{\mathrm{d}x}{x},$$

两边积分，有

$$\arcsin u=\ln|x|+c,$$

于是原方程的解为

$$\arcsin\frac{y}{x}=\ln|x|+c,$$

其中，c 为任意常数。

情形二：形如

$$\frac{\mathrm{d}y}{\mathrm{d}x}=\frac{a_1x+b_1y+c_1}{a_2x+b_2y+c_2} \tag{2.6}$$

的方程。

下面我们分三种情形讨论方程(2.6)的解法。

(1) 若$\frac{a_1}{a_2}=\frac{b_1}{b_2}=\frac{c_1}{c_2}=k$，则方程(2.6)化简为

$$\frac{\mathrm{d}y}{\mathrm{d}x}=k,$$

直接求解得到

$$y=kx+c。$$

(2) 若$\frac{a_1}{a_2}=\frac{b_1}{b_2}=k\neq\frac{c_1}{c_2}$，令 $u=a_2x+b_2y$，则

$$\frac{\mathrm{d}u}{\mathrm{d}x}=a_2+b_2\frac{\mathrm{d}y}{\mathrm{d}x},$$

代入方程(2.6)并化简，得

$$\frac{1}{b_2}\frac{\mathrm{d}u}{\mathrm{d}x}=\frac{ku+c_1}{u+c_2}+\frac{a_2}{b_2},$$

这是一个变量可分离方程，用变量分离法可以求解。

(3) 若$\frac{a_1}{a_2}\neq\frac{b_1}{b_2}$，且 c_1 和 c_2 不同时为 0。令方程组

$$\begin{cases}a_1x+b_1y+c_1=0,\\a_2x+b_2y+c_2=0,\end{cases}$$

的解为 $x=x_0,y=y_0$。再换元，令 $X=x-x_0,Y=y-y_0$，则

$$\frac{\mathrm{d}y}{\mathrm{d}x}=\frac{\mathrm{d}Y}{\mathrm{d}X},$$

从而原方程化为

$$\frac{dY}{dX}=\frac{a_1X+b_1Y}{a_2X+b_2Y},$$

方程右端分子分母同除以 X，得

$$\frac{dY}{dX}=\frac{a_1+b_1\dfrac{Y}{X}}{a_2+b_2\dfrac{Y}{X}}。$$

这样方程转化为一个第一类的可化为变量可分离的方程，按照前面所介绍的方法令 $u=\dfrac{Y}{X}$ 即可求解。

从上述过程可以看出，当 $c_1=c_2=0$ 时，方程(2.6)属于第一类的可化为变量可分离的方程，在此不再赘述。

这两种类型的方程求解的基本思路都是运用换元法，将方程转化为变量可分离的方程。这种思路和方法还可以用于求解下列类型的一阶微分方程：

(1) $\dfrac{dy}{dx}=f(ax+by+c)$；

(2) $\dfrac{dy}{dx}=f\left(\dfrac{a_1x+b_1y+c_1}{a_2x+b_2y+c_2}\right)$；

(3) $x^2\dfrac{dy}{dx}=f(xy)$；

(4) $\dfrac{1}{x}\dfrac{dy}{dx}=f\left(\dfrac{y}{x^2}\right)$。

上述四种类型方程的具体求解过程，请读者自己完成。

例 6　解方程 $\dfrac{dy}{dx}=\dfrac{x+y-1}{x-y+3}$。

解　先解方程组

$$\begin{cases}x+y-1=0,\\x-y+3=0\end{cases}$$

得到 $\begin{cases}x=-1,\\y=2。\end{cases}$ 再令

$$X=x+1,Y=y-2,$$

则原方程可以化为

$$\frac{dY}{dX}=\frac{1+\dfrac{Y}{X}}{1-\dfrac{Y}{X}},$$

令 $u=\dfrac{Y}{X}$，得

$$X\frac{du}{dX}=\frac{1+u^2}{1-u},$$

分离变量得

$$\frac{1-u}{1+u^2}\mathrm{d}u = \frac{\mathrm{d}X}{X},$$

两边积分，得

$$-\frac{1}{2}\ln(1+u^2) + \arctan u = \ln|X| + c,$$

代回原变量，得到原方程的通解为

$$-\frac{1}{2}\ln\left[1+\left(\frac{y-2}{x+1}\right)^2\right] + \arctan\frac{y-2}{x+1} = \ln|x+1| + c,$$

其中，c 为任意常数。

例 7 解方程$\frac{\mathrm{d}y}{\mathrm{d}x} = (x+y)^2$。

解 令 $u = x+y$，则$\frac{\mathrm{d}y}{\mathrm{d}x} = \frac{\mathrm{d}u}{\mathrm{d}x} - 1$，代入原方程，得

$$\frac{\mathrm{d}u}{\mathrm{d}x} - 1 = u^2,$$

分离变量，然后积分可得

$$\arctan u = x + c,$$

所以原方程的通解为

$$\arctan(x+y) = x + c,$$

其中，c 为任意常数。

2.2 一阶线性微分方程与常数变易法

2.2.1 一阶线性微分方程

形如

$$\frac{\mathrm{d}y}{\mathrm{d}x} = p(x)y + q(x) \tag{2.7}$$

的方程称为**一阶线性微分方程**。

当 $q(x) = 0$ 时，称方程

$$\frac{\mathrm{d}y}{\mathrm{d}x} = p(x)y \tag{2.8}$$

为**一阶齐次线性微分方程**。

当 $q(x) \neq 0$ 时，称方程(2.7)为**非齐次线性微分方程**。

下面我们介绍常数变易法求解方程(2.7)。分两步完成：

第一步，先解对应的齐次方程(2.8)。根据第 2.1 节中例 2，由分离变量法可以解得方程(2.8)的解为

$$y = Ce^{\int p(x)\mathrm{d}x}。 \tag{2.9}$$

对比方程(2.8)和方程(2.7)，可以看到方程(2.8)是方程(2.7)的一种特殊形式，所以我们不妨假设两者的解也有联系，但是式(2.9)肯定不是方程(2.7)的解，方程(2.7)的解应该比式(2.9)的形式更复杂。由此猜想方程(2.7)的解的形式为

$$y = C(x)e^{\int p(x)dx}。\tag{2.10}$$

第二步，常数变易法。令方程(2.7)的解为式(2.10)的形式，其中 $C(x)$ 待定。那么

$$\frac{dy}{dx} = C'(x)e^{\int p(x)dx} + C(x)p(x)e^{\int p(x)dx},$$

代入方程(2.7)，化简整理，得

$$C'(x)e^{\int p(x)dx} = q(x),$$

即

$$C'(x) = q(x)e^{-\int p(x)dx},$$

积分得

$$C(x) = \int q(x)e^{-\int p(x)dx}dx + \tilde{c},\tag{2.11}$$

其中，$\tilde{c}$ 是任意常数。将式(2.11)代入式(2.10)，得到方程(2.7)的通解公式为

$$y = e^{\int p(x)dx}\left[\int q(x)e^{-\int p(x)dx}dx + c\right],\tag{2.12}$$

这里 c 是任意常数。

例 8　解方程 $x\frac{dy}{dx} - ny = x^{n+1}e^x$。

解　先求解齐次线性方程 $x\frac{dy}{dx} - ny = 0$，其通解为

$$y = Cx^n。$$

再令 $y = C(x)x^n$ 是原方程的解，那么待定的函数 $C(x)$ 应该满足

$$x[C'(x)x^n + nC(x)x^{n-1}] - nC(x)x^n = x^{n+1}e^x,$$

即

$$C'(x)x^{n+1} = x^{n+1}e^x,$$

故

$$C(x) = \int e^x dx = e^x + c。$$

所以，所求方程的通解为

$$y = x^n(e^x + c),$$

其中，c 是任意常数。

例 9　求方程 $\frac{dy}{dx} = \frac{y}{2x - y}$ 满足 $x = 1$ 时 $y = 2$ 的特解。

解　方程对于 y 来说不是线性的，如果倒过来 $\frac{dx}{dy} = \frac{2x - y}{y}$，将 x 看作是未知函数，y 是自变量，则方程关于 x 是线性的。根据前面得到的线性微分方程的通解公式，可以写出

$$x=\mathrm{e}^{\int \frac{2}{y}\mathrm{d}y}\left[\int(-1)\mathrm{e}^{-\int \frac{2}{y}\mathrm{d}y}\mathrm{d}y+c\right],$$

算出积分,得到方程的通解为 $x=y+cy^2$,代入初值条件,得到 $c=1$。

所以所求问题的特解为

$$x=y+y^2。$$

2.2.2 伯努利方程

形如

$$\frac{\mathrm{d}y}{\mathrm{d}x}=p(x)y+q(x)y^n \tag{2.13}$$

的方程称为**伯努利方程**。这里 $p(x)$ 和 $q(x)$ 都是连续函数,且 n 是不为 0 或 1 的常数。方程(2.13) 可以变形为

$$y^{-n}\frac{\mathrm{d}y}{\mathrm{d}x}=y^{1-n}p(x)+q(x),$$

而 $y^{-n}\frac{\mathrm{d}y}{\mathrm{d}x}=\frac{1}{1-n}\frac{\mathrm{d}y^{1-n}}{\mathrm{d}x}$,所以令 $z=y^{1-n}$ 可以将方程(2.13) 转化为线性非齐次方程

$$\frac{1}{1-n}\frac{\mathrm{d}z}{\mathrm{d}x}=p(x)z+q(x)。\tag{2.14}$$

对方程(2.14) 进行求解,得到伯努利方程(2.13) 的通解公式为

$$y^{1-n}=(1-n)\mathrm{e}^{\int(1-n)p(x)\mathrm{d}x}\left[\int q(x)\mathrm{e}^{\int(n-1)p(x)\mathrm{d}x}\mathrm{d}x+c\right]。\tag{2.15}$$

另外,当 $n>0$ 时,显然方程(2.13) 还有特解 $y=0$。

例 10 解方程 $\frac{\mathrm{d}y}{\mathrm{d}x}=\frac{y}{x}+xy^2$。

解 原方程是 $n=2$ 的伯努利方程。令 $z=y^{-1}$,原方程可以化为

$$\frac{\mathrm{d}z}{\mathrm{d}x}=-\frac{1}{x}z-x,$$

解得原方程的通解为

$$\frac{1}{y}=c\frac{1}{x}-\frac{1}{3}x^2。$$

此外,方程还有特解 $y=0$,其中,c 为任意常数。

2.2.3* 黎卡提方程

1841 年,刘维尔证明了黎卡提方程

$$L[y]=-y'+P(x)y^2+Q(x)y+R(x)\,(P(x)R(x)\neq 0) \tag{1}$$

一般无初等解。但对于已知的连续函数 $P(x)$,$Q(x)$,$R(x)$(以下简记为 P,Q,R),若找到方程(1) 的一个特解 y_0 时,则方程(1) 通过变换

$$y=z+y_0\,(y_0\neq 0) \tag{2}$$

化为可积的伯努利方程

$$z'=Pz^2+(2y_0P+Q)\,z\,(y_0\neq 0), \tag{3}$$

则方程的通解为

$$z=\frac{e^{\int(2y_0P+Q)dx}}{c-\int Pe^{\int(2y_0P+Q)dx}dx}\quad(y_0\neq 0),\tag{4}$$

其中，c 为任意常数。

定理 2.1 对于方程(1)，若 $L[y_0]=0(y_0\neq 0)$，则通过变换(2)，求其通解为(4)。通常情况下黎卡提方程(1) 的特解 y_0 很难寻找。因此，我们考虑其他途径，给出可积的黎卡提方程(1) 的解法。

定理 2.2 对方程(1)，若存在常数 α,β,γ 和函数 $D(x)(\neq 0)$（以下简记为 D），满足不变量关系

$$I_1=PR=\alpha\gamma D^2,\tag{5}$$

$$I_2=\frac{P'}{P}+Q=\frac{D'}{D}+\beta D,\tag{6}$$

或

$$I_2'=\frac{R'}{R}-Q=\frac{D'}{D}-\beta D,\tag{6'}$$

则方程(1) 经线性变换

$$y=\varphi(x)z,\ \varphi(x)=\left(\alpha\frac{D}{P}\right)\text{或}\ \varphi(x)=\left(\frac{R}{\gamma D}\right),\tag{7}$$

化成积分形式

$$\int\frac{dz}{\alpha z^2+\beta z+\gamma}=\int Ddx+c,\tag{8}$$

其中，c 为任意常数。

证明 方程(1) 经线性变换 $y=\varphi(x)z$，化成

$$z'=\varphi Pz^2+\left(\frac{-\varphi'}{\varphi}+Q\right)z+\frac{R}{\varphi}(\varphi\neq 0)。\tag{9}$$

记 $A=\varphi P,B=-\frac{\varphi'}{\varphi}+Q,C=\frac{R}{\varphi}$，则方程(9) 表示为

$$z'=Az^2+Bz+C。\tag{10}$$

此时

$$I_1=AC=\varphi P\cdot\frac{R}{\varphi}=PR,\tag{11}$$

$$I_2=\frac{A'}{A}+B=\frac{\varphi'}{\varphi}+\frac{P'}{P}-\frac{\varphi'}{\varphi}+Q=\frac{P'}{P}+Q,\tag{12}$$

由式(11) 和式(12)，得到

$$I_2'=\frac{C'}{C}-B=\frac{R'}{R}-Q。\tag{12'}$$

因此，我们将黎卡提方程(1) 的关系

$$I_1 = PR, I_2 = \frac{P'}{P} + Q \text{或} I'_2 = \frac{R'}{R} - Q,$$

称为方程(1)的不变量。

现在，在方程(10)中，若存在常数 α,β,γ 和函数 $D(x)(\neq 0)$，满足

$$A = \alpha D, \quad B = \beta D, \quad C = \gamma D,$$

则有积分形式

$$\int \frac{dz}{\alpha z^2 + \beta z + \gamma} = \int D dx + c, \tag{13}$$

其中，c 为任意常数。于是，式(11)、式(12)、式(12′)满足关系

$$I_1 = PR = \alpha\gamma D^2, \tag{14}$$

$$I_2 = \frac{P'}{P} + Q = \frac{D'}{D} + \beta D, \tag{15}$$

或

$$I'_2 = \frac{R'}{R} - Q = \frac{D'}{D} - \beta D, \tag{15'}$$

并且由 $A = \varphi P$ 或 $C = \frac{R}{\varphi}$，求得

$$\varphi = \frac{A}{P} = \frac{\alpha D}{P} \text{或} \varphi = \frac{R}{C} = \frac{R}{\gamma D}。 \tag{16}$$

赵临龙在《常微分方程研究新论》(西安地图出版社，2000年)一书中，对黎卡提方程和广义的黎卡提方程给出了新结论。

定理 2.3 对方程(1)，若存在常数 α,β,γ，函数 $y_0(x)$ 及函数 $D(x)(\neq 0)$(以下简记为 y_0 和 D)，满足不变量关系

$$I_1 = pL[y_0] = \alpha\gamma D^2, \tag{17}$$

$$I_2 = \frac{P'}{P} + 2y_0 P + Q = \frac{D'}{D} + \beta D, \tag{18}$$

或

$$I_2 = \frac{L'[y_0]}{L[y_0]} - 2y_0 P - Q = \frac{D'}{D} - \beta D, \tag{18'}$$

其中

$$L[y_0] = -y'_0 + P(x)y^2 + Q(x)y + R(x), \tag{19}$$

则方程(1)经线性变换

$$y = \varphi(x)z + y_0, \quad \varphi(x) = \frac{\alpha D}{P} \text{或} \varphi(x) = \frac{R}{\gamma D} \tag{20}$$

化成积分形式(8)。

注：(1) 在定理 2.3 中，当 $y_0 = 0$ 时，则

$$L[y_0] = R, I_1 = PL[y_0] = PR = \alpha\gamma D^2。$$

即定理 2.3 为定理 2.2 的推广。

(2) 当 $L[y_0]=0$ 时，由式(17) 求得 $\alpha=0$ 或 $\gamma=0$，即方程(1) 化成可积的一阶线性方程或可积的伯努利方程。这充分揭示了黎卡提方程与伯努利方程的内在联系。

定理 2.4　对广义的黎卡提方程

$$L[y]=-y'+P(x)y^n+Q(x)y+R(x)(P(x)R(x)\neq 0,n\neq 0,1),\tag{21}$$

若存在常数 α,β,γ 和函数 $D(x)(\neq 0)$(以下简记为 D)，满足不变量关系

$$I_1=PR^{n-1}=\alpha\gamma^{n-1}D^n,\tag{22}$$

$$I_2=\frac{P'}{P}+(n-1)Q=\frac{D'}{D}+(n-1)\beta D,\tag{23}$$

或

$$I'_2=\frac{R'}{R}-Q=\frac{D'}{D}-\beta D,\tag{23'}$$

则方程(21) 经线性变换

$$y=\varphi(x)z,\varphi(x)=\left(\frac{\alpha D}{P}\right)^{\frac{1}{n-1}}\text{ 或 }\varphi(x)=\left(\frac{R}{\gamma D}\right)\tag{24}$$

化成积分形式

$$\int\frac{\mathrm{d}z}{\alpha z^n+\beta z+\gamma}=\int D\mathrm{d}x+c,\tag{25}$$

其中，c 为任意常数。

例 11　求方程 $y'=2xy^2+\frac{1}{x}y+\frac{1}{x^3}$ 的解。

解　由 $I_1=PR=\frac{2}{x^2}=\alpha\gamma D^2$，取 $\alpha=1,\gamma=2,D=\frac{1}{x}$，则

$$I_2=\frac{P'}{P}+Q=\frac{2}{x}=\frac{D'}{D}+\beta D=\frac{-1}{x}+\frac{\beta}{x},$$

求得 $\beta=3$。于是

$$\int\frac{\mathrm{d}z}{z^2+3z+2}=\int\frac{1}{x}\mathrm{d}x+c,$$

则有 $\frac{z+1}{z+2}=cx$，即 $z=\frac{2cx-1}{1-cx}$，则方程的通解为

$$y=\left(\frac{\alpha D}{P}\right)z=\frac{1}{2x^2}\left(\frac{2cx-1}{1-cx}\right)=\frac{2cx-1}{2x^2-2cx^3},$$

其中，c 为任意常数。

例 12　求方程 $y'=\frac{1}{x^2}y^2+\frac{2}{x^3}y+\frac{1}{x^2}+\frac{1}{x^4}$ 的解。

解　由于方程

$$y'=\frac{1}{x^2}\left(y+\frac{1}{x}\right)^2+\frac{1}{x^2}=\frac{1}{x^2}\left[\left(y+\frac{1}{x}\right)^2+1\right],$$

则方程有特解 y。

$$y_0=-\frac{1}{x}\pm 1,\quad L[y_0]=-\frac{1}{x^2}+\frac{2}{x^2}=\frac{1}{x^2}。$$

由 $I_1=PL[y_0]=\frac{1}{x^4}=\alpha\gamma D^2$，取 $\alpha=\gamma=1, D=\frac{1}{x^2}$，则

$$\begin{aligned}I_2&=\frac{P'}{P}+2y_0P+Q\\&=\frac{-2}{x}+2\left(-\frac{1}{x}\pm 1\right)\frac{1}{x^2}+\frac{2}{x^3}=\frac{-2}{x}\pm\frac{2}{x^2}\\&=\frac{D'}{D}+\beta D=\frac{-2}{x}+\frac{\beta}{x^2},\end{aligned}$$

求得 $\beta=\pm 2$。于是

$$\int\frac{\mathrm{d}z}{(z\pm 1)^2}=\int\frac{1}{x^2}\mathrm{d}x+c,$$

即 $-\frac{1}{z\pm 1}=-\frac{1}{x}+c$，亦即 $z=\frac{x}{1+cx}\mp 1$，则

$$y=\left(\frac{\alpha D}{P}\right)z+y_0=\frac{x}{1+cx}\mp 1-\frac{1}{x}\pm 1=\frac{x^2-cx-1}{x+cx^2},$$

其中，c 为任意常数。

例 13 解方程 $y'=-x^{a-1}y^{\alpha}-\frac{a-b}{\alpha x}y-x^{b-1}$。

解 $$I_1=x^{a-1}x^{(b-1)(\alpha-1)}=x^{a-b+\alpha(b-1)}=AC^{(\alpha-1)}D^{\alpha},$$

$$I_2=\frac{a-1}{x}-\frac{(\alpha-1)(a-b)}{\alpha x}=\frac{\alpha(b-1)+(a-b)}{\alpha x}=\frac{D'}{D}+(\alpha-1)BD,$$

取 $A=C=1, B=0, D=x^{\frac{a-b}{\alpha}+(b-1)}$，有积分

$$\int\frac{\mathrm{d}u}{u^2+1}=\int x^{\frac{a-b}{\alpha}+(b-1)}\mathrm{d}x+k,$$

$$\arcsin u=\frac{\alpha}{a+(\alpha-1)b}x^{\frac{a-b}{\alpha}+b}+k,$$

$$u=\sin\left(\frac{\alpha}{(a+(\alpha-1)b}x^{\frac{a-b}{\alpha}+b}+k\right)。$$

于是，

$$\begin{aligned}y&=\left(\frac{AD}{P}\right)^{\frac{1}{\alpha-1}}u=\left(\frac{x^{\frac{a-b}{\alpha}+(b-1)}}{-x^{a-1}}\right)^{\frac{1}{\alpha-1}}\sin\left(\frac{\alpha}{a+(\alpha-1)b}x^{\frac{a-b}{\alpha}+b}+k\right)\\&=(-1)^{\frac{1}{\alpha-1}}x^{\frac{b-a}{\alpha}}\sin\left(\frac{\alpha}{a+(\alpha-1)b}x^{\frac{a-b}{\alpha}+b}+k\right),\end{aligned}$$

其中，k 为任意常数。

2.3　恰当方程与积分因子法

2.3.1　恰当方程

如果将一阶微分方程

$$\frac{\mathrm{d}y}{\mathrm{d}x} = f(x,y)$$

改写成

$$\mathrm{d}y = f(x,y)\mathrm{d}x$$

或者将两个变量 x 与 y 平等看待，把一阶微分方程写成

$$M(x,y)\mathrm{d}x + N(x,y)\mathrm{d}y = 0, \tag{2.16}$$

这里假设 $M(x,y)$，$N(x,y)$ 都是 (x,y) 在某个矩形域上的连续函数，且具有连续的一阶偏导数。如果方程(2.16)的左端恰好是某个二元函数 $u(x,y)$ 的全微分，即

$$M(x,y)\mathrm{d}x + N(x,y)\mathrm{d}y = \mathrm{d}u, \tag{2.17}$$

则称方程(2.16)是**恰当方程**。如果方程是恰当方程，则方程(2.16)等价于方程

$$\mathrm{d}u = 0,$$

那么方程(2.16)的解可以写成

$$u(x,y) = c。 \tag{2.18}$$

现在的问题是，如何判断方程(2.16)是否为恰当方程。

按照全微分的定义，二元函数 $u(x,y)$ 的全微分为

$$\mathrm{d}u = \frac{\partial u}{\partial x}\mathrm{d}x + \frac{\partial u}{\partial y}\mathrm{d}y, \tag{2.19}$$

比较式(2.17)与式(2.19)可以看出要使方程(2.16)为恰当方程，必须有

$$M(x,y) = \frac{\partial u}{\partial x}, \quad N(x,y) = \frac{\partial u}{\partial y}$$

同时成立，由于我们假设 $M(x,y)$，$N(x,y)$ 有连续的一阶偏导数，所以 $u(x,y)$ 的二阶混合偏导数与求导次序无关，则

$$\frac{\partial M}{\partial y} = \frac{\partial^2 u}{\partial x \partial y} = \frac{\partial N}{\partial x},$$

由此得到

$$\frac{\partial M}{\partial y} = \frac{\partial N}{\partial x} \tag{2.20}$$

是方程(2.16)为恰当方程的必要条件。

反之，如果式(2.20)成立，令

$$u(x,y) = \int M(x,y)\mathrm{d}x + \varphi(y), \tag{2.21}$$

其中 $\varphi(y)$ 是关于 y 的连续可导函数。若

$$\frac{\partial u}{\partial y}=\frac{\partial}{\partial y}\int M(x,y)\mathrm{d}x+\varphi'(y)=N(x,y),\tag{2.22}$$

则方程(2.16)是恰当方程。

下面我们证明,这样的 $\varphi(y)$ 是可以求解的。由式(2.22)可得

$$\varphi'(y)=N(x,y)-\frac{\partial}{\partial y}\int M(x,y)\mathrm{d}x,\tag{2.23}$$

亦即,式(2.23)的右端与 x 无关。因为

$$\frac{\partial}{\partial x}\left[N(x,y)-\frac{\partial}{\partial y}\int M(x,y)\mathrm{d}x\right]=\frac{\partial N}{\partial x}-\frac{\partial}{\partial y}\left[\frac{\partial}{\partial x}\int M(x,y)\mathrm{d}x\right]=\frac{\partial N}{\partial x}-\frac{\partial M}{\partial y}=0,$$

所以式(2.23)的右端确实与 x 无关。这样的 $\varphi(y)$ 可以求解,即说明了当式(2.20)成立时,方程(2.16)的左端是函数(2.21)的全微分,即方程(2.16)是恰当方程。

从上面充分性的证明过程可以看出,当式(2.16)是恰当方程时,

$$u(x,y)=\int M(x,y)\mathrm{d}x+\int[N(x,y)-\frac{\partial}{\partial y}\int M(x,y)\mathrm{d}x]\mathrm{d}y=c\tag{2.24}$$

是恰当方程的通解表达式。

例 14 解方程 $(x^2+xy^2)\mathrm{d}x+(x^2y+2y^2)\mathrm{d}y=0$。

解 记 $M(x,y)=x^2+xy^2$,$N(x,y)=x^2y+2y^2$,因为

$$\frac{\partial M}{\partial y}=2xy=\frac{\partial N}{\partial x},$$

所以这个方程是恰当方程。令

$$u(x,y)=\int M(x,y)\mathrm{d}x+\varphi(y),$$

则对 u 关于 y 求偏导,有

$$\frac{\partial u}{\partial y}=\frac{\partial}{\partial y}\int M(x,y)\mathrm{d}x+\varphi'(y)=x^2y+2y^2,$$

即

$$x^2y+\varphi'(y)=x^2y+2y^2。$$

可以求得

$$\varphi(y)=\int 2y^2\mathrm{d}y=\frac{2}{3}y^3,$$

于是所求方程的通解为

$$\frac{1}{3}x^3+\frac{1}{2}x^2y^2+\frac{2}{3}y^3=c,$$

其中,c 为任意常数。

上述方法只是求解恰当方程的一般方法,实际上在判断方程是恰当方程之后,往往根据经验对方程进行"分项组合",使之成为我们熟悉的函数的全微分形式,这样能够更快地求解恰当方程。因此我们需要熟悉一些形式的全微分:

(1) $x\mathrm{d}y+y\mathrm{d}x=\mathrm{d}(xy)$;

(2) $\dfrac{x\mathrm{d}y-y\mathrm{d}x}{x^2}=\mathrm{d}\left(\dfrac{y}{x}\right)$；

(3) $\dfrac{y\mathrm{d}x-x\mathrm{d}y}{y^2}=\mathrm{d}\left(\dfrac{x}{y}\right)$；

(4) $\dfrac{y\mathrm{d}x-x\mathrm{d}y}{xy}=\mathrm{d}\left(\ln\left|\dfrac{x}{y}\right|\right)$；

(5) $\dfrac{y\mathrm{d}x-x\mathrm{d}y}{x^2+y^2}=\mathrm{d}\left(\arctan\dfrac{x}{y}\right)$；

(6) $\dfrac{y\mathrm{d}x-x\mathrm{d}y}{x^2-y^2}=\dfrac{1}{2}\mathrm{d}\left(\ln\left|\dfrac{x-y}{x+y}\right|\right)$。

例 15　下面用“分项组合法”解方程 $(x^2+xy^2)\mathrm{d}x+(x^2y+2y^2)\mathrm{d}y=0$。

解

$$\begin{aligned}&(x^2+xy^2)\mathrm{d}x+(x^2y+2y^2)\mathrm{d}y\\=&\mathrm{d}\left(\frac{1}{3}x^3\right)+\mathrm{d}\left(\frac{2}{3}y^3\right)+\mathrm{d}\left(\frac{1}{2}x^2y^2\right)\\=&\mathrm{d}\left(\frac{1}{3}x^3+\frac{1}{2}x^2y^2+\frac{2}{3}y^3\right),\end{aligned}$$

所以原方程的解为

$$\frac{1}{3}x^3+\frac{1}{2}x^2y^2+\frac{2}{3}y^3=c,$$

其中，c 为任意常数。

例 16　解方程 $\left(\cos x+\dfrac{1}{y}\right)\mathrm{d}x+\left(\dfrac{1}{y}-\dfrac{x}{y^2}\right)\mathrm{d}y=0$。

解

$$\begin{aligned}&\left(\cos x+\frac{1}{y}\right)\mathrm{d}x+\left(\frac{1}{y}-\frac{x}{y^2}\right)\mathrm{d}y\\=&\mathrm{d}\sin x+\mathrm{d}\ln|y|+\frac{y\mathrm{d}x-x\mathrm{d}y}{y^2}\\=&\mathrm{d}\left(\sin x+\ln|y|+\frac{x}{y}\right),\end{aligned}$$

所以原方程的解为

$$\sin x+\ln|y|+\frac{x}{y}=c,$$

其中，c 为任意常数。

2.3.2　积分因子法

恰当方程是方程(2.16)的左端恰好构成一个二元函数的全微分的方程，而式(2.20)是方程(2.16)为恰当方程的充分必要条件。当方程(2.16)不满足条件(2.20)时，又该如何求解呢？积分因子法就是在方程(2.16)两边同乘以一个因式，使之成为一个恰当方程。

如果存在连续可微函数 $\mu(x,y)\neq 0$，使得

$$\mu(x,y)M(x,y)\mathrm{d}x+\mu(x,y)N(x,y)\mathrm{d}y=0\tag{2.25}$$

成为恰当方程,则称 $\mu(x,y)$ 是方程(2.16) 的**积分因子**。

这时如果

$$\mu(x,y)M(x,y)\mathrm{d}x+\mu(x,y)N(x,y)\mathrm{d}y=\mathrm{d}v,$$

那么 $v(x,y)=c$ 就是方程(2.16) 的通解。

可以证明,每一个方程只要有解,就必有积分因子存在,且不唯一。如前面的几个常用的全微分形式中,我们看到 $x\mathrm{d}y-y\mathrm{d}x=0$ 的积分因子可以是$\frac{1}{x^2},\frac{1}{y^2},\frac{1}{xy},\frac{1}{x^2\pm y^2}$ 等。

假设 $\mu(x,y)$ 是方程(2.16) 的积分因子,则有

$$\frac{\partial(\mu M)}{\partial y}=\frac{\partial(\mu N)}{\partial x}$$

成立,即

$$\mu\left(\frac{\partial M}{\partial y}-\frac{\partial N}{\partial x}\right)=N\frac{\partial\mu}{\partial x}-M\frac{\partial\mu}{\partial y} \tag{2.26}$$

成立。方程(2.26) 是一个线性偏微分方程,一般来说这个偏微分方程的求解可能会比原来的常微分方程更困难。所以我们下面考虑的是积分因子只与一个变量 x 或 y 有关的情况。

如果积分因子 $\mu(x,y)$ 只与 x 有关,那么$\frac{\partial\mu}{\partial y}=0$,方程(2.26) 可以变为

$$\frac{\mathrm{d}\mu}{\mu}=\frac{\frac{\partial M}{\partial y}-\frac{\partial N}{\partial x}}{N}\mathrm{d}x, \tag{2.27}$$

所以存在只与 x 有关的积分因子的充分必要条件是

$$\frac{\frac{\partial M}{\partial y}-\frac{\partial N}{\partial x}}{N}=\varphi(x) \tag{2.28}$$

只和 x 有关。解变量分离方程(2.27) 得到

$$\mu(x)=\mathrm{e}^{\int\frac{\frac{\partial M}{\partial y}-\frac{\partial N}{\partial x}}{N}\mathrm{d}x} \tag{2.29}$$

是所求的积分因子。

同样由式(2.26) 得到,存在只和 y 有关的积分因子的充分必要条件是

$$\frac{\frac{\partial M}{\partial y}-\frac{\partial N}{\partial x}}{-M}=\varphi(y) \tag{2.30}$$

只和 y 有关。这时所求的积分因子为

$$\mu(y)=\mathrm{e}^{\int\frac{\frac{\partial M}{\partial y}-\frac{\partial N}{\partial x}}{-M}\mathrm{d}y}。 \tag{2.31}$$

上面介绍的是判断和求解只与一个变量有关的积分因子的方法,如果没有这种类型的积分因子,一般情况下,会对方程进行“分项组合”,通过观察并利用我们熟悉的一些二元函数的微分形式“凑”出积分因子。这个过程需要我们注意留心和积累常见的二元函数的全微分。

例 17　解方程 $y\mathrm{d}x+(y-x)\mathrm{d}y=0$。

解法一　这里 $M=y$，$N=y-x$，$\frac{\partial M}{\partial y}=1$，$\frac{\partial N}{\partial x}=-1$，所以不是恰当方程。因为

$$\frac{\frac{\partial M}{\partial y}-\frac{\partial N}{\partial x}}{-M}=-\frac{2}{y}$$

只和 y 有关，所以有只和 y 有关的积分因子

$$\mu(y)=\mathrm{e}^{\int-\frac{2}{y}\mathrm{d}y}=y^{-2}。$$

原方程两边同乘以 y^{-2}，得

$$\frac{1}{y}\mathrm{d}x+\frac{y-x}{y^2}\mathrm{d}y=0,$$

分项组合

$$\frac{y\mathrm{d}x-x\mathrm{d}y}{y^2}+\frac{1}{y}\mathrm{d}y=0,$$

所以其通解是

$$\frac{x}{y}+\ln|y|=c,$$

其中，c 为任意常数。

解法二　直接分项组合 $(y\mathrm{d}x-x\mathrm{d}y)+y\mathrm{d}y=0$，前两项的积分因子有

$$\frac{1}{x^2},\frac{1}{y^2},\frac{1}{xy},\frac{1}{x^2\pm y^2}。$$

根据左边第三项，可以看出若积分因子中只有 y，则第三项容易积分，由此取积分因子 $\frac{1}{y^2}$。方程两边乘以 $\frac{1}{y^2}$，得

$$\frac{y\mathrm{d}x-x\mathrm{d}y}{y^2}+\frac{1}{y}\mathrm{d}y=0,$$

同样得到通解为

$$\frac{x}{y}+\ln|y|=c,$$

其中，c 为任意常数。

例 18　解方程 $(y-1-xy)\mathrm{d}x+x\mathrm{d}y=0$。

解　因为

$$M(x,y)=y-1-xy,N(x,y)=x,$$

$$\frac{\partial M(x,y)}{\partial y}=1-x,\frac{\partial N(x,y)}{\partial x}=1,$$

显然方程不是恰当方程。因为

$$\frac{\frac{\partial M(x,y)}{\partial y}-\frac{\partial N(x,y)}{\partial x}}{N}=-1,$$

所以方程有只和 x 有关的积分因子。积分因子为

$$\mu(x)=e^{\int -1dx}=e^{-x}。$$

令

$$u(x,y)=\int e^{-x}(y-1-xy)dx+\varphi(y)=e^{-x}(xy+1)+\varphi(y),$$

则

$$\frac{\partial u}{\partial y}=xe^{-x}+\varphi'(y)=xe^{-x}。$$

所以 $\varphi(y)=c$。这样原方程的通解为

$$e^{-x}(xy+1)=c,$$

其中，c 为任意常数。

2.4 一阶隐式微分方程

形如

$$F(x,y,y')=0 \tag{2.32}$$

的方程称为**一阶隐式微分方程**。

如果方程(2.32)中的 y' 可以解出，那么方程就变为一阶显式微分方程，根据方程的特征可以选择前面几节中介绍的方法进行求解。本节我们主要考虑 y' 不可以解出的情况，但是许多隐式方程不能求解，我们只讨论下面的几种形式：

(1) $y-f(x,y')=0$；

(2) $x-f(y,y')=0$；

(3) $F(x,y')=0$；

(4) $F(y,y')=0$。

本节的主要思想是引入参数，将隐式方程转化为显式的可求解的方程进行求解。

2.4.1 可解出 y 或 x 的隐式微分方程

形如

$$y=f(x,y') \tag{2.33}$$

的方程就是可以解出 y 的隐式微分方程。这里假设 $f(x,y')$ 有连续的一阶偏导数。

令 $p=y'$，则方程(2.33)可以改写成

$$y=f(x,p),$$

对上述方程两边关于 x 求导数，并将 $\frac{dy}{dx}$ 用 p 表示，得

$$p=\frac{\partial f}{\partial x}+\frac{\partial f}{\partial p}\frac{dp}{dx}, \tag{2.34}$$

这是一个关于未知函数 p 的一阶线性微分方程。按照第 2.2 节中解线性微分方程的解法

可以求解。若方程(2.34)的通解形式为

$$p=p(x,c),$$

代回方程(2.33),得到原方程的通解为 $y=f(x,p(x,c))$,其中 c 是任意常数。

若方程(2.34)的通解形式为

$$x=\varphi(p,c),$$

则原方程(2.33)的通解的参数方程形式为

$$\begin{cases}x=\varphi(p,c),\\ y=f(\varphi(p,c),c),\end{cases}$$

其中,p 是参变量,c 是任意常数。

若方程(2.34)的通解形式为

$$\varphi(x,p,c)=0,$$

则原方程(2.33)的通解的参数方程形式为

$$\begin{cases}\varphi(x,p,c)=0,\\ y=f(x,p),\end{cases}$$

其中,p 是参变量,c 是任意常数。

形如

$$x=f(y,y') \tag{2.35}$$

的方程是可以解出 x 的方程。解法和方程(2.33)类似,但是要将 x 看作未知函数,y 作为自变量。

令 $p=y'$,方程(2.35)可以改写成

$$x=f(y,p),$$

这时 $\frac{\mathrm{d}x}{\mathrm{d}y}=\frac{1}{p}$,对上式两端关于 y 求导数,得

$$\frac{1}{p}=\frac{\partial f}{\partial y}+\frac{\partial f}{\partial p}\frac{\mathrm{d}p}{\mathrm{d}y}, \tag{2.36}$$

这个方程是导数 $\frac{\mathrm{d}p}{\mathrm{d}y}$ 可以解出的方程类型,按照前面几节中介绍的方法求解。根据式(2.36)的通解形式,可以类似地写出隐式方程(2.35)的通解。

例 19　解方程 $\left(\frac{\mathrm{d}y}{\mathrm{d}x}\right)^2+2x\frac{\mathrm{d}y}{\mathrm{d}x}-y=0$。

解　我们按照解出 y 的类型进行求解。令 $p=\frac{\mathrm{d}y}{\mathrm{d}x}$,原方程改写成

$$y=p^2+2xp,$$

两边关于 x 求导,得
$$p=2p\frac{\mathrm{d}p}{\mathrm{d}x}+2p+2x\frac{\mathrm{d}p}{\mathrm{d}x}。$$

整理得
$$\frac{\mathrm{d}p}{\mathrm{d}x}=-\frac{p}{2(p+x)}\text{ 或 }\frac{\mathrm{d}x}{\mathrm{d}p}=-\frac{2(p+x)}{p}。$$

这是一个一阶线性微分方程,可以解得

$$x=-\frac{2}{3}p+\frac{c}{p^2},$$

将它代入 y 的表达式中，有

$$y=p^2+2p\left(-\frac{2}{3}p+\frac{c}{p^2}\right)=-\frac{1}{3}p^2+\frac{2c}{p},$$

于是，原方程的通解为

$$\begin{cases}x=-\dfrac{2}{3}p+\dfrac{c}{p^2},\\ y=-\dfrac{1}{3}p^2+\dfrac{2c}{p},\end{cases}$$

其中，c 为任意常数。

例 20 解方程 $y=\left(\frac{\mathrm{d}y}{\mathrm{d}x}\right)^2-x\frac{\mathrm{d}y}{\mathrm{d}x}+\frac{x^2}{2}$。

解 令 $p=\frac{\mathrm{d}y}{\mathrm{d}x}$，再对方程两边关于 x 求导，得

$$p=2p\frac{\mathrm{d}p}{\mathrm{d}x}-p-x\frac{\mathrm{d}p}{\mathrm{d}x}+x,$$

整理得到

$$\left(\frac{\mathrm{d}p}{\mathrm{d}x}-1\right)(2p-x)=0。$$

当 $\frac{\mathrm{d}p}{\mathrm{d}x}-1=0$ 时，$p=x+c$，原方程的通解为

$$y=\frac{x^2}{2}+cx+c^2。$$

当 $2p-x=0$ 时，$p=\frac{x}{2}$，得到方程的一个特解

$$y=\frac{x^2}{4}。$$

特解 $y=\frac{x^2}{4}$ 所代表的二次曲线与通解 $y=\frac{x^2}{2}+cx+c^2$ 中所代表的二次曲线的每一条都相切，如图 2-1 所示，这样的特解称为奇解。

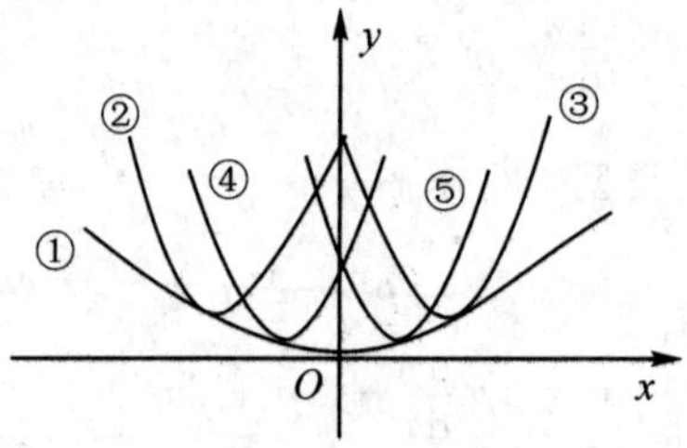

图 2-1

①$y=\frac{x^2}{4}$；②$y=\frac{x^2}{2}+x+1(c=1)$；③$y=\frac{x^2}{2}-x+1(c=-1)$；

④$y=\frac{x^2}{2}+\frac{1}{2}x+\frac{1}{4}\left(c=\frac{1}{2}\right)$；⑤$y=\frac{x^2}{2}-\frac{1}{2}x+\frac{1}{4}\left(c=-\frac{1}{2}\right)$。

例 21　按照 x 解出的方法求解例 19 中的方程 $\left(\frac{dy}{dx}\right)^2+2x\frac{dy}{dx}-y=0$。

解　记 $p=\frac{dy}{dx}$，解出 $x=\frac{y-p^2}{2p}$，方程两边关于 y 求导，

$$\frac{dx}{dy}=\frac{2\left(1-2p\frac{dp}{dy}\right)p-2(y-p^2)\frac{dp}{dy}}{4p^2},$$

整理上面的方程，得

$$\frac{dp}{dy}=-\frac{p}{y+p^2},$$

转化为

$$\frac{dy}{dp}=-\frac{y+p^2}{p}=-\frac{y}{p}-p,$$

得到一个一阶线性方程，解得

$$y=-\frac{1}{3}p^2+\frac{c}{p}。$$

所以得到原方程的参数形式的通解为

$$\begin{cases} x=-\dfrac{2}{3}p+\dfrac{c}{2p^2}, \\ y=-\dfrac{1}{3}p^2+\dfrac{c}{p}, \end{cases}$$

其中，c 为任意常数。

2.4.2　不显含 y 或 x 的隐式微分方程

现在我们考虑不显含 y 的隐式微分方程

$$F\left(x,\frac{dy}{dx}\right)=0。\tag{2.37}$$

令 $p=\frac{dy}{dx}$，则 $F(x,p)=0$ 在几何上表示 xOp 平面上的一条曲线。引入合适的参数方程

$$x=\varphi(t),\quad p=\psi(t),\tag{2.38}$$

其中 t 是参变量。因为恒有 $dy=pdx$，所以沿着参数方程(2.38)，有

$$dy=\psi(t)\varphi'(t)dt,$$

积分可以得到

$$y=\int\psi(t)\varphi'(t)dt+c。$$

所以原方程的参数形式的通解为

$$\begin{cases} x=\varphi(t), \\ y=\displaystyle\int\psi(t)\varphi'(t)dt+c, \end{cases}$$

其中，c 是任意常数。

对于不显含 x 的隐式微分方程

$$F\left(y, \frac{dy}{dx}\right)=0, \tag{2.39}$$

记 $p=\frac{dy}{dx}$，类似上述过程引入参数方程

$$y=\varphi(t), \quad p=\psi(t)。 \tag{2.40}$$

因为$\frac{dx}{dy}=\frac{1}{p}$，所以 $dx=\frac{1}{\psi(t)}\varphi'(t)dt$，积分可以得到

$$x=\int\frac{\varphi'(t)}{\psi(t)}dt。$$

这样原方程的通解为

$$\begin{cases}x=\int\frac{\varphi'(t)}{\psi(t)}dt+c,\\ y=\varphi(t),\end{cases}$$

其中，c 是任意常数。

例 22 解方程 $y^2+y'^2=1$。

解 令 $y=\sin t$，则 $dy=\cos t dt$，由方程又有

$$y'=\frac{dy}{dx}=\cos t。$$

当 $\cos t\neq 0$ 时，有

$$dx=\frac{dy}{\cos t}=\frac{\cos t}{\cos t}dt=dt,$$

对上式两边积分得 $x=t+c$，得到方程的通解为

$$y=\sin(x-c)。$$

当 $\cos t=0$ 时，$y=\sin t=\pm 1$。$y=\pm 1$ 是两个特解。

例 23 解方程 $x^3+(y')^3=4xy'$。

解 令 $y'=xt$，t 是参数。原方程可以化为

$$x^3+(xt)^3=4x^2t,$$

解出 $x=\frac{4t}{1+t^3}$。又由$\frac{dy}{dx}=xt$，得

$$y=\int xt\,dx=\int\frac{4t^2}{1+t^3}\left(\frac{4t}{1+t^3}\right)'dt=\frac{32}{3}\frac{1}{1+t^3}-8\frac{1}{(1+t^3)^2}+c。$$

于是所求方程的参数形式通解为

$$\begin{cases}x=\frac{4t}{1+t^3},\\ y=\frac{32}{3(1+t^3)}-\frac{8}{(1+t^3)^2}+c,\end{cases}$$

其中，c 为任意常数。

本章学习要点

本章介绍了一阶微分方程的几种初等解法，分别有分离变量法、常数变易法、恰当方程与积分因子法，以及几种一阶隐式方程的参数方程解法。要注意的是这几种初等解法分别适用于不同的方程类型，所以先要掌握本章所介绍的各种一阶微分方程的特征，然后再按照其所属方程类型，选择相应的初等解法。

学会正确判断微分方程类型，选择适当的方法进行解题只是我们学习本章的基本要求。实际上大部分的微分方程可能并不是直接属于本章所介绍的这些方程类型，多数情况下需要先进行变量变换，使方程转化为本章所介绍的几种基本类型。这就需要我们熟练掌握一些变量变化的技巧和规律。

习题 2

1. 解方程：

(1) $\frac{dy}{dx}=\frac{x^2}{y}$；　(2) $\frac{dy}{dx}=\frac{x^2}{y(1+x^2)}$；

(3) $\frac{dy}{dx}=y^2\sin x$；　(4) $x\frac{dy}{dx}=\sqrt{1-y^2}$；

(5) $\frac{dy}{dx}=e^{x-y}$；　(6) $\frac{dy}{dx}=(x+y)^2$；

(7) $\frac{dy}{dx}=\frac{x+y-1}{x+y+1}$；　(8) $\frac{dy}{dx}=\frac{2x+y}{x-y+3}$；

(9) $\frac{dy}{dx}=(x+1)^2+(4y+1)^2+8xy-1$；　(10) $\frac{dy}{dx}=\frac{2x^3+3xy^2+x}{3x^2y+2y^3-y}$。

2. 证明微分方程 $\frac{x}{y}\frac{dy}{dx}=f(xy)$ 经过变换 $u=xy$ 可化为变量可分离方程。由此再求解方程：

(1) $y(1+x^2y^2)dx=xdy$；　(2) $\frac{x}{y}\frac{dy}{dx}=\frac{2+x^2y^2}{2-x^2y^2}$。

3. 求一条曲线使它的切线介于两坐标轴之间的部分被切点平分。

4. 求方程 $y^2dx+(x+1)dy=0$ 满足初始条件 $x=0,y=1$ 的特解。

5. 解方程：

(1) $\frac{dy}{dx}=y+\sin x$；　(2) $\frac{dy}{dx}=-3y+e^{2x}$；

(3) $\frac{dy}{dx}+\frac{1-2x}{x^2}y-1=0$；　(4) $\frac{dy}{dx}=\frac{y}{x+y^3}$；

(5) $\frac{dy}{dx}=n\frac{y}{x}+e^x x^n$；　(6) $\frac{dy}{dx}=\frac{2y}{x+1}+(x+1)^3$；

(7) $y=e^x+\int_0^x y(t)dt$；　(8) $y'\sin x-(\cos x)y-\sin^3 x=0$；

(9) $y'+xy=x^3y^3$；　(10) $y'=\frac{1}{xy+x^3y^3}$；

(11) $y'=\frac{e^y+3x}{x^2}$。

6. 设函数 $y(t)$ 在 $-\infty<t<+\infty$ 上连续，满足

$$y(s+t)=y(s)y(t)$$

且 $y'(0)$ 存在，求此函数。

7. 解方程：

(1) $2x(ye^{x^2}-1)\mathrm{d}x+e^{x^2}\mathrm{d}y=0$；

(2) $(\sin x+2xy)\mathrm{d}x+x^2\mathrm{d}y=0$；

(3) $(y-3x^2)\mathrm{d}x-(4y-x)\mathrm{d}y=0$；

(4) $(t^2+1)\cos u\mathrm{d}u+2t\sin u\mathrm{d}t=0$；

(5) $\left(\frac{1}{y}\sin\frac{x}{y}-\frac{y}{x^2}\cos\frac{y}{x}+1\right)\mathrm{d}x+\left(\frac{1}{x}\cos\frac{y}{x}-\frac{x}{y^2}\sin\frac{x}{y}+\frac{1}{y^2}\right)\mathrm{d}y=0$；

(6) $\left(\frac{y}{x}+x^2\right)\mathrm{d}x+(\ln x-2y)\mathrm{d}y=0$；

(7) $y\mathrm{d}x-(x+y^3)\mathrm{d}y=0$；

(8) $(3x^2y+2xy+y^3)\mathrm{d}x+(x^2+y^2)\mathrm{d}y=0$；

(9) $(2xy-e^{-2y})\mathrm{d}y+y\mathrm{d}x=0$；

(10) $\left(3x+\frac{6}{y}\right)\mathrm{d}x+\left(\frac{x^2}{y}+\frac{3y}{x}\right)\mathrm{d}y=0$；

(11) $y^3\mathrm{d}x+2(x^2-xy^2)\mathrm{d}y=0$；

(12) $e^x\mathrm{d}x+(e^x\cot y+2y\cos y)\mathrm{d}y=0$。

8. 设 $f(x,y)$ 与 $\frac{\partial f}{\partial y}$ 连续，证明方程 $\frac{\mathrm{d}y}{\mathrm{d}x}=f(x,y)$ 是线性方程的充分必要条件是有只依赖 x 的积分因子。

9. 证明齐次微分方程 $P(x,y)\mathrm{d}x+Q(x,y)\mathrm{d}y=0$，当 $xP(x,y)+yQ(x,y)\neq 0$ 时，有积分因子。

10. 设 μ_1 是微分方程 $M\mathrm{d}x+N\mathrm{d}y=0$ 的一个积分因子，即存在二元函数 $U(x,y)$，使得

$$\mu_1[M(x,y)\mathrm{d}x+N(x,y)\mathrm{d}y]=\mathrm{d}U(x,y)。$$

证明：μ_2 是方程的另一个积分因子的充分必要条件是 $\mu_2=\mu_1 g(U)$，其中，$g(\cdot)$ 是任意的可微非零函数。

11. 设 μ_1,μ_2 是 $M(x,y)\mathrm{d}x+N(x,y)\mathrm{d}y=0$ 的两个积分因子，且 $\frac{\mu_1}{\mu_2}\neq$ 常数，证明 $\frac{\mu_1}{\mu_2}=c$ 也是方程的通解。

12. 解方程 $x\left(\frac{\mathrm{d}y}{\mathrm{d}x}\right)^3=1+\frac{\mathrm{d}y}{\mathrm{d}x}$。

13. 解方程 $\left(\frac{\mathrm{d}y}{\mathrm{d}x}\right)^3=x^3\left(1-\frac{\mathrm{d}y}{\mathrm{d}x}\right)$。

14. 解方程 $y\left[1-\left(\frac{\mathrm{d}y}{\mathrm{d}x}\right)^2\right]=1$。

15. 解方程 $x\left(\frac{\mathrm{d}y}{\mathrm{d}x}-1\right)=\left(2-\frac{\mathrm{d}y}{\mathrm{d}x}\right)^2$。

16. 解方程 $y=(y')^2e^{y'}$。

17. 求解黎卡提方程：

(1) $x^2(y'+y^2)=2$；

(2) $y'=-e^xy^2+2e^{2x}y+e^x-e^{3x}$；

(3) $y'=a^nf^{1-n}(x)g'(x)y^n+\frac{f'(x)}{f(x)}y+f(x)g'(x)$。

第 3 章
一阶微分方程的解的存在唯一性定理

我们在第 2 章中讨论了一阶微分方程的初等解法，解决了一些特殊的微分方程求解问题。但是，我们也知道，对许多微分方程，例如形式上很简单的黎卡提方程 $\frac{\mathrm{d}y}{\mathrm{d}x}=x^2+y^2$ 不能通过初等解法求解。很显然，从逻辑上我们必须解决这样一些问题，一个不能用初等解法求解的微分方程是否存在解？或者微分方程在什么条件下一定有解？当有解时，其初值问题有多少解呢？毫无疑问，这是微分方程非常基本的问题。不解决这样的问题，对微分方程的进一步研究就毫无意义了。

柯西(Cauchy，1789—1857) 在 19 世纪 20 年代第一个成功地建立了微分方程初值问题解的存在唯一性定理。1876 年，李普希兹(Lipshitz，1832—1903) 减弱了柯西定理的条件。1893 年，毕卡(Picard，1856—1941) 在李普希兹条件下对定理给出了一个新的证明。

由于能够求出解析解的微分方程为数不多，寻求微分方程的近似解是很显然的出路。但在不知道所研究的方程的解是否存在，即使解存在而不唯一，对微分方程求近似解就是很荒唐的事情。所以微分方程解的存在唯一性定理是近似求解的前提和理论依据。

实际问题中，微分方程初值条件所需的数据，往往是通过测量、观察得到的，在种种条件的限制下，这些数据是不精确的，只能近似地反映初始状态。因此，我们用这样的初值条件所得到的解与真正的解应该是有差异的。那么这样的差异我们应该怎样去描述它呢？比如对于不连续的函数，在 x_0 获得误差 Δx，那么 $f(x_0+\Delta x)-f(x_0)$ 是可以很大的，但对于连续函数，这样的误差会随着 $\Delta x\to 0$ 而趋近于零。类似地，我们把微分方程的这个问题描述为解对初值的连续依赖性问题，即当初始值有微小的变动时，方程的解的变化是否也很小呢？这个问题的解决，使微分方程可以求近似解具有现实的可能性，即我们知道在什么时候近似解在实际应用中是有意义的。

3.1　微分方程解的存在唯一性定理与逐步逼近法

3.1.1　微分方程解的存在唯一性定理

首先考虑导数已经解出的一阶微分方程

$$\frac{\mathrm{d}y}{\mathrm{d}x}=f(x,y), \tag{3.1}$$

这里 $f(x,y)$ 为矩形域

$$R=\{(x,y)\,\big|\,|x-x_0|\leqslant a,\ |y-y_0|\leqslant b\}\tag{3.2}$$

上的连续函数。

函数 $f(x,y)$ 称为在 R 上关于 y 满足李普希兹条件，如果存在常数 $L>0$，使得不等式

$$|f(x,y_1)-f(x,y_2)|\leqslant L|y_1-y_2|$$

对于所有的 $(x,y_1),(x,y_2)\in R$ 都成立，L 称为李普希兹常数。

定理 3.1 如果函数 $f(x,y)$ 在矩形域 R 上连续且关于 y 满足李普希兹条件，则方程(3.1) 存在唯一的解 $y=\varphi(x)$，定义于区间 $|x-x_0|\leqslant h$ 上，连续且满足初值条件

$$\varphi(x_0)=y_0,\tag{3.3}$$

其中，$h=\min\left(a,\dfrac{b}{M}\right)$，$M=\max\limits_{(x,y)\in R}|f(x,y)|$。

对于微分方程(3.1)，在没有给出方程的通解，或者在初值条件下的特解之前，定理的证明必须另辟蹊径。这条道路必须满足两个显然的条件：其一，初等解法是不可用的；其二，在理论上可以实现方程的求解，而现实却不能实现，也就是可望而不可及的。在分析中重要的极限思想似乎满足这两个条件。如果极限的思想是可行的，那么我们的思路就变得明朗许多，我们的目标是寻找方程的解，自然就需要构造一个函数序列 $\{\varphi_n(x)\}(n=0,1,2,\cdots)$，使得 $\lim\limits_{n\to\infty}\varphi_n(x)=\varphi(x)$。现在的难点是如何构造序列 $\{\varphi_n(x)\}$。

对于序列的构造，则必须与方程(3.1) 及初值条件(3.3) 联系起来，构造一个递推关系式。这一任务的实现只能而且必须以微分方程(3.1) 为基础。把式(3.1) 作形式上的转化

$$y=y_0+\int_{x_0}^{x}f(x,y)\mathrm{d}x,\tag{3.4}$$

其中，$x_0\leqslant x\leqslant x_0+h$。对于 $x_0-h\leqslant x\leqslant x_0$ 可类似地证明。

在假设上面的变形是等价转化及这两个方程有相同的解的前提下，来作递推关系式。

任取一个连续的函数 $\varphi_0(x)$ 代入上面的积分方程右端的 y，就得到函数

$$\varphi_1(x)=y_0+\int_{x_0}^{x}f(x,\varphi_0(x))\mathrm{d}x,$$

显然 $\varphi_1(x)$ 也是连续函数。如果 $\varphi_1(x)=\varphi_0(x)$，那么 $\varphi_0(x)$ 就是方程的解。否则，我们继续将 $\varphi_1(x)$ 代入上面的积分方程右端的 y 得到 $\varphi_2(x)$。依此继续下去，如果已经求得 $\varphi_{n-1}(x)$，满足 $\varphi_{n-1}(x)=\varphi_{n-2}(x)$，则 $\varphi_{n-2}(x)$ 就是方程的解，否则将 $\varphi_{n-1}(x)$ 代入上面的积分方程右端的 y 得到 $\varphi_n(x)$，即

$$\varphi_n(x)=y_0+\int_{x_0}^{x}f(x,\varphi_{n-1}(x))\mathrm{d}x,\tag{3.5}$$

这样我们就得到了连续函数序列 $\{\varphi_n(x)\}$。

假设函数序列 $\{\varphi_n(x)\}$ 在定义区间内一致收敛于 $\varphi(x)$，则有

$$\begin{aligned}\lim_{n\to\infty}\varphi_n(x) &= y_0 + \lim_{n\to\infty}\int_{x_0}^{x} f(x,\varphi_{n-1}(x))\mathrm{d}x \\ &= y_0 + \int_{x_0}^{x} \lim_{n\to\infty} f(x,\varphi_{n-1}(x))\mathrm{d}x \\ &= y_0 + \int_{x_0}^{x} f(x,\varphi(x))\mathrm{d}x,\end{aligned}$$

即

$$\varphi(x) = y_0 + \int_{x_0}^{x} f(x,\varphi(x))\mathrm{d}x,$$

这就是说，$\varphi(x)$ 是积分方程(3.1) 的解。

这种一步一步地求出方程的解的方法就称为**逐步逼近法**。由式(3.5) 确定的函数 $\varphi_n(x)$ 称为方程(3.1) 满足条件(3.3) 的初值问题的**第 n 次近似解**。

现在我们有了定理证明的总体思路，接下来列出完成证明需要解决的几个环节。

(1) 微分方程(3.1) 的初值问题与积分方程(3.4) 是同解的；

(2) 研究序列$\{\varphi_n(x)\}$ 的特征；

(3) 证明序列$\{\varphi_n(x)\}$ 在定义区间内一致收敛于 $\varphi(x)$；

(4) $\varphi(x)$ 在定义域内连续；

(5) 在李普希兹条件下论证 $\varphi(x)$ 的存在唯一性。

通过以下几个引理的证明来实现上面 5 个问题的解决。

引理 3.1　$y = \varphi(x)$ 是方程(3.1) 的定义于区间 $x_0 \leqslant x \leqslant x_0 + h$ 上，满足初值条件 $\varphi(x_0) = y_0$ 的连续解的充要条件是 $y = \varphi(x)$ 是积分方程

$$y = y_0 + \int_{x_0}^{x} f(x,y)\mathrm{d}x$$

定义在 $x_0 \leqslant x \leqslant x_0 + h$ 上的连续解。

证明　必要性　因为 $y = \varphi(x)$ 是方程(3.1) 的解，代入方程得

$$\frac{\mathrm{d}\varphi(x)}{\mathrm{d}x} = f(x,\varphi(x)),$$

对上式两边从 x_0 到 x 取定积分得

$$\varphi(x) - \varphi(x_0) = \int_{x_0}^{x} f(x,\varphi(x))\mathrm{d}x,\ x_0 \leqslant x \leqslant x_0 + h,$$

代入初值条件，则有

$$\varphi(x) = y_0 + \int_{x_0}^{x} f(x,\varphi(x))\mathrm{d}x,\ x_0 \leqslant x \leqslant x_0 + h。$$

因此，$y = \varphi(x)$ 是方程(3.4) 定义在 $x_0 \leqslant x \leqslant x_0 + h$ 上的连续解。

充分性　如果 $y = \varphi(x)$ 是方程(3.4) 的连续解，则有

$$\varphi(x) = y_0 + \int_{x_0}^{x} f(x,\varphi(x))\mathrm{d}x,\ x_0 \leqslant x \leqslant x_0 + h, \tag{3.6}$$

两边微分，得

$$\frac{\mathrm{d}\varphi(x)}{\mathrm{d}x} = f(x,\varphi(x))。$$

将 $x = x_0$ 代入式(3.6),得

$$\varphi(x_0) = y_0。$$

因此,$y = \varphi(x)$ 是方程(3.1)定义在 $x_0 \leqslant x \leqslant x_0 + h$ 上,且满足初值条件的解。

现在取 $\varphi_0(x) = y_0$,构造皮卡逼近函数序列:

$$\begin{cases} \varphi_0(x) = y_0, \\ \varphi_n(x) = y_0 + \int_{x_0}^{x} f(\xi,\varphi_{n-1}(\xi))\mathrm{d}\xi \quad (n = 1,2,\cdots) \end{cases} \tag{3.7}$$

其中,$x_0 \leqslant x \leqslant x_0 + h$。

引理 3.2 对于所有的 n,式(3.7)中函数 $\varphi_n(x)$ 在 $x_0 \leqslant x \leqslant x_0 + h$ 上有定义、连续且满足

$$|\varphi_n(x) - y_0| \leqslant b,$$

这里 b 为某个常数。

证明 对 n 作数学归纳。当 $n = 1$ 时,

$$\varphi_1(x) = y_0 + \int_{x_0}^{x} f(\xi,y_0)\mathrm{d}x,$$

则 $\varphi_1(x)$ 在 $x_0 \leqslant x \leqslant x_0 + h$ 上有定义、连续且有

$$|\varphi_1(x) - y_0| = \left|\int_{x_0}^{x} f(\xi,y_0)\mathrm{d}x\right| \leqslant \int_{x_0}^{x} |f(\xi,y_0)|\mathrm{d}x \leqslant M(x - x_0) \leqslant Mh \leqslant b,$$

则当 $n = 1$ 时引理 3.2 成立。

假设当 $n = k$ 时引理 3.2 成立,即 $\varphi_k(x)$ 在 $x_0 \leqslant x \leqslant x_0 + h$ 上有定义、连续且有 $|\varphi_k(x) - y_0| \leqslant b$,则有

$$\varphi_{k+1}(x) = y_0 + \int_{x_0}^{x} f(\xi,\varphi_k(x))\mathrm{d}\xi。$$

由假设,可以推导出 $\varphi_{k+1}(x)$ 在 $x_0 \leqslant x \leqslant x_0 + h$ 上有定义、连续且有

$$|\varphi_{k+1}(x) - y_0| = \left|\int_{x_0}^{x} f(\xi,\varphi_k(x))\mathrm{d}\xi\right| \leqslant M(x - x_0) \leqslant Mh \leqslant b,$$

即当 $n = k + 1$ 时引理 3.2 成立。由数学归纳法知引理 3.2 对于所有的 n 均成立。

引理 3.3 函数序列 $\{\varphi_n(x)\}$ 在 $x_0 \leqslant x \leqslant x_0 + h$ 上是一致收敛的。

由引理 3.2 对 $\varphi_n(x)$ 的估计方法,使得有可能实现对相邻两项差的估计,从而实现引理 3.3 的证明,可以将函数序列 $\{\varphi_n(x)\}$ 在定义域上的一致收敛转化为等价的级数,通过相邻两项差的估计,实现优级数构造,从而通过证明级数的一致收敛来证明函数序列的一致收敛性。

证明 考虑级数

$$\varphi_0(x) + \sum_{k=1}^{\infty} [\varphi_k(x) - \varphi_{k-1}(x)], x_0 \leqslant x \leqslant x_0 + h, \tag{3.8}$$

该级数的部分和为

$$\varphi_0(x)+\sum_{k=1}^{n}[\varphi_k(x)-\varphi_{k-1}(x)]=\varphi_n(x),$$

因此，要证明函数序列 $\{\varphi_n(x)\}$ 在 $x_0\leqslant x\leqslant x_0+h$ 上是一致收敛的，只须证明级数(3.8)在 $x_0\leqslant x\leqslant x_0+h$ 上是一致收敛的。对级数(3.8)的通项作如下估计，由式(3.7)有

$$|\varphi_1(x)-\varphi_0(x)|\leqslant\int_{x_0}^{x}|f(\xi,\varphi_0(\xi))|\,\mathrm{d}\xi\leqslant M(x-x_0) \tag{3.9}$$

及

$$|\varphi_2(x)-\varphi_1(x)|\leqslant\int_{x_0}^{x}|f(\xi,\varphi_1(\xi))-f(\xi,\varphi_0(\xi))|\,\mathrm{d}\xi,$$

由李普希兹条件及式(3.9)，得

$$\begin{aligned}|\varphi_2(x)-\varphi_1(x)|&\leqslant L\int_{x_0}^{x}|\varphi_1(\xi)-\varphi_0(\xi)|\,\mathrm{d}\xi\\&\leqslant L\int_{x_0}^{x}M(\xi-x_0)\,\mathrm{d}\xi\\&=\frac{ML}{2!}(x-x_0)^2。\end{aligned}$$

假设对于正整数 n，不等式

$$|\varphi_n(x)-\varphi_{n-1}(x)|\leqslant\frac{ML^{n-1}}{n!}(x-x_0)^n$$

成立，由李普希兹条件及上式得

$$\begin{aligned}|\varphi_{n+1}(x)-\varphi_n(x)|&\leqslant\int_{x_0}^{x}|f(\xi,\varphi_n(\xi))-f(\xi,\varphi_{n-1}(\xi))|\,\mathrm{d}\xi\\&\leqslant L\int_{x_0}^{x}|\varphi_n(\xi)-\varphi_{n-1}(\xi)|\,\mathrm{d}\xi\\&\leqslant\frac{ML^{n-1}}{n!}\int_{x_0}^{x}(\xi-x_0)^n\,\mathrm{d}\xi=\frac{ML^n}{(n+1)!}(x-x_0)^{n+1}。\end{aligned}$$

因此，由数学归纳法知，对于所有的正整数 n，有如下估计

$$|\varphi_{n+1}(x)-\varphi_n(x)|\leqslant\frac{ML^n}{(n+1)!}(x-x_0)^{n+1},x_0\leqslant x\leqslant x_0+h。$$

由上述讨论可知，当 $x_0\leqslant x\leqslant x_0+h$ 时，有

$$|\varphi_{n+1}(x)-\varphi_n(x)|\leqslant\frac{ML^n}{(n+1)!}h^{n+1},$$

则正项级数

$$\sum_{n=0}^{\infty}\frac{ML^n}{(n+1)!}h^{n+1}$$

是级数(3.8)的优级数，由魏尔斯特拉斯(Weierstrass)判别法知，级数(3.8)在 $x_0\leqslant x\leqslant x_0+h$ 上一致收敛，从而函数序列 $\{\varphi_n(x)\}$ 在 $x_0\leqslant x\leqslant x_0+h$ 上一致收敛。

引理 3.4 $\varphi(x)$ 是积分方程(3.4)定义在 $x_0 \leqslant x \leqslant x_0+h$ 上的连续解。

证明 由李普希兹条件

$$|f(x,\varphi_n(x))-f(x,\varphi(x))| \leqslant L|\varphi_n(x)-\varphi(x)|, x_0 \leqslant x \leqslant x_0+h,$$

又因为函数序列 $\{\varphi_n(x)\}$ 在 $x_0 \leqslant x \leqslant x_0+h$ 上一致收敛，即知函数序列 $\{f(x,\varphi_n(x))\}$ 在 $x_0 \leqslant x \leqslant x_0+h$ 上一致收敛于 $f(x,\varphi(x))$。对式(3.7)两边取极限，得

$$\begin{aligned}\lim_{n\to\infty}\varphi_n(x) &= y_0+\lim_{n\to\infty}\int_{x_0}^{x} f(\xi,\varphi_{n-1}(\xi))\mathrm{d}\xi \\ &= y_0+\int_{x_0}^{x} \lim_{n\to\infty} f(\xi,\varphi_{n-1}(\xi))\mathrm{d}\xi \\ &= y_0+\int_{x_0}^{x} f(\xi,\varphi(\xi))\mathrm{d}\xi,\end{aligned}$$

这就是说，$\varphi(x)$ 是积分方程(3.4)定义在 $x_0 \leqslant x \leqslant x_0+h$ 上的连续解。

引理 3.5 积分方程(3.4)定义在 $x_0 \leqslant x \leqslant x_0+h$ 上的连续解是唯一的。

证明 假设 $\psi(x)$ 也是方程(3.4)定义在 $x_0 \leqslant x \leqslant x_0+h$ 上的连续解，要证明 $\psi(x)=\varphi(x)$，只需证明 $\psi(x)$ 也是序列 $\{\varphi_n(x)\}$ 在 $x_0 \leqslant x \leqslant x_0+h$ 上一致收敛的极限函数。由

$$\varphi_0(x)=y_0,$$

$$\varphi_n(x)=y_0+\int_{x_0}^{x} f(\xi,\varphi_{n-1}(\xi))\mathrm{d}\xi, n \geqslant 1,$$

$$\psi(x)=y_0+\int_{x_0}^{x} f(\xi,\psi(\xi))\mathrm{d}\xi,$$

作如下估计

$$|\psi(x)-\varphi_0(x)| \leqslant \int_{x_0}^{x} |f(\xi,\psi(\xi))|\mathrm{d}\xi \leqslant M(x-x_0),$$

$$\begin{aligned}|\psi(x)-\varphi_1(x)| &\leqslant \int_{x_0}^{x} |f(\xi,\psi(\xi))-f(\xi,\varphi_0(\xi))|\mathrm{d}\xi \\ &\leqslant L\int_{x_0}^{x} |\psi(\xi)-\varphi_0(\xi)|\mathrm{d}\xi \\ &\leqslant L\int_{x_0}^{x} M(\xi-x_0)\mathrm{d}\xi \\ &= \frac{ML}{2!}(x-x_0)^2,\end{aligned}$$

假设

$$|\psi(x)-\varphi_{n-1}(x)| \leqslant \frac{ML^{n-1}}{n!}(x-x_0)^n,$$

则有

$$\begin{aligned}|\psi(x)-\varphi_n(x)| &\leqslant \int_{x_0}^{x} |f(\xi,\psi(\xi))-f(\xi,\varphi_{n-1}(\xi))|\mathrm{d}\xi \\ &\leqslant L\int_{x_0}^{x} |\psi(\xi)-\varphi_{n-1}(\xi)|\mathrm{d}\xi \\ &\leqslant \frac{ML^n}{n!}\int_{x_0}^{x} (\xi-x_0)^n\mathrm{d}\xi\end{aligned}$$

$$= \frac{ML^n}{(n+1)!}(x-x_0)^{n+1}。$$

由数学归纳法知，对于所有正整数 n，下面估计式成立

$$|\psi(x)-\varphi_n(x)| \leqslant \frac{ML^n}{(n+1)!}(x-x_0)^{n+1},$$

由此，在 $x_0 \leqslant x \leqslant x_0+h$ 上有

$$|\psi(x)-\varphi_n(x)| \leqslant \frac{ML^n}{(n+1)!}h^{n+1}。$$

因为 $\frac{ML^n}{(n+1)!}h^{n+1}$ 是收敛级数的通项，故当 $n \to \infty$ 时，

$$\frac{ML^n}{(n+1)!}h^{n+1} \to 0。$$

因而序列 $\{\varphi_n(x)\}$ 在 $x_0 \leqslant x \leqslant x_0+h$ 上一致收敛于 $\psi(x)$。根据极限的唯一性，即得

$$\psi(x)=\varphi(x), x_0 \leqslant x \leqslant x_0+h。$$

由引理 3.1 ～ 引理 3.5，即得到存在唯一性定理的证明。

对定理 3.1 的几点说明：

说明 1　一般而言，如果函数 $f(x,y)$ 在区域 R 内连续，而对 y 不满足李普希兹条件，那么微分方程(3.1) 在 R 内经过每一点仍然有一个解，但这个解可能是唯一的，也可能不是唯一的。该情况，皮亚诺存在定理[1] 给了相应的解释。这说明，李普希兹条件只是解存在唯一的一个充分条件。在微分方程的一般理论中还没有关于微分方程解存在唯一性定理的充要条件。

说明 2　微分方程(3.1) 解存在唯一性定理中数 h 的几何意义如图 3-1 所示。

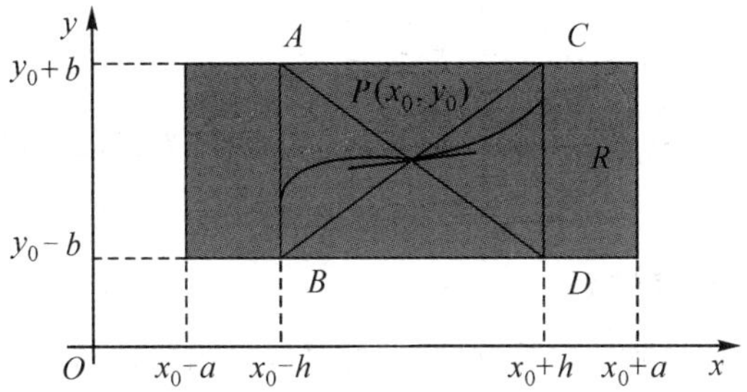

图 3-1

由条件 $M = \max\limits_{(x,y)\in R}|f(x,y)|$，知方程(3.1) 过点 $P(x_0,y_0)$ 的积分曲线 $y=\varphi(x)$ 的切线斜率必然介于 $-M$ 和 M 之间，则积分曲线在点 $P(x_0,y_0)$ 的切线以图 3-1 中的直线 AD 和 CB 为界，h 的取值小于 a，且不超过直线 AD 与直线 $y=y_0-b$ 的交点的纵坐标所确定的 h，从而可以确定 $h=\min\left(a,\frac{b}{M}\right)$。所以，当 $|x-x_0| \leqslant h$ 时，积分曲线上的点 $(x,\varphi(x))$ 的纵坐标满足不等式

$$|\varphi(x)-\varphi_0(x)| = |\varphi(x)-y_0| \leqslant M|x-x_0| \leqslant b,$$

这就是说，积分曲线弧夹在区域 APB 和 CPD 的内部，且不能超出区域 R。

说明 3 由于李普希兹条件比较难检验，在实际应用时，往往用 $f(x,y)$ 在区域 R 上关于 y 的连续偏导数来代替。容易证明 $\frac{\partial f}{\partial y}$ 在区域 R 上存在且连续，则 $f(x,y)$ 在区域 R 上关于 y 满足李普希兹条件。

现在考虑一阶隐函数微分方程

$$F(x,y,y')=0, \tag{3.10}$$

我们希望将一阶隐函数微分方程从理论上转化为显函数微分方程，从而结合定理 3.1 的条件来给出方程(3.10)的解的存在唯一性的条件。根据隐函数存在定理，若函数 $F(x,y,y')$ 在 (x_0,y_0,y_0') 的某邻域内连续且 $F(x_0,y_0,y_0')=0$，而当 $\frac{\partial F}{\partial y}\neq 0$ 时，则可以把 y' 唯一地表示为 x,y 的函数

$$y'=f(x,y),$$

且 $f(x,y)$ 在 (x_0,y_0) 某邻域内连续，以及

$$y_0'=f(x_0,y_0)。$$

进一步，如果隐函数 $F(x,y,y')$ 关于所有变元存在连续偏导数，则函数 $f(x,y)$ 关于 x,y 也存在连续偏导数。如果满足上面所有条件，我们可以断言方程(3.10)过点 (x_0,y_0) 且切线斜率为 y_0' 的积分曲线存在且唯一。

定理 3.2 如果在点 (x_0,y_0,y_0') 的某一邻域中：

(1) 隐函数 $F(x,y,y')$ 对所有变元 (x,y,y') 连续，且存在连续偏导数；

(2) $F(x_0,y_0,y_0')=0$；

(3) $\frac{\partial F(x_0,y_0,y_0')}{\partial y}\neq 0$；

则方程(3.10)存在唯一解 $y=y(x)$，$|x-x_0|\leqslant h$（h 为足够小的正数），满足初值条件

$$y(x_0)=y_0, y'(x_0)=y_0'。$$

3.1.2 近似计算和误差估计

在对微分方程解的存在唯一性定理的证明中所采用的逐步逼近法也是求微分方程近似解的一种方法，并且 n 次近似解 $\varphi_n(x)$ 和真解 $\varphi(x)$ 在区间 $|x-x_0|\leqslant h$ 内的误差估计式为

$$|\varphi(x)-\varphi_n(x)|\leqslant \frac{ML^n}{(n+1)!}h^{n+1}。$$

这样，我们在近似计算时，可以根据误差的要求，选取合适的逐步逼近函数 $\varphi_n(x)$。

例 1 微分方程 $\frac{\mathrm{d}y}{\mathrm{d}x}=x^2+y^2$ 定义在矩形域 $R=\{(x,y)\mid -1\leqslant x\leqslant 1, -1\leqslant y\leqslant 1\}$ 上。

(1) 确定经过点(0,0)的解的存在区间；

(2) 在解存在区间上给出近似解的表达式，要求误差不超过 0.05。

解　(1) 因为 $M=\max\limits_{x\in R}|f(x,y)|=2, a=b=1$，所以

$$h=\min\left(a,\frac{b}{M}\right)=\min\left(1,\frac{1}{2}\right),$$

则解的存在区间为 $-\frac{1}{2}\leqslant x\leqslant\frac{1}{2}$。

(2) 在区域 R 上，函数 $f(x,y)=x^2+y^2$ 的李普希兹常数可以取为 $L=2$，因为

$$\left|\frac{\partial f}{\partial y}\right|=|2y|\leqslant 2=L,$$

则误差可以表示为

$$|\varphi(x)-\varphi_n(x)|\leqslant\frac{ML^n}{(n+1)!}h^{n+1}=\frac{M}{L}\frac{1}{(n+1)!}(Lh)^{n+1}=\frac{1}{(n+1)!}<0.05,$$

当取 $n=3$ 时，$\frac{1}{(n+1)!}=\frac{1}{4!}=\frac{1}{24}<\frac{1}{20}=0.05$。所以近似表达式为

$$\varphi_0(x)=0,$$

$$\varphi_1(x)=\int_0^x\xi^2+\varphi_0^2(\xi)\mathrm{d}\xi=\frac{x^3}{3},$$

$$\varphi_2(x)=\int_0^x\xi^2+\varphi_1^2(\xi)\mathrm{d}\xi=\frac{x^3}{3}+\frac{x^7}{63},$$

$$\begin{aligned}\varphi_3(x)&=\int_0^x\xi^2+\varphi_2^2(\xi)\mathrm{d}\xi\\&=\int_0^x\xi^2+\frac{\xi^6}{9}+\frac{2\xi^{10}}{189}+\frac{\xi^{14}}{3969}\mathrm{d}\xi\\&=\frac{x^3}{3}+\frac{x^7}{63}+\frac{2x^{11}}{2079}+\frac{x^{15}}{59535},\end{aligned}$$

$\varphi_3(x)$ 就是要求的近似解，在区间 $-\frac{1}{2}\leqslant x\leqslant\frac{1}{2}$ 上，误差不超过 0.05。

3.2　微分方程解的延拓性

3.1 节中微分方程解的存在唯一性定理是局部性的，只肯定了微分方程解至少在区间 $|x-x_0|\leqslant h, h=\min\left(a,\frac{b}{M}\right)$ 上存在。这样的局部性很难满足实际要求，我们希望知道函数 $f(x,y)$ 关于微分方程在其整个定义域内解的存在唯一区间能尽量地扩大。根据经验，容易得出这样的结论，随着 $f(x,y)$ 的定义区域的增大，解的存在区间也会随着增大。但下面的例题说明实际并不是这样的。

例 2　初值问题 $\begin{cases}\frac{\mathrm{d}y}{\mathrm{d}x}=x^2+y^2,\\ y(0)=0。\end{cases}$

(1) 求当定义区域 $R=\{(x,y)\mid -1\leqslant x\leqslant 1,-1\leqslant y\leqslant 1\}$ 时，解的存在区间；

(2) 求当定义区域 $R=\{(x,y)\mid -2\leqslant x\leqslant 2,-2\leqslant y\leqslant 2\}$ 时，解的存在区间。

解 (1) 解的存在区间为 $|x|\leqslant h=\min\left\{1,\dfrac{1}{2}\right\}=\dfrac{1}{2}$。

(2) 解的存在区间为 $|x|\leqslant h=\min\left\{2,\dfrac{2}{8}\right\}=\dfrac{1}{4}$。

解的延拓就成为自然的事情了，按照以下的思路来解决这个问题。如果过 $f(x,y)$ 的定义域内的每一点的解都存在且唯一，则过点 (x_0,y_0) 的解有其存在区间，然后分别以区间的两个端点为初始条件结合解的存在区间分别向两个方向延拓，从而使得解的存在区间得到增大，然后再以增大后的区间的端点作为初始条件，依此逐次进行下去，直到两个方向都不能再延拓为止。

定义 3.1 (局部李普希兹条件) $f(x,y)$ 在其定义区域 G 内连续，对于 G 内的每一点，有以该点为中心的完全含于 G 内的闭矩形 R 存在，在 R 上 $f(x,y)$ 关于 y 满足李普希兹条件，则称 $f(x,y)$ 在区域 G 内关于 y 满足局部李普希兹条件。

定理 3.3 (解的延拓定理) 如果方程(3.1) 右端的函数 $f(x,y)$ 在有界区域 G 内连续，且在 G 内关于 y 满足局部李普希兹条件，那么方程(3.1) 通过 G 内任何一点 (x_0,y_0) 的解 $y=\varphi(x)$ 可以延拓，直到点 $(x,\varphi(x))$ 任意接近区域 G 的边界。以 x 增大的一方而言，如果 $y=\varphi(x)$ 只能延拓到区间 $x_0\leqslant x<d$，则当 $x\to d$ 时，$(x,\varphi(x))$ 趋于区域 G 的边界。

对于定理 3.3 我们只是做几何上的解释，而不给出严格的证明。

设方程(3.1) 的解 $y=\varphi(x)$ 定义在区间 $|x-x_0|\leqslant h$ 上，对于 x 增大的方向，取 $x_1=x_0+h$，$y_1=\varphi(x_0+h)$，以 (x_1,y_1) 为中心，作一小矩形，使这个小矩形连同其边界含在区域 G 内部。再由解的存在唯一性定理知，存在 h_1，在区间 $|x-x_1|\leqslant h_1$ 上，方程(3.1) 有过点 (x_1,y_1) 的解 $y=\psi(x)$，且在 $x=x_1$ 处有 $\psi(x_1)=\varphi(x_1)$。由解的存在唯一性，$y=\varphi(x)$ 和 $y=\psi(x)$ 在它们的公共区间 $x_1-h_1<x<x_1$ 上是相等的。现在定义

$$y=\begin{cases}\varphi(x),x_0-h\leqslant x\leqslant x_0+h,\\ \psi(x),x_0+h<x\leqslant x_0+h+h_1,\end{cases}$$

这个函数我们将其视为在区间 $|x-x_0|\leqslant h$ 内的解 $y=\varphi(x)$ 向右方的延拓，即将解延拓到较大的区间 $[x_0-h,x_0+h+h_1]$ 上。再令 $x_2=x_0+h+h_1$，$y_2=\varphi(x_2)$，当 $(x_2,y_2)\in G$ 时，仿照前面的做法，作以点 (x_2,y_2) 为中心的矩形，使得该点连同边界都含在 G 内部，又可以将解延拓到更大的区间 $[x_0-h,x_0+h+h_1+h_2]$。对于 x 减小的方向，可以同样处理，使解向左延拓。上述解的延拓的办法可以继续进行，最后将得到一个解 $y=\overline{\varphi(x)}$，这个解已经不能向左、右方再延拓了。这样的解称为方程(3.1) 的**饱和解**。很显然方程饱和解的存在区间为开区间，否则解还能延拓，与饱和解的定义矛盾。

推论 3.1 如果 G 是无界区域，在解的延拓定理的条件下，方程(3.1) 通过点 (x_0,y_0) 的解 $y=\varphi(x)$ 可以延拓，以向 x 增大的一方的延拓为例，有下面两种情况：

(1) 解 $y=\varphi(x)$ 可以延拓到$[x_0,\infty)$；

(2) 解 $y=\varphi(x)$ 只可以延拓到$[x_0,d)$，其中 d 为有限数，且当 $x\to d$ 时，或者 $y=\varphi(x)$ 无界，或者点$(x,\varphi(x))$ 趋于区域 G 的边界。

例 3　讨论方程$\dfrac{\mathrm{d}y}{\mathrm{d}x}=\dfrac{y^2-1}{2}$通过$(\ln2,-3)$的解的存在区间。

解　该方程右侧函数确定在整个 xOy 平面上且满足解的存在唯一性定理及解的延拓定理条件，其解为

$$y=\frac{1+c\mathrm{e}^x}{1-c\mathrm{e}^x},$$

故通过点$(\ln2,-3)$的解为

$$y=\frac{1+\mathrm{e}^x}{1-\mathrm{e}^x},$$

这个解的存在区间为$(0,+\infty)$。

如图 3-2 所示，过点$(\ln2,-3)$的解向右可以延拓到$+\infty$，向左只能延拓到 0，因为当 $x\to0_+$ 时，$y\to-\infty$。这是推论 3.1 中(2)的第一种情况。

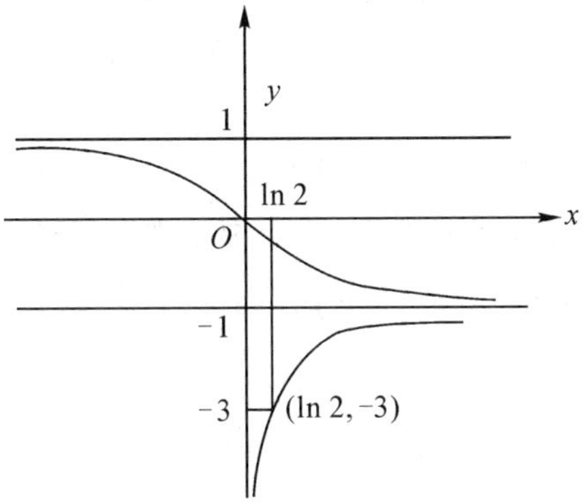

图 3-2

3.3　微分方程解对初值的连续性和可微性定理

在微分方程(3.1)解的存在唯一性定理的证明中，我们把初值(x_0,y_0)看作固定的。显然，当(x_0,y_0)变动时，则相应的初值问题的解也随之变动，亦即，初值问题的解不仅依赖自变量 x，同时也依赖初值(x_0,y_0)。因此，在考虑初值变动时，解可以看作三个变元的函数，记为

$$y=\varphi(x,x_0,y_0),$$

且满足 $y_0=\varphi(x_0,x_0,y_0)$。

3.3.1　微分方程解对初值的连续性定理

微分方程初值条件所需的数据，往往是通过测量、观察得到的，在种种条件的限制下，

这些数据是不精确的，只能近似地反映初始状态。因此我们需要考虑当初值(x_0,y_0)发生变动时，解$y=\varphi(x,x_0,y_0)$会发生怎样的改变，以及在什么条件下初值(x_0,y_0)发生微小改变时，在随x的变化过程中，所得到的微分方程解的变化始终都是很小的，类似于连续函数的特性。

引理 3.6 如果函数$f(x,y)$于某区域D内连续，且关于y满足李普希兹条件（李普希兹常数为L），则对微分方程(3.1)的任意两个解$\varphi(x)$和$\psi(x)$，在它们公共存在的区间内成立不等式

$$|\varphi(x)-\psi(x)|\leqslant|\varphi(x_0)-\psi(x_0)|e^{L|x-x_0|}, \tag{3.11}$$

其中，x_0为公共区间内的某一值。

证明 设$\varphi(x)$和$\psi(x)$在区间$a\leqslant x\leqslant b$上均有定义。为了便于处理，在式(3.11)两边平方去掉绝对值，得

$$[\varphi(x)-\psi(x)]^2\leqslant[\varphi(x_0)-\psi(x_0)]^2e^{2L|x-x_0|}。$$

首先考虑$x_0\leqslant x\leqslant b$，则上式变为

$$[\varphi(x)-\psi(x)]^2\leqslant[\varphi(x_0)-\psi(x_0)]^2e^{2L(x-x_0)}。$$

为了简便，记$V(x)=[\varphi(x)-\psi(x)]^2$，则上式可以变为

$$V(x)\leqslant V(x_0)e^{2L(x-x_0)},$$

上式变形为

$$V(x)e^{-2Lx}-V(x_0)e^{-2Lx_0}\leqslant 0。$$

如果函数$V(x)e^{-2Lx}$单调递减，则引理结论很显然。现在来验证函数$V(x)e^{-2Lx}$的单调性

$$\frac{d}{dx}[V(x)e^{-2Lx}]=[V'(x)-2LV(x)]e^{-2Lx},$$

又因为

$$\begin{aligned}V'(x)&=[(\varphi(x)-\psi(x))^2]'\\&=2[\varphi(x)-\psi(x)][f(x,\varphi(x))-f(x,\psi(x))]\\&\leqslant 2LV(x),\end{aligned}$$

所以

$$\frac{d}{dx}[V(x)e^{-2Lx}]\leqslant 0,$$

所以

$$V(x)\leqslant V(x_0)e^{2L(x-x_0)},\quad x_0\leqslant x\leqslant b。$$

对于$a\leqslant x\leqslant x_0$，令$-x=t$，且记$-x_0=t_0$，则微分方程(3.1)变为

$$\frac{dy}{dt}=-f(-t,y)。$$

显然$y=\varphi(-t)$和$y=\psi(-t)$为微分方程(3.1)的解。

类似地推导过程，令

$$\delta(t)=[\varphi(-t)-\psi(-t)]^2,$$

可得

$$\delta(t) \leqslant \delta(t_0) e^{2L(t-t_0)}, t_0 \leqslant t \leqslant -a。$$

注意到 $\delta(t)|_{t=-x} = V(x)$，及 $\delta(t_0) = V(x_0)$，则有

$$V(x) \leqslant V(x_0) e^{2L(x-x_0)}, a \leqslant x \leqslant x_0。$$

综上有

$$V(x) \leqslant V(x_0) e^{2L(x-x_0)}, a \leqslant x \leqslant b,$$

两边开方就得到所需的结论。

定理3.4 （解对初值的连续依赖性定理）假设函数 $f(x,y)$ 于某区域 G 内连续，且关于 y 满足局部李普希兹条件，$(x_0,y_0) \in G$，$y = \varphi(x,x_0,y_0)$ 是方程(3.1)满足条件 $y(x_0) = y_0$ 的解，这个解在区间 $a \leqslant x \leqslant b$ 上有定义且 $a \leqslant x_0 \leqslant b$，那么，对任意给定的 $\varepsilon > 0$，必能找到 $\delta = \delta(\varepsilon,a,b)$，使得当

$$(\overline{x}_0 - x_0)^2 + (\overline{y}_0 - y_0)^2 \leqslant \delta^2$$

时，方程(3.1)满足条件 $y(\overline{x}_0) = \overline{y}_0$ 的解 $y = \varphi(x,\overline{x}_0,\overline{y}_0)$ 在区间 $a \leqslant x \leqslant b$ 上也有定义，并且

$$|\varphi(x,x_0,y_0) - \varphi(x,\overline{x}_0,\overline{y}_0)| < \varepsilon, a \leqslant x \leqslant b。$$

记 $\varphi(x,x_0,y_0) = \varphi(x)$，$\varphi(x,\overline{x}_0,\overline{y}_0) = \psi(x)$。定理的证明需要完成的任务：

(1) $\psi(x)$ 在区间 $a \leqslant x \leqslant b$ 上有定义；

(2) $\delta = \delta(\varepsilon,a,b)$ 的存在性。

第一个任务通过解的延拓性论证 $\psi(x)$ 的定义区间包含 $a \leqslant x \leqslant b$；对于第二个任务我们希望用引理3.6的结论，$\varphi(x)$ 和 $\psi(x)$ 的连续性来完成。在利用引理3.6的结论时，还有一个技术问题需要处理，即 $f(x,y)$ 于某区域 D 内关于 y 满足李普希兹条件，是一个整体性质，而定理的条件只是满足局部李普希兹条件，这一问题比较容易想到利用紧致区域上的有限覆盖定理来实现。

证明 首先来完成引理3.6条件中的区域 D 的构造。

注意到积分曲线段 $S: y = \varphi(x,x_0,y_0) = \varphi(x)$ 在区间 $a \leqslant x \leqslant b$ 上是 xOy 平面上的有界闭集，任取 $(x,y) \in S$，作开圆 $C = B((x,y),r) \subset G$，使得在 C 内函数 $f(x,y)$ 关于 y 满足李普希兹条件。因此，根据有限覆盖定理，存在有限个具有这样性质的开圆

$$C_i = B((x_i,y_i),r_i) (i = 1,2,\cdots,N),$$

L_i 为 $f(x,y)$ 在 C_i 内的相应的李普希兹常数，且有

$$S \subset \bigcup_{i=1}^{N} B((x_i,y_i),r_i) = \overline{G} \subset G。$$

记 $\overline{G}$ 的边界与 S 的距离为 $\rho > 0$。对于任意取定的 $\varepsilon > 0$，取 $\eta = \min\left(\varepsilon, \dfrac{\rho}{2}\right)$ 及 $L = \max(L_1,L_2,\cdots,L_N)$，则以 S 上 $(x_i,y_i)(i = 1,2,\cdots,N)$ 为中心，以 η 为半径的圆的全体，连同它们的圆周构成包含 S 的有界区域 $D \subset G$，且 $f(x,y)$ 在 D 上关于 y 满足局部李普希兹条件，且李普希兹常数为 L。

其次，论证必存在这样的 $\delta = \delta(\varepsilon,a,b)(\delta < \eta)$，使得只要 $\overline{x}_0,\overline{y}_0$ 满足

$$(\overline{x}_0 - x_0)^2 + (\overline{y}_0 - y_0)^2 \leqslant \delta^2,$$

则解 $\varphi(x,\overline{x}_0,\overline{y}_0)=\psi(x)$ 必然在区间 $a\leqslant x\leqslant b$ 内有定义。

由于 D 是一个有界闭域，且 $f(x,y)$ 于 D 上关于 y 满足局部李普希兹条件，由解的延拓定理知，解 $\psi(x)$ 必能延拓到区域 D 的边界。取 $\psi(x)$ 在边界上的点为 $(c,\psi(c))$，$(d,\psi(d))$，假定 $c<d$，断言 $c\leqslant a,d\geqslant b$，可以用反证法来证明这一事实。

假设断言是错误的，则 $c>a,d<b$，则由引理 3.6 有

$$|\varphi(x)-\psi(x)|\leqslant|\varphi(x_0)-\psi(x_0)|e^{L|x-x_0|},c\leqslant x\leqslant d。$$

注意到 $\varphi(x)$ 的连续性，取 $\varepsilon_1=\frac{1}{2}\eta e^{-L(b-a)}$，则存在 $\delta_1>0$，使得当 $|x-x_0|<\delta_1$ 时，有

$$|\varphi(x)-\varphi(x_0)|<\varepsilon_1。$$

取 $\delta=\min(\varepsilon_1,\delta_1)$，当 $(\overline{x}_0-x_0)^2+(\overline{y}_0-y_0)^2\leqslant\delta^2$ 时，有

$$\begin{aligned}|\varphi(x)-\psi(x)|^2&\leqslant|\varphi(\overline{x}_0)-\psi(\overline{x}_0)|^2e^{2L|x-x_0|}\\&\leqslant(|\psi(\overline{x}_0)-\varphi(x_0)|+|\varphi(x_0)-\varphi(\overline{x}_0)|)^2e^{2L|x-x_0|}\\&\leqslant(|\psi(\overline{x}_0)-\varphi(x_0)|^2+|\varphi(x_0)-\varphi(\overline{x}_0)|^2)e^{2L|x-x_0|}\\&<2(|\overline{y}_0-y_0|^2+\varepsilon_1^2)e^{2L(b-a)}\\&\leqslant4\varepsilon_1^2e^{2L(b-a)}=\eta^2,c\leqslant x\leqslant d,\end{aligned}\tag{3.12}$$

则得到 $|\varphi(x)-\psi(x)|<\eta,c\leqslant x\leqslant d$，特别地有

$$|\varphi(c)-\psi(c)|<\eta,\quad|\varphi(d)-\psi(d)|<\eta,$$

这表明 $(c,\psi(c))$，$(d,\psi(d))$ 均落在区域 D 的内部，而不可能位于 D 的边界上。这与假设矛盾，因此，解 $\psi(x)$ 在 $a\leqslant x\leqslant b$ 有定义。

将不等式(3.12)中区间 $[c,d]$ 换成 $[a,b]$，可知，当 $(\overline{x}_0-x_0)^2+(\overline{y}_0-y_0)^2\leqslant\delta^2$ 时

$$|\varphi(x,x_0,y_0)-\varphi(x,\overline{x}_0,\overline{y}_0)|<\eta\leqslant\varepsilon,a\leqslant x\leqslant b,$$

这就是需要的结论，定理证毕。

我们可以将解对初值的依赖关系用下面定理来表述。

定理 3.5 （解对初值的连续性定理）若函数 $f(x,y)$ 在区域 G 内连续，且关于 y 满足局部李普希兹条件，则微分方程(3.1)的解 $y=\varphi(x,x_0,y_0)$ 作为 x,x_0,y_0 的函数在其存在范围内是连续的。

证明 $\varphi(x,x_0,y_0)$ 对 x 在闭区间 $a\leqslant x\leqslant b$ 上连续，因此，对任意的 $\varepsilon>0$，存在 $\delta_1>0$，使得当 $|\overline{x}-x|<\delta_1$ 时，有

$$|\varphi(\overline{x},x_0,y_0)-\varphi(x,x_0,y_0)|<\frac{\varepsilon}{2},\ \overline{x},x\in[a,b]。$$

由解对初值的连续依赖性定理，存在 $\delta_2>0$，使得当 $(\overline{x}_0-x_0)^2+(\overline{y}_0-y_0)^2\leqslant\delta_2^2$，有

$$|\varphi(x,x_0,y_0)-\varphi(x,\overline{x}_0,\overline{y}_0)|<\frac{\varepsilon}{2},x\in[a,b]。$$

取 $\delta=\min(\delta_1,\delta_2)$，则只要 $(\overline{x}-x)^2+(\overline{x}_0-x_0)^2+(\overline{y}_0-y_0)^2\leqslant\delta^2$，有

$$|\varphi(x,x_0,y_0)-\varphi(\overline{x},\overline{x}_0,\overline{y}_0)|\leqslant|\varphi(x,x_0,y_0)-\varphi(\overline{x},x_0,y_0)|+|\varphi(\overline{x},x_0,y_0)-\varphi(\overline{x},\overline{x}_0,\overline{y}_0)|$$

$$< \frac{\varepsilon}{2} + \frac{\varepsilon}{2} = \varepsilon,$$

亦即 $y = \varphi(x, x_0, y_0)$ 在 (x, x_0, y_0) 连续。

对于任意 $(x_0, y_0) \in G$，由微分方程解的存在唯一性定理及解的延拓定理可知，存在 $\alpha(x_0, y_0)$，$\beta(x_0, y_0)$，使得方程(3.1)的饱和解 $y = \varphi(x, x_0, y_0)$ 定义于 $\alpha(x_0, y_0) < x < \beta(x_0, y_0)$。令

$$V = \{(x, x_0, y_0) \mid \alpha(x_0, y_0) < x < \beta(x_0, y_0), (x_0, y_0) \in G\},$$

由定理 3.5 可推知 $\varphi(x, x_0, y_0)$ 作为三元函数在 V 上连续。

对于某些微分方程，可能含有参数 λ，我们希望进一步了解方程的解对参数的依赖关系。

对于方程

$$\frac{\mathrm{d}y}{\mathrm{d}x} = f(x, y, \lambda),$$

其中，$f(x, y, \lambda)$ 的定义区域为

$$G_\lambda = \{(x, y, \lambda) \mid (x, y) \in G, \alpha < \lambda < \beta\}。$$

设 $f(x, y, \lambda)$ 在区域 G_λ 内连续，且在 G_λ 内关于 y 一致地满足局部李普希兹条件，即对任意的 $(x, y, \lambda) \in G_\lambda$，存在以点 (x, y, λ) 为球心的球 $B \subset G_\lambda$，使得对任意 (x, y_1, λ)，$(x, y_2, \lambda) \in B$，有不等式

$$|f(x, y_1, \lambda) - f(x, y_2, \lambda)| \leqslant L |y_1 - y_2|,$$

其中，L 是与 λ 无关的正数。

在上述条件下，由微分方程解的存在唯一性定理，对于每一个 $\lambda_0 \in (\alpha, \beta)$，含参数微分方程通过 $(x_0, y_0) \in G$ 的解唯一存在。把解记为 $y = \varphi(x, x_0, y_0, \lambda_0)$，且有 $y_0 = \varphi(x_0, x_0, y_0, \lambda_0)$。

类似地有下述定理。

定理 3.6 （解对初值和参数的连续依赖定理）设 $f(x, y, \lambda)$ 在区域 G_λ 内连续，且在 G_λ 内关于 y 一致地满足局部李普希兹条件，$(x_0, y_0, \lambda_0) \in G$，$y = \varphi(x, x_0, y_0, \lambda_0)$ 是微分方程

$$\frac{\mathrm{d}y}{\mathrm{d}x} = f(x, y, \lambda)$$

通过点 $(x_0, y_0) \in G$ 的解，在区间 $a \leqslant x \leqslant b$ 上有定义，其中 $x_0 \in [a, b]$，那么，对任意给定的 $\varepsilon > 0$，存在 $\delta = \delta(\varepsilon, a, b)$，当满足

$$(\overline{x}_0 - x_0)^2 + (\overline{y}_0 - y_0)^2 + (\lambda - \lambda_0)^2 \leqslant \delta^2$$

时，含参数方程过点 $(\overline{x}_0, \overline{y}_0)$ 的解 $y = \varphi(x, \overline{x}_0, \overline{y}_0, \lambda)$ 在区间 $a \leqslant x \leqslant b$ 上有定义，且有

$$|\varphi(x, \overline{x}_0, \overline{y}_0, \lambda) - \varphi(x, x_0, y_0, \lambda_0)| < \varepsilon, a \leqslant x \leqslant b。$$

定理 3.7 （解对初值和参数的连续性定理）设 $f(x, y, \lambda)$ 在区域 G_λ 内连续，且在 G_λ 内关于 y 一致地满足局部李普希兹条件，则含参数方程的解 $y = \varphi(x, x_0, y_0, \lambda_0)$ 作为 x, x_0, y_0, λ_0 的函数在其存在范围内是连续的。

3.3.2 微分方程解对初值的可微性定理

进一步讨论微分方程解对初值的可微性，即解 $y=\varphi(x,x_0,y_0)$ 关于初值 (x_0,y_0) 的偏导数的存在性和连续性。

定理 3.8 （解对初值的可微性定理）若函数 $f(x,y)$ 以及$\dfrac{\partial f}{\partial y}$都在区域 G 内连续，则微分方程(3.1) 的解 $y=\varphi(x,x_0,y_0)$ 作为 x,x_0,y_0 的函数在其存在范围内是连续可微的。

证明的难点是关于偏导数$\dfrac{\partial\varphi}{\partial x_0}$，$\dfrac{\partial\varphi}{\partial y_0}$的存在性和连续性，可以从偏导数的定义出发，构造一个微分方程，使得方程以 $\varphi(x,x_0,y_0)$ 对应于其中的一个变量的偏导数为解，从而实现定理的证明，而$\dfrac{\partial\varphi}{\partial x}$的存在性、连续性是显然的。

证明 由$\dfrac{\partial f}{\partial y}$在区域 G 内连续，得知 $f(x,y)$ 在区域 G 内关于 y 满足局部李普希兹条件。因此，在定理的条件下，微分方程解对初值的连续性定理成立，$y=\varphi(x,x_0,y_0)$ 作为 x,x_0,y_0 的函数在其存在范围内是连续的。下面来证明函数 $\varphi(x,x_0,y_0)$ 关于其存在范围内任意一点的偏导数$\dfrac{\partial\varphi}{\partial x}$，$\dfrac{\partial\varphi}{\partial x_0}$，$\dfrac{\partial\varphi}{\partial y_0}$存在且连续。

先证$\dfrac{\partial\varphi}{\partial x_0}$存在且连续。设由初值 (x_0,y_0) 和 $(x_0+\Delta x_0,y_0)$（$|\Delta x_0|\leqslant\alpha$，$\alpha$ 为足够小的正数）所确定的微分方程的解分别为

$$y=\varphi(x,x_0,y_0)=\varphi,\quad y=\varphi(x,x_0+\Delta x_0,y_0)=\psi,$$

即

$$\varphi=y_0+\int_{x_0}^{x}f(x,\varphi)\mathrm{d}x,\quad \psi=y_0+\int_{x_0+\Delta x_0}^{x}f(x,\psi)\mathrm{d}x。$$

于是

$$\begin{aligned}\psi-\varphi&=\int_{x_0+\Delta x_0}^{x}f(x,\psi)\mathrm{d}x-\int_{x_0}^{x}f(x,\varphi)\mathrm{d}x\\&=-\int_{x_0}^{x_0+\Delta x_0}f(x,\varphi)\mathrm{d}x+\int_{x_0}^{x}\frac{\partial f(x,\varphi+\theta(\psi-\varphi))}{\partial y}(\psi-\varphi)\mathrm{d}x,\end{aligned}$$

其中，$0<\theta<1$。注意到$\dfrac{\partial f}{\partial y}$及 φ,ψ 的连续性，得到

$$\lim_{\Delta x_0\to 0}\frac{\partial f(x,\varphi+\theta(\psi-\varphi))}{\partial y}=\frac{\partial f(x,\varphi)}{\partial y},$$

所以有

$$\frac{\partial f(x,\varphi+\theta(\psi-\varphi))}{\partial y}=\frac{\partial f(x,\varphi)}{\partial y}+r_1,$$

其中 r_1 满足：当 $\Delta x_0\to 0$ 时，$r_1\to 0$，且当 $\Delta x_0=0$ 时，$r_1=0$。类似地有

$$-\frac{1}{\Delta x_0}\int_{x_0}^{x_0+\Delta x_0}f(x,\varphi)\mathrm{d}x=-f(x_0,y_0)+r_2,$$

其中 r_2 与 r_1 有相同的性质，因此对 $\Delta x_0 \neq 0$ 有

$$\frac{\psi-\varphi}{\Delta x_0}=[-f(x_0,y_0)+r_2]+\int_{x_0}^{x}\left[\frac{\partial f(x,\varphi)}{\partial y}+r_1\right]\frac{(\psi-\varphi)}{\Delta x_0}\mathrm{d}x,$$

即

$$z=\frac{\psi-\varphi}{\Delta x_0}$$

是初值问题

$$\begin{cases}\dfrac{\mathrm{d}z}{\mathrm{d}x}=\left[\dfrac{\partial f(x,\varphi)}{\partial y}+r_1\right]z,\\ z(x_0)=-f(x_0,y_0)+r_2=z_0\end{cases}$$

的解，这里 $\Delta x_0 \neq 0$ 视为参数。显然，当 $\Delta x_0=0$ 时上述初值问题仍然有解。根据解对初值和参数的连续性定理，得知 $z=\dfrac{\psi-\varphi}{\Delta x_0}$ 是关于 $x,x_0,y_0,\Delta x_0$ 的连续函数，从而有

$$\lim_{\Delta x_0\to 0}\frac{\psi-\varphi}{\Delta x_0}=\frac{\partial\varphi}{\partial x_0}。$$

而 $\dfrac{\partial\varphi}{\partial x_0}$ 是初值问题

$$\begin{cases}\dfrac{\mathrm{d}z}{\mathrm{d}x}=\dfrac{\partial f(x,\varphi)}{\partial y}z,\\ z(x_0)=-f(x_0,y_0)\end{cases}$$

的解，且解为

$$\frac{\partial\varphi}{\partial x_0}=-f(x_0,y_0)\exp\left(\int_{x_0}^{x}\frac{\partial f(x,\varphi)}{\partial y}\mathrm{d}x\right),$$

显然上式是关于 x,x_0,y_0 的连续函数。

同理可证 $\dfrac{\partial\varphi}{\partial y_0}$ 存在且连续。事实上，设 $y=\varphi(x,x_0,y_0+\Delta y_0)=\overline{\varphi}$ 为初值 $(x_0,y_0+\Delta y_0)$ 的解（$|\Delta y_0|\leqslant\alpha$）所确定的方程的解。

类似上述推演可得 $\dfrac{\overline{\varphi}-\varphi}{\Delta y_0}$ 是初值问题

$$\begin{cases}\dfrac{\mathrm{d}z}{\mathrm{d}x}=\left[\dfrac{\partial f(x,\varphi)}{\partial y}+r_3\right]z,\\ z(x_0)=-1\end{cases}$$

的解。因而

$$\frac{\overline{\varphi}-\varphi}{\Delta y_0}=\exp\left(\int_{x_0}^{x}\frac{\partial f(x,\varphi)}{\partial y}+r_3\mathrm{d}x\right),$$

其中 r_3 的性质为：当 $\Delta y_0\to 0$ 时，$r_3\to 0$，且当 $\Delta y_0=0$ 时，$r_3=0$。则有

$$\frac{\partial\varphi}{\partial y_0}=\lim_{\Delta y_0\to 0}\frac{\overline{\varphi}-\varphi}{\Delta y_0}=\exp\left(\int_{x_0}^{x}\frac{\partial f(x,\varphi)}{\partial y}\mathrm{d}x\right),$$

上式是关于 x,x_0,y_0 的连续函数。

至于$\frac{\partial \varphi}{\partial x}$的存在及连续性，只要注意到 $y=\varphi(x,x_0,y_0)$ 是微分方程(3.1) 初值问题的解，因而有

$$\frac{\partial \varphi}{\partial x}=f(x,\varphi(x,x_0,y_0)),$$

由 f,φ 的连续性即得到结论。

3.4 奇 解

3.4.1 包络和奇解

从 2.4 节的例子中可以发现某些微分方程的一个有趣的现象：存在一条特殊的积分曲线，虽不属于这方程的积分曲线族，但是，在这条特殊曲线上的每一点处，都有积分曲线族中的一条曲线与该曲线在此点相切。在几何学中，这条特殊的积分曲线称为上述积分曲线族的包络。在微分方程里，这条特殊的积分曲线所对应的的解称为方程的奇解。

接下来我们给出曲线族的包络的定义以及其求法。

定义 3.2 设给定的单参数曲线族

$$\Phi(x,y,c)=0, \tag{3.13}$$

其中 c 为参数，$\Phi(x,y,c)$ 是 x,y,c 的连续可微函数。曲线称为曲线族(3.13) 的**包络**，如果满足：

(1) 曲线不包含在曲线族(3.13) 中；

(2) 曲线上的每一点，有曲线族(3.13) 中的一条曲线与其在该点相切。

例如，单参数曲线族

$$(x-c)^2+y^2=r^2,$$

这里 r 是常数，c 是参数。此曲线族显然有包络

$$y=r,\quad y=-r。$$

但是，并不是所有的曲线族都有包络存在，例如 $x^2+y^2=r^2$(r 此时为参数)，表示一族同心圆，是没有包络的。同样，一族平行直线也是没有包络的。

定义 3.3 (c－判别曲线) 曲线族(3.13) 的包络包含在由下列方程组

$$\begin{cases}\Phi(x,y,c)=0,\\ \Phi'_c(x,y,c)=0\end{cases} \tag{3.14}$$

消去参数 c 而得到的曲线中，此曲线称为曲线族(3.13) 的 c－**判别曲线**。

现在我们只是肯定了包络是 c－判别曲线，但是 c－判别曲线中除去包络外，还有别的曲线。我们只有通过实际检验才知道究竟哪一条 c－判别曲线是包络。

例 4 求曲线族

$$x\cos\alpha+y\sin\alpha-p=0$$

的包络，其中 α 是参数，p 为常数。

解　按式(3.14)列方程组

$$\begin{cases} x\cos\alpha + y\sin\alpha - p = 0, & (1) \\ -x\sin\alpha + y\cos\alpha = 0。 & (2) \end{cases}$$

式(2)是对曲线两边关于 α 求导而得到的。为了从方程组中消去 α，将式(1)的常数项移项，然后平方，同时对式(2)平方，得

$$\begin{cases} x^2\cos^2\alpha + y^2\sin^2\alpha + 2xy\cos\alpha\sin\alpha = p^2, \\ x^2\sin^2\alpha + y^2\cos^2\alpha - 2xy\cos\alpha\sin\alpha = 0, \end{cases}$$

两式相加得

$$x^2 + y^2 = p^2。$$

容易验证，曲线 $x^2 + y^2 = p^2$ 为所求曲线族的包络(如图 3-3 所示)。

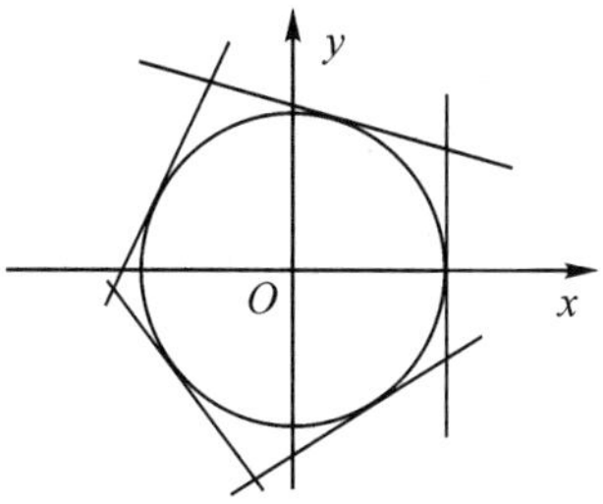

图 3-3

例 5　求曲线族

$$(y-c)^2 - \frac{2}{3}(x-c)^3 = 0$$

的包络。

解　按式(3.14)列方程组

$$\begin{cases} (y-c)^2 - \dfrac{2}{3}(x-c)^3 = 0, & (1) \\ y - c - (x-c)^2 = 0, & (2) \end{cases}$$

为了消去参数 c，将式(2)变为 $y - c = (x-c)^2$ 代入式(1)，得

$$(x-c)^4 - \frac{2}{3}(x-c)^3 = 0,$$

即

$$(x-c)^3\left[(x-c) - \frac{2}{3}\right] = 0,$$

解之得

$$x - c = 0 \text{ 或} (x-c) - \frac{2}{3} = 0。$$

将 $x - c = 0$ 与式(1)消去 c，得到 $y = x$；将 $(x-c) - \frac{2}{3} = 0$ 与式(1)消去 c，得

到$y = x - \frac{2}{9}$。

此时 c — 判别曲线有两条曲线，易验证 $y = x$ 不是包络，而 $y = x - \frac{2}{9}$ 是包络。

定义 3.4 微分方程的解称为**奇解**，如果满足初值条件的解曲线上每一点至少还有方程的另一个解存在。

亦即，奇解上面的每一点解的唯一性都不成立，或者奇解对应的曲线上每一点至少有方程的两条积分曲线通过。

由奇解的定义不难发现，一阶微分方程的通解的包络如果存在，则一定是方程的奇解；反之，如果微分方程的奇解存在也是微分方程的通解的包络。从而我们得到求解奇解的办法：先求出通解，然后再求通解的包络。

下面我们介绍另一种求奇解的方法。

由微分方程解的存在唯一性定理知道，如果 $F(x,y,y')$ 关于 x,y,y' 连续可微，则只有当$\frac{\partial F}{\partial y'} = 0$ 时微分方程解才可能不唯一，奇解也才有可能存在。奇解如果存在则必然满足

$$\begin{cases} F(x,y,y') = 0, \\ \dfrac{\partial F(x,y,y')}{\partial y'} = 0。\end{cases}$$

定义 3.5 （p — 判别曲线）$F(x,y,z)$ 是关于 x,y,z 的连续可微函数，F 微分确定的方程

$$F(x,y,\frac{\mathrm{d}y}{\mathrm{d}x}) = 0 \tag{3.15}$$

的奇解包含在方程组

$$\begin{cases} F(x,y,p) = 0, \\ F'_p(x,y,p) = 0 \end{cases} \tag{3.16}$$

消去 p 而得到的曲线中，此曲线称为方程(3.15) 的 **p — 判别曲线**。

同样 p — 判别曲线是否为微分方程的奇解，需要进一步验证。

例 6 求方程$\left(\frac{\mathrm{d}y}{\mathrm{d}x}\right)^2 + y^2 - 1 = 0$ 的奇解。

解 按式(3.16) 建立方程组

$$\begin{cases} p^2 + y^2 - 1 = 0, \\ 2p = 0, \end{cases}$$

消去 p 得到 p — 判别曲线 $y = \pm 1$。经验证，这两条直线都是微分方程的奇解。

因为微分方程的通解为

$$y = \sin(x + c),$$

而 $y = \pm 1$ 是微分方程的解，且是通解的包络。

3.4.2　克莱罗方程

定义 3.6　形如

$$y = x\frac{\mathrm{d}y}{\mathrm{d}x} + f\left(\frac{\mathrm{d}y}{\mathrm{d}x}\right) \tag{3.17}$$

的方程，称为克莱罗(Clairaut) 微分方程，这里 f 是连续可微函数。

在第 2 章中讨论过这类方程，这类方程有一些很有趣的性质，我们在此做进一步的讨论。

将式(3.17) 两边对 x 求导数，并令 $\frac{\mathrm{d}y}{\mathrm{d}x} = p$，得

$$p = x\frac{\mathrm{d}p}{\mathrm{d}x} + p + f'(p)\frac{\mathrm{d}p}{\mathrm{d}x},$$

即

$$\frac{\mathrm{d}p}{\mathrm{d}x}[x + f'(p)] = 0。$$

如果 $\frac{\mathrm{d}p}{\mathrm{d}x} = 0$，则得到 $p = c$，将其代入式(3.17)，得

$$y = cx + f(c),$$

其中，c 为任意常数，这就是方程(3.17) 的通解。

如果 $x + f'(p) = 0$，将其和式(3.17) 合起来，得方程组

$$\begin{cases} x + f'(p) = 0, \\ y = xp + f(p), \end{cases}$$

消去 p 则得到方程的一个解。求此解的过程与求包络的过程是一致的。不难验证，此解正是通解的包络。由此，克莱罗微分方程的通解为一直线族，即在原方程中以 c 代 p，且此直线族的包络是方程的奇解。

例 7　求解方程 $y = xp + \frac{1}{p}$，其中 $p = \frac{\mathrm{d}y}{\mathrm{d}x}$。

解　这是克莱罗微分方程，因而其通解为 $y = cx + \frac{1}{c}$。从方程组

$$\begin{cases} x - \frac{1}{c^2} = 0, \\ y = cx + \frac{1}{c} \end{cases}$$

中消去 c，得到奇解 $y^2 = 4x$。方程的通解是直线族，而奇解是通解的包络。

本章学习要点

本章重点在于介绍和证明微分方程解的存在唯一性定理及解的一些基本性质。解的存在唯一性定理是微分方程理论中的基本定理，也是微分方程近似计算的前提和依据。微分方程解的延拓性定理及

对初值的连续和可微性定理解释了微分方程的重要性质。逐步逼近法是一种重要的分析方法，除本章要用到该方法证明微分方程解存在唯一性定理外，以后还会使用到。因此，理解有关定理的内容，掌握逐步逼近法，是本章的基本要求。

另外，本章还介绍了一阶微分方程奇解的概念和求奇解的两种方法，这些内容只要求一般了解就够了。

习题 3

1. 求方程 $\frac{dy}{dx}=x+y^2$ 通过点(0,0)的第三次近似解。

2. 求方程

$$\frac{dy}{dx}=x^2-y^2, R=\{(x,y)\,\big|\,|x+1|\leqslant 1, |y|\leqslant 1\}$$

在初值条件 $y(-1)=0$ 的解的存在区间。

3. 讨论方程

$$\frac{dy}{dx}=\frac{3}{2}y^{\frac{1}{3}}$$

的定义区域 R，使得方程的解在区域 R 内存在且唯一，并求过点(0,0)的所有解。

4. 证明格朗沃尔(Gronwall)不等式。

设 K 为非负数，$f(t)$ 和 $g(t)$ 为区间 $[\alpha,\beta]$ 上的连续非负函数，且满足

$$f(t)\leqslant K+\int_\alpha^t f(s)g(s)ds, t\in[\alpha,\beta],$$

则有

$$f(t)\leqslant K\exp\left(\int_\alpha^t g(s)ds\right), t\in[\alpha,\beta]。$$

5. 假设函数 $f(x,y)$ 及 $\frac{\partial f}{\partial y}$ 都在区域 G 内连续，$y=\varphi(x,x_0,y_0)$ 为方程

$$\frac{dy}{dx}=f(x,y)$$

过点 (x_0,y_0) 的解，证明 $\frac{\partial\varphi}{\partial y_0}$ 存在且连续。

6. 设微分方程

$$\frac{dy}{dx}=P(x)y+Q(x),$$

其中 $P(x)$，$Q(x)$ 在区间 $[\alpha,\beta]$ 上连续，$y=\varphi(x,x_0,y_0)$ 为方程过点 (x_0,y_0) 的解，验证 $\varphi(x,x_0,y_0)$ 关于 x,x_0,y_0 的偏导数存在且连续。

7. 解下列微分方程并求其奇解：

(1) $y=2x\frac{dy}{dx}+x^2\left(\frac{dy}{dx}\right)^4$；(2) $x=y-\left(\frac{dy}{dx}\right)^2$。

第 4 章
n 阶线性微分方程

在第 2 章中介绍了一阶微分方程的解法，但在实际应用中，还常常遇到高于一阶的微分方程。在微分方程的理论中，线性微分方程的理论占有非常重要的地位，这不仅是因为线性微分方程的一般理论已被研究得十分透彻，某些特殊的线性微分方程（例如常系数情形）的解法比较容易，而且线性微分方程是研究非线性微分方程的基础，许多实际问题可以提炼出线性微分方程的模型。本章重点介绍 n 阶线性微分方程的基本理论和 n 阶常数线性微分方程的解法，对于 n 阶微分方程的降阶问题和二阶线性微分方程的幂级数解法也作简单介绍。

4.1　n 阶线性微分方程的一般理论

线性微分方程是常微分方程中一类很重要的方程，其理论发展十分完善，本节将介绍线性微分方程的基本理论。

4.1.1　n 阶线性微分方程解的存在唯一性定理

n 阶线性微分方程的一般形式为：

$$\frac{d^n x}{dt^n} + a_1(t)\frac{d^{n-1}x}{dt^{n-1}} + \cdots + a_{n-1}(t)\frac{dx}{dt} + a_n(t)x = f(t), \tag{4.1}$$

其中，$a_i(t)(i = 1,2,\cdots,n)$ 及 $f(t)$ 都是区间 $a \leqslant t \leqslant b$ 上的连续函数。

如果 $f(t) \equiv 0$，则方程(4.1) 变为

$$\frac{d^n x}{dt^n} + a_1(t)\frac{d^{n-1}x}{dt^{n-1}} + \cdots + a_{n-1}(t)\frac{dx}{dt} + a_n(t)x = 0, \tag{4.2}$$

称方程(4.2) 为 n **阶齐次线性微分方程**，简称**齐次线性方程**，而称方程(4.1) 为 n **阶非齐次线性微分方程**，简称**非齐次线性方程**，且通常把方程(4.2) 称为对应于方程(4.1) 的齐次线性方程。

如下面 4 个方程是线性微分方程：

(1)$t^2\frac{d^2x}{dt^2} + t\frac{dx}{dt} + (t^2 - n^2)x = 0$　(n 为常数)；

(2)$\frac{d^2x}{dt^2} + 2\frac{dx}{dt} + 3x = 0$；

(3)$t^2\frac{d^2x}{dt^2} + a_1 t\frac{dx}{dt} + a_2 x = f(t)$　(a_1, a_2 为常数)；

(4) $\frac{d^2x}{dt^2}+4x=\sin t$;

(1)、(2) 是齐次线性微分方程，(3)、(4) 是非齐次线性微分方程。

同一阶微分方程一样，高阶微分方程也存在是否有解和解是否唯一的问题，因此作为讨论的基础，下面我们将不加证明地给出方程(4.1) 的解的存在唯一性定理。

定理 4.1 如果 $a_i(t)(i=1,2,\cdots,n)$ 及 $f(t)$ 都是区间 $a\leqslant t\leqslant b$ 上的连续函数，则对于任一 $t_0\in[a,b]$ 及任意的 $x_0,x_0^{(1)},\cdots,x_0^{(n-1)}$，微分方程(4.1) 存在唯一解 $x=\varphi(t)$，定义在区间 $a\leqslant t\leqslant b$ 上，且满足初始条件

$$\varphi(t_0)=x_0,\ \frac{d\varphi(t_0)}{dt}=x_0^{(1)},\cdots,\frac{d^{n-1}\varphi(t_0)}{dt^{n-1}}=x_0^{(n-1)}。\tag{4.3}$$

从定理(4.1) 可以看出，初始条件唯一确定了方程(4.1) 的解，而且这个解在 $a_i(t)(i=1,2,\cdots,n)$ 及 $f(t)$ 连续的区间 $a\leqslant t\leqslant b$ 上有定义。

4.1.2 *n* 阶齐次线性微分方程解的性质和结构

首先介绍 n 阶齐次线性微分方程

$$\frac{d^nx}{dt^n}+a_1(t)\frac{d^{n-1}x}{dt^{n-1}}+\cdots+a_{n-1}(t)\frac{dx}{dt}+a_n(t)x=0$$

的一般理论。假设微分方程(4.2) 的系数 $a_i(t)(i=1,2,\cdots,n)$ 在 $a\leqslant t\leqslant b$ 上连续。

定理 4.2 (叠加原理) 如果 $x_1(t),x_2(t),\cdots,x_k(t)$ 是微分方程(4.2) 的 k 个解，则这 k 个解的线性组合

$$c_1x_1(t)+c_2x_2(t)+\cdots+c_kx_k(t)$$

也是方程(4.2) 的解，这里 $c_1,c_2,\cdots,c_k$ 是任意常数。

证明 因为 $x_i(t)$ 是微分方程(4.2) 的解，故有

$$\frac{d^nx_i(t)}{dt^{n-1}}+a_1(t)\frac{d^{n-1}x_i(t)}{dt^{n-1}}+\cdots+a_n(t)x_i(t)=0\quad(i=1,2,\cdots,k)。$$

将上面 k 个等式分别乘 $c_1,c_2,\cdots,c_k$ 后相加，依据微分的性质有

$$\frac{d^nx(t)}{dt^{n-1}}+a_1(t)\frac{d^{n-1}x(t)}{dt^{n-1}}+\cdots+a_n(t)x=0,$$

其中 $x(t)=c_1x_1(t)+c_2x_2(t)+\cdots+c_kx_k(t)$，故

$$c_1x_1(t)+c_2x_2(t)+\cdots+c_kx_k(t)$$

为方程(4.2) 的解。

例 1 验证函数 $\sin t,\cos t,\varphi(t)=c_1\sin t+c_2\cos t$ 是微分方程 $x''+x=0$ 的解。

解 分别将函数 $\sin t,\cos t,\varphi(t)$ 代入微分方程 $x''+x=0$ 左端，有

$$(\sin t)''+\sin t=0,(\cos t)''+\cos t=0,$$

$$\varphi''(t)+\varphi(t)=c_1[(\sin t)''+\sin t]+c_2[(\cos t)''+\cos t]=0,$$

所以 $\sin t,\cos t,\varphi(t)$ 都是上述微分方程的解。

特别地，在定理 4.2 中，若 $k=n$，即 n 阶方程(4.2) 有 n 个解 $x_1(t),x_2(t),\cdots,x_n(t)$，则由定理 4.2 知

$$\varphi(t) = \sum_{c=1}^{n} c_i x_i(t) = c_1 x_1(t) + c_2 x_2(t) + \cdots + c_n x_n(t) \tag{4.4}$$

也是微分方程(4.2)的解，这个解含有 n 个任意常数。那么式(4.4)是方程(4.2)的通解吗？如果不是，$x_1(t), x_2(t), \cdots, x_n(t)$ 还需要满足什么条件才能够使式(4.4)为方程(4.2)的通解？为回答这个问题，首先要介绍函数组在已知区间上线性相关和线性无关及朗斯基(Wronsky)行列式的概念。

定义 4.1　定义在区间 $a \leqslant t \leqslant b$ 上的函数 $x_1(t), x_2(t), \cdots, x_k(t)$，如果存在不全为零的常数 $c_1, c_2, \cdots, c_k$ 使得恒等式

$$c_1 x_1(t) + c_2 x_2(t) + \cdots + c_k x_k(t) \equiv 0$$

对所有 $t \in [a,b]$ 都成立，称这些函数是**线性相关**的，否则称这些函数在所给区间上**线性无关**。

例如函数 $\sin^2 t, \cos^2 t - 1$ 在任何区间上都线性相关，但函数 $\cos^2 t, \sin^2 t$ 在任何区间上都线性无关。

又如函数 $1, t, t^2, \cdots, t^n$ 在任何区间上都是线性无关的，因为恒等式

$$c_0 + c_1 t + c_2 t^2 + \cdots + c_n t^n \equiv 0 \tag{4.5}$$

只有当所有的 $c_i = 0 (i = 0, 1, \cdots, n)$ 时才成立。如果至少有一个 $c_i \neq 0$，则式(4.5)的左端是一个不高于 n 次的多项式，这个多项式至多有 n 个不同的根，因此，这个多项式在所考虑的区间上至多有 n 个零点，更不可能恒为零。

在函数组 $x_1(t), x_2(t), \cdots, x_k(t)$ 中，如果有一个函数，如 $x_k(t)$ 在 $[a,b]$ 上恒等于零，则 $x_1(t), x_2(t), \cdots, x_k(t)$ 在 $[a,b]$ 上线性相关。

函数组的线性无关性依赖于所取的区间，如函数 $x_1(t) = |t|$ 和函数 $x_2(t) = t$ 在区间 $(-\infty, +\infty)$ 上是线性无关，但在区间 $(-\infty, 0)$ 上是线性相关的。

下面我们来建立函数线性相关和线性无关的判别法则，为此先引进朗斯基行列式的概念。

定义 4.2　由定义在区间 $a \leqslant t \leqslant b$ 上的 k 个可微 $k-1$ 次的函数 $x_1(t), x_2(t), \cdots, x_k(t)$ 所作成的行列式

$$W[x_1(t), x_2(t), \cdots, x_k(t)] \equiv \begin{vmatrix} x_1(t) & x_2(t) & \cdots & x_k(t) \\ x'_1(t) & x'_2(t) & \cdots & x'_k(t) \\ \vdots & \vdots & \ddots & \vdots \\ x_1^{(k-1)}(t) & x_2^{(k-1)}(t) & \cdots & x_k^{(k-1)}(t) \end{vmatrix}$$

称为这些函数的**朗斯基行列式**，记为 $W[x_1(t), x_2(t), \cdots, x_k(t)]$ 或 $W(t)$。

定理 4.3　若函数 $x_1(t), x_2(t), \cdots, x_n(t)$ 在区间 $a \leqslant t \leqslant b$ 上线性相关，则在 $a \leqslant t \leqslant b$ 上它们的朗斯基行列式 $W(t) \equiv 0$。

证明　由假设可知存在一组不全为零的常数 $c_1, c_2, \cdots, c_n$ 使得

$$c_1 x_1(t) + c_2 x_2(t) + \cdots + c_n x_n(t) \equiv 0, t \in [a,b], \tag{4.6}$$

依次将此恒等式对 t 微分，得到 $n-1$ 个恒等式

$$
\begin{cases}
c_1x_1'(t)+c_2x_2'(t)+\cdots+c_nx_n'(t)\equiv 0,\\
c_1x_1''(t)+c_2x_2''(t)+\cdots+c_nx_n''(t)\equiv 0,\\
\cdots\cdots\cdots\cdots\\
c_1x_1^{(n-1)}(t)+c_2x_2^{(n-1)}(t)+\cdots+c_nx_n^{(n-1)}(t)\equiv 0。
\end{cases}
\tag{4.7}
$$

由式(4.6)和式(4.7)的 n 个方程组成的方程组可以看成是关于 $c_1,c_2,\cdots,c_n$ 的齐次方程组,该齐次方程组的系数行列式就是朗斯基行列式 $W(t)$,由线性代数理论知,要使方程组存在非零解,则该齐次方程组的系数行列式必为零,即 $W(t)=0$。

定理 4.3 的逆定理一般不成立。例如函数

$$
x_1(t)=\begin{cases}t^2, & t\geqslant 0,\\ 0, & t<0\end{cases} \quad 和\quad x_2(t)=\begin{cases}0, & t\geqslant 0,\\ t^2, & t<0。\end{cases}
$$

显然对所有的 t,恒有 $W[x_1(t),x_2(t)]\equiv 0$,但 $x_1(t),x_2(t)$ 在 $(-\infty,+\infty)$ 内却是线性无关的。事实上,假设存在恒等式

$$
c_1x_1(t)+c_2x_2(t)\equiv 0,
$$

则当 $t<0$ 时,推得 $c_2=0$,而当 $t\geqslant 0$ 时,又推得 $c_1=0$,故 $x_1(t),x_2(t)$ 在 $(-\infty,+\infty)$ 内是线性无关的。

应该指出,如果函数组 $x_1(t),x_2(t),\cdots,x_n(t)$ 是齐次方程(4.2)的 n 个解,那么该齐次方程组的朗斯基行列式 $W(t)=0$ 将成为该函数组在 $[a,b]$ 上线性相关的充要条件。

定理 4.4 如果微分方程(4.2)的解 $x_1(t),x_2(t),\cdots,x_n(t)$ 在区间 $a\leqslant t\leqslant b$ 上线性无关,则 $W[x_1(t),x_2(t),\cdots,x_n(t)]$ 在这个区间的任何点上都不等于零,即 $W(t)\neq 0(a\leqslant t\leqslant b)$。

证明 用反证法证明。设有某个 $t_0(a\leqslant t_0\leqslant b)$ 使得 $W(t_0)=0$,考虑关于 $c_1,c_2,\cdots,c_n$ 的齐次线性方程组

$$
\begin{cases}
c_1x_1(t_0)+c_2x_2(t_0)+\cdots+c_nx_n(t_0)\equiv 0,\\
c_1x_1'(t_0)+c_2x_2'(t_0)+\cdots+c_nx_n'(t_0)\equiv 0,\\
\cdots\cdots\cdots\cdots\\
c_1x_1^{(n-1)}(t_0)+c_2x_2^{(n-1)}(t_0)+\cdots+c_nx_n^{(n-1)}(t_0)\equiv 0,
\end{cases}
$$

其系数行列式 $W(t_0)=0$,故该齐次方程组有非零解 $c_1,c_2,\cdots,c_n$。现以这组常数构造函数

$$
x(t)=c_1x_1(t)+c_2x_2(t)+\cdots+c_nx_n(t),a\leqslant t\leqslant b。\tag{4.8}
$$

由定理 4.2 知,$x(t)$ 是微分方程(4.2)的解,又因为

$$
\begin{cases}
x(t_0)=c_1x_1(t_0)+c_2x_2(t_0)+\cdots+c_nx_n(t_0)=0,\\
x'(t_0)=c_1x_1'(t_0)+c_2x_2'(t_0)+\cdots+c_nx_n'(t_0)=0,\\
\cdots\cdots\cdots\cdots\\
x^{(n-1)}(t_0)=c_1x_1^{(n-1)}(t_0)+c_2x_2^{(n-1)}(t_0)+\cdots+c_nx_n^{(n-1)}(t_0)=0,
\end{cases}
\tag{4.9}
$$

这表明这个解 $x(t)$ 满足初始条件

$$x(t_0) = x'(t_0) = \cdots = x^{(n-1)}(t_0) = 0, \tag{4.10}$$

但是 $x(t) = 0$ 显然也是微分方程(4.2) 满足初始条件(4.10) 的解,由解的唯一性定理知

$$x(t) \equiv c_1x_1(t) + c_2x_2(t) + \cdots + c_nx_n(t) \equiv 0, a \leqslant t \leqslant b。$$

因为 $c_1, c_2, \cdots, c_n$ 不全为零,这与 $x_1(t), x_2(t), \cdots, x_n(t)$ 线性无关相矛盾。

推论 4.1　微分方程(4.2) 的 n 个解 $x_1(t), x_2(t), \cdots, x_n(t)$ 在区间 $a \leqslant t \leqslant b$ 上线性相关的充要条件是存在 $t_0 \in [a,b]$ 使 $W(t_0) = 0$。

推论 4.2　微分方程(4.2) 的 n 个解 $x_1(t), x_2(t), \cdots, x_n(t)$ 在区间 $a \leqslant t \leqslant b$ 上线性无关的充要条件是存在 $t_0 \in [a,b]$ 使 $W(t_0) \neq 0$。

由上述结论知,由微分方程(4.2) 的 n 个解构成的朗斯基行列式,或者恒为零,或者在方程的系数的连续区间上处处不等于零。

由定理 4.1 知,微分方程(4.2) 分别满足初始条件

$$x_1(t_0) = 1, x_1'(t_0) = 0, \cdots, x_1^{(n-1)}(t_0) = 0,$$
$$x_2(t_0) = 0, x_2'(t_0) = 1, \cdots, x_2^{(n-1)}(t_0) = 0,$$
$$\cdots\cdots\cdots\cdots$$
$$x_n(t_0) = 0, x_n'(t_0) = 0, \cdots, x_n^{(n-1)}(t_0) = 1$$

的解 $x_1(t), x_2(t), \cdots, x_n(t)$ 一定存在,又因为 $W[x_1(t_0), x_2(t_0), \cdots, x_n(t_0)] = 1 \neq 0$,故由定理 4.3 知,这一组解一定线性无关,由此即得下面的定理 4.5。

定理 4.5　n 阶齐次线性微分方程(4.2) 一定存在 n 个线性无关的解。

定理 4.6　如果 $x_1(t), x_2(t), \cdots, x_n(t)$ 是微分方程(4.2) 的 n 个线性无关的解,则微分方程(4.2) 的通解可以表示为

$$x(t) = c_1x_1(t) + c_2x_2(t) + \cdots + c_nx_n(t), \tag{4.11}$$

其中,$c_1, c_2, \cdots, c_n$ 是任意常数,且通解(4.11) 包含了微分方程(4.2) 的所有解。

定理 4.6 称为 n 阶齐次线性微分方程的通解结构定理。

证明　首先由叠加原理知,式(4.11) 是微分方程(4.2) 的解,它包含有 n 个任意常数,由于

$$\begin{vmatrix} \dfrac{\partial x}{\partial c_1} & \dfrac{\partial x}{\partial c_2} & \cdots & \dfrac{\partial x}{\partial c_n} \\ \dfrac{\partial x'}{\partial c_1} & \dfrac{\partial x'}{\partial c_2} & \cdots & \dfrac{\partial x'}{\partial c_n} \\ \vdots & \vdots & \ddots & \vdots \\ \dfrac{\partial x^{(n-1)}}{\partial c_1} & \dfrac{\partial x^{(n-1)}}{\partial c_2} & \cdots & \dfrac{\partial x^{(n-1)}}{\partial c_n} \end{vmatrix} \equiv W[x_1(t), x_2(t), \cdots, x_n(t)] \neq 0, \quad a \leqslant t \leqslant b,$$

因而这些常数 $c_1, c_2, \cdots, c_n$ 是彼此独立的,因而式(4.11) 为微分方程(4.2) 的通解。

对微分方程(4.2) 的任一解 $x(t)$,设其满足初始条件

$$x(t_0) = x_0, x'(t_0) = x_0', \cdots, x^{(n-1)}(t_0) = x_0^{(n-1)}。 \tag{4.12}$$

考虑方程组

$$\begin{cases} c_1x_1(t_0)+c_2x_2(t_0)+\cdots+c_nx_n(t_0)=x_0, \\ c_1x_1'(t_0)+c_2x_2'(t_0)+\cdots+c_nx_n'(t_0)=x_0', \\ \cdots\cdots\cdots\cdots \\ c_1x_1^{(n-1)}(t_0)+c_2x_2^{(n-1)}(t_0)+\cdots+c_nx_n^{(n-1)}(t_0)=x_0^{(n-1)}, \end{cases}$$

该方程组的系数行列式就是 $W(t_0)$，由定理 4.4 知 $W(t_0)\neq 0$，因而上面方程组有唯一解 $\tilde{c}_1,\tilde{c}_2,\cdots,\tilde{c}_n$。以这组常数构造 $\varphi(t)=\sum\limits_{i=1}^{n}\tilde{c}_ix_i(t)$，则 $\varphi(t)$ 是微分方程(4.2)的解，且满足式(4.12)，由解的唯一性定理得 $\varphi(t)=x(t)$，即 $x(t)=\sum\limits_{i=1}^{n}\tilde{c}_ix_i(t)$，只要式(4.11)中的常数取为 $\tilde{c}_1,\tilde{c}_2,\cdots,\tilde{c}_n$。这说明微分方程(4.2)所有的解都包含在式(4.11)中。

推论 4.3 微分方程(4.2)的线性无关解的最大个数等于 n，因此可得结论：n 阶齐次线性微分方程的所有解构成一个 n 维线性空间。

定义 4.3 微分方程(4.2)的一组 n 个线性无关解称为方程的一个**基本解组**。显然基本解组不是唯一的。特别地，当 $W(t_0)=1$ 时称为**标准基本解组**。

易验证函数 $y_1=\cos x, y_2=\sin x$ 是方程 $y''+y=0$ 的解，并且由它们构成的朗斯基行列式

$$\begin{vmatrix} y_1 & y_2 \\ y_1' & y_2' \end{vmatrix}=\begin{vmatrix} \cos x & \sin x \\ -\sin x & \cos x \end{vmatrix}=1\neq 0,$$

在 $(-\infty,+\infty)$ 上恒成立，因此，这两个函数是已知方程的两个线性无关解，即是一个基本解组，故该方程的通解可以写为

$$y=c_1\cos x+c_2\sin x,$$

其中，c_1,c_2 是任意常数。不难看出，对于任意的非零常数 k_1,k_2，函数组

$$y_1=k_1\cos x,\quad y_2=k_2\sin x$$

都是已知方程的基本解组。

例 2 （刘维尔公式）设 $x_i(t)(i=1,2,\cdots,n)$ 是线性微分方程(4.2)的任意 n 个解，这 n 个解所构成的朗斯基行列式为 $W(t)$，试证明 $W(t)$ 满足一阶线性方程

$$W'(t)+a_1(t)W(t)=0, \tag{4.13}$$

且对定义区间 I 上的任一 t_0 有

$$W(t)=W(t_0)\mathrm{e}^{-\int_{t_0}^{t}a_1(s)\mathrm{d}s}, t_0,t\in I。$$

证明 由于

$$W(t)=\begin{vmatrix} x_1(t) & x_2(t) & \cdots & x_n(t) \\ x_1'(t) & x_2'(t) & \cdots & x_n'(t) \\ \vdots & \vdots & \ddots & \vdots \\ x_1^{(n-1)}(t) & x_2^{(n-1)}(t) & \cdots & x_n^{(n-1)}(t) \end{vmatrix},$$

上式两边对 t 求导，得

$$\frac{dW(t)}{dt}=\begin{vmatrix} x_1'(t) & x_2'(t) & \cdots & x_n'(t) \\ \vdots & \vdots & \ddots & \vdots \\ x_1^{(n-1)}(t) & x_2^{(n-1)}(t) & \cdots & x_n^{(n-1)}(t) \\ x_1^{(n)}(t) & x_2^{(n)}(t) & \cdots & x_n^{(n)}(t) \end{vmatrix}。$$

分别用 $a_n(t),a_{n-1}(t),\cdots,a_2(t)$ 乘以上述行列式的第一行，第二行，…，第 $n-1$ 行元素，再将它们分别加到最后一行上去，这时行列式最后一行的元素是

$$x_k^{(n)}(t)+a_2(t)x_k^{(n-2)}(t)+\cdots+a_{n-1}(t)x_k''(t)+a_n(t)x_k(t),k=1,2,\cdots,n。$$

由于 $x_1(t),x_2(t),\cdots,x_n(t)$ 均是微分方程(4.2) 的解，故可得

$$x_k^{(n)}(t)+a_2(t)x_k^{(n-2)}(t)+\cdots+a_n(t)x_k(t)\equiv -a_1(t)x_k^{(n-1)}(t),k=1,2,\cdots,n,$$

则由行列式的性质有

$$\frac{dW(t)}{dt}=\begin{vmatrix} x_1'(t) & x_2'(t) & \cdots & x_k'(t) \\ \vdots & \vdots & \ddots & \vdots \\ x_1^{(n-1)}(t) & x_2^{(n-1)}(t) & \cdots & x_n^{(n-1)}(t) \\ -a_1(t)x_1^{(n-1)}(t) & -a_1(t)x_2^{(n-1)}(t) & \cdots & -a_1(t)x_n^{(n-1)}(t) \end{vmatrix}$$

$$=-a_1(t)W(t),$$

即

$$W'(t)+a_1(t)W(t)\equiv 0,$$

解之得

$$W(t)=ce^{-\int_{t_0}^{t}a_1(t)dt}。$$

当 $t=t_0$ 时，$c=W(t_0)$，所以

$$W(t)\equiv W(t_0)e^{-\int_{t_0}^{t}a_1(t)dt}。$$

4.1.3　n 阶非齐次线性微分方程解的性质和结构

考虑 n 阶非齐次线性微分方程

$$\frac{d^nx}{dt^n}+a_1(t)\frac{d^{n-1}x}{dt^{n-1}}+\cdots+a_{n-1}(t)\frac{dx}{dt}+a_n(t)x=f(t)。\tag{4.1}$$

显然方程(4.2) 是方程(4.1) 的特殊情形，两者之间解的性质与结构具有密切的联系。

性质 4.1　如果 $\overline{x}(t)$ 是微分方程(4.1) 的解，而 $x(t)$ 是微分方程(4.2) 的解，则 $\overline{x}(t)+x(t)$ 也是微分方程 (4.1) 的解。

证明　由已知有

$$\frac{d^n\overline{x}}{dt^n}+a_1(t)\frac{d^{n-1}\overline{x}}{dt^{n-1}}+\cdots+a_{n-1}(t)\frac{d\overline{x}}{dt}+a_n(t)\overline{x}=f(t),$$

$$\frac{d^nx}{dt^n}+a_1(t)\frac{d^{n-1}x}{dt^{n-1}}+\cdots+a_{n-1}(t)\frac{dx}{dt}+a_n(t)x=0,$$

两式相加，由微分性质有

$$\frac{d^n(\overline{x}+x)}{dt^n}+a_1(t)\frac{d^{n-1}(\overline{x}+x)}{dt^{n-1}}+\cdots+a_{n-1}(t)\frac{d(\overline{x}+x)}{dt}+a_n(t)(\overline{x}+x)=f(t),$$

所以 $\overline{x}(t)+x(t)$ 也是方程（4.1）的解。

性质 4.2 微分方程(4.1)的任意两个解的差必为微分方程(4.2)的解。

证明 设 $x_1(t),x_2(t)$ 为方程(4.1)的任意两个解，则有

$$\begin{aligned}&\frac{d^n(x_1-x_2)}{dt^n}+a_1(t)\frac{d^{n-1}(x_1-x_2)}{dt^{n-1}}+\cdots+\\&a_{n-1}(t)\frac{d(x_1-x_2)}{dt}+a_n(t)(x_1-x_2)\\&=\left[\frac{d^nx_1}{dt^n}+a_1(t)\frac{d^{n-1}x_1}{dt^{n-1}}+\cdots+a_{n-1}(t)\frac{dx_1}{dt}+a_n(t)x_1\right]-\\&\left[\frac{d^nx_2}{dt^n}+a_1(t)\frac{d^{n-1}x_2}{dt^{n-1}}+\cdots+a_{n-1}(t)\frac{dx_2}{dt}+a_n(t)x_2\right]\\&=f(t)-f(t)=0,\end{aligned}$$

即有 $x_1(t)-x_2(t)$ 为方程(4.2)的解。

考虑非齐次线性微分方程

$$\frac{d^nx}{dt^n}+a_1(t)\frac{d^{n-1}x}{dt^{n-1}}+\cdots+a_{n-1}(t)\frac{dx}{dt}+a_n(t)=f_1(t), \tag{4.1$_1$}$$

$$\frac{d^nx}{dt^n}+a_1(t)\frac{d^{n-1}x}{dt^{n-1}}+\cdots+a_{n-1}(t)\frac{dx}{dt}+a_n(t)=f_2(t), \tag{4.1$_2$}$$

$$\frac{d^nx}{dt^n}+a_1(t)\frac{d^{n-1}x}{dt^{n-1}}+\cdots+a_{n-1}(t)\frac{dx}{dt}+a_n(t)=f_1(t)+f_2(t), \tag{4.1$_3$}$$

有以下的性质，称为**非齐次线性方程的叠加原理**。

性质 4.3 如果 $x_1(t),x_2(t)$ 分别是微分方程$(4.1)_1$，$(4.1)_2$ 的解，那么 $x_1(t)+x_2(t)$ 是微分方程$(4.1)_3$ 的解。

证明 设 $x_1(t),x_2(t)$ 分别是微分方程$(4.1)_1$，微分方程$(4.1)_2$ 的解，则有

$$\begin{aligned}&\frac{d^n(x_1+x_2)}{dt^n}+a_1(t)\frac{d^{n-1}(x_1+x_2)}{dt^{n-1}}+\cdots+\\&a_{n-1}(t)\frac{d(x_1+x_2)}{dt}+a_n(t)(x_1+x_2)\\&=\left[\frac{d^nx_1}{dt^n}+a_1(t)\frac{d^{n-1}x_1}{dt^{n-1}}+\cdots+a_{n-1}(t)\frac{dx_1}{dt}+a_n(t)x_1\right]+\\&\left[\frac{d^nx_2}{dt^n}+a_1(t)\frac{d^{n-1}x_2}{dt^{n-1}}+\cdots+a_{n-1}(t)\frac{dx_2}{dt}+a_n(t)x_2\right]\\&=f_1(t)+f_2(t),\end{aligned}$$

即有 $x_1(t)+x_2(t)$ 是微分方程$(4.1)_3$ 的解。

定理 4.7 设 $x_1(t),x_2(t),\cdots,x_n(t)$ 为微分方程(4.2)的基本解组，而 $\overline{x}(t)$ 是微分方程(4.1)的某一个解，则微分方程(4.1)的通解可以表示为

$$x(t)=c_1x_1(t)+c_2x_2(t)+\cdots+c_nx_n(t)+\overline{x}(t), \tag{4.14}$$

其中，$c_1,c_2,\cdots,c_n$ 为任意常数，且这个通解包括了微分方程(4.1)的所有解。

定理 4.7 称为 n 阶非齐次线性微分方程的通解结构定理。

证明　由性质 4.1，式(4.14) 为微分方程(4.1) 的解，由定理 4.6 的证明过程易知，这些任意常数是彼此独立的，故式(4.14) 为方程(4.1) 的通解。

设 $\tilde{x}(t)$ 为方程(4.1) 的任一解，则由性质 4.2 知 $\tilde{x}(t)-\bar{x}(t)$ 为微分方程(4.2) 的解，由定理 4.6 知必存在一组确定的常数 $\tilde{c}_1,\tilde{c}_2,\cdots,\tilde{c}_n$，使得

$$\tilde{x}(t)-\bar{x}(t)=\tilde{c}_1x_1(t)+\tilde{c}_2x_2(t)+\cdots+\tilde{c}_nx_n(t),$$

即

$$\tilde{x}(t)=\tilde{c}_1x_1(t)+\tilde{c}_2x_2(t)+\cdots+\tilde{c}_nx_n(t)+\bar{x}(t)。$$

这说明方程(4.1) 的任一解都可以由式(4.14) 表示。其中 $c_1,c_2,\cdots,c_n$ 为相应确定的常数，由 $\tilde{x}(t)$ 的任意性知，式(4.14) 包括了方程(4.1) 的所有解。

定理 4.7 表明，要求解非齐次线性微分方程，只需要知道该方程的一个解和对应的齐次线性微分方程的基本解组。

在研究一阶线性微分方程时，由齐次线性微分方程的通解，利用常数变易法得到非齐次线性微分方程的通解，对于 n 阶线性微分方程，也有类似的常数变易法。只要知道对应的 n 阶齐次线性微分方程的基本解组，可以利用常数变易法求得 n 阶非齐次线性微分方程的一个解或通解。

设 $x_1(t),x_2(t),\cdots,x_n(t)$ 为微分方程 (4.2) 的基本解组，则

$$x(t)=c_1x_1(t)+c_2x_2(t)+\cdots+c_nx_n(t) \tag{4.15}$$

为方程(4.2) 的通解。为求方程(4.2) 对应的非齐次微分方程(4.1) 的一个特解，把式(4.15) 中的常数 $c_i(i=1,2,\cdots,n)$ 看作 t 的待定函数 $c_i(t)(i=1,2,\cdots,n)$，此时式(4.15) 变为

$$x(t)=c_1(t)x_1(t)+c_2(t)x_2(t)+\cdots+c_n(t)x_n(t), \tag{4.16}$$

将式(4.16) 代入式(4.1) 就能得到 $c_1(t),c_2(t),\cdots,c_n(t)$ 必须满足的一个方程。由于待定函数有 n 个，为了确定它们，还必须再给出关于 $c_i(t)(i=1,2,\cdots,n)$ 的另外 $n-1$ 个限制条件。理论上，这些另加的条件可以任意给出，但为了运算方便，我们按下面方法来给出这 $n-1$ 个条件。在式 (4.16) 两边对 t 求导得

$$\begin{aligned}x'(t)=&\,c_1(t)x_1'(t)+c_2(t)x_2'(t)+\cdots+c_n(t)x_n'(t)+\\&\,c_1'(t)x_1(t)+c_2'(t)x_2(t)+\cdots+c_n'(t)x_n(t)。\end{aligned}$$

令

$$c_1'(t)x_1(t)+c_2'(t)x_2(t)+\cdots+c_n'(t)x_n(t)=0, \tag*{(4.17)$_1$}$$

得

$$x'(t)=c_1(t)x_1'(t)+c_2(t)x_2'(t)+\cdots+c_n(t)x_n'(t)。 \tag*{(4.18)$_1$}$$

将式$(4.18)_1$ 两边对 t 求导，并像上面做法一样，令含有 $c_i'(t)$ 的部分为零，又获得一个条件

$$c_1'(t)x_1'(t)+c_2'(t)x_2'(t)+\cdots+c_n'(t)x_n'(t)=0, \tag*{(4.17)$_2$}$$

和表达式

$$x''(t)=c_1(t)x_1''(t)+c_2(t)x_2''(t)+\cdots+c_n(t)x_n''(t)。 \tag*{(4.18)$_2$}$$

继续上面的做法，直到获得第 $n-1$ 个条件

$$c_1'(t)x_1^{(n-2)}(t)+c_2'(t)x_2^{(n-2)}(t)+\cdots+c_n'(t)x_n^{(n-2)}(t)=0, \quad (4.17)_{(n-1)}$$

和表达式

$$x^{(n-1)}(t)=c_1(t)x_1^{(n-1)}(t)+c_2(t)x_2^{(n-1)}(t)+\cdots+c_n(t)x_n^{(n-1)}(t)。\quad (4.18)_{(n-1)}$$

最后将上式两边对 t 求导得

$$\begin{aligned}x^{(n)}(t)=&c_1(t)x_1^{(n)}(t)+c_2(t)x_2^{(n)}(t)+\cdots+c_n(t)x_n^{(n)}(t)+\\&c_1'(t)x_1^{(n-1)}(t)+c_2'(t)x_2^{(n-1)}(t)+\cdots+c_n'(t)x_n^{(n-1)}(t),\end{aligned} \quad (4.18)_n$$

将上面得到的式(4.16)，式$(4.18)_1$，式$(4.18)_2$，…，式$(4.18)_n$ 表达式代入微分方程(4.1)，并注意到 $x_1(t),x_2(t),\cdots,x_n(t)$ 是微分方程(4.2) 的解，得到

$$c_1'(t)x_1^{(n-1)}(t)+c_2'(t)x_2^{(n-1)}(t)+\cdots+c_n'(t)x_n^{(n-1)}(t)=0。\quad (4.17)_n$$

这样，可得含有 n 个未知函数 $c_i'(t)(i=1,2,3,\cdots,n)$ 的 n 个方程式$(4.17)_1$，式$(4.17)_2$，…，式$(4.17)_n$ 组成的方程组

$$\begin{cases}c_1'(t)x_1(t)+c_2'(t)x_2(t)+\cdots+c_n'(t)x_n(t)=0,\\c_1'(t)x_1'(t)+c_2'(t)x_2'(t)+\cdots+c_n'(t)x_n'(t)=0,\\\cdots\cdots\cdots\cdots\\c_1'(t)x_1^{n-1}(t)+c_2'(t)x_2^{n-1}(t)+\cdots+c_n'(t)x_n^{n-1}(t)=f(t),\end{cases}$$

其系数行列式是 $W[x_1(t),x_2(t),\cdots,x_n(t)]$ 且 $W(t)\neq 0$，因而方程组的解可以唯一确定。设求得

$$c_i'(t)=\varphi_i(t)\ (i=1,2,\cdots,n),$$

积分得

$$c_i(t)=\int\varphi_i(t)\mathrm{d}t+r_i(i=1,2,\cdots,n),$$

这里的 $r_i(i=1,2,\cdots,n)$ 是任意常数。将所得 $c_i(t)(i=1,2,\cdots,n)$ 的表达式代入式(4.16)，即得方程(4.1) 的通解

$$x(t)=\sum_{i=1}^{n}r_ix_i(t)+\sum_{i=1}^{n}x_i(t)\int\varphi_i(t)\mathrm{d}t。$$

为了得到微分方程(4.1) 的一个特解，只需给常数 $r_i(i=1,2,3,\cdots,n)$ 以确定的值。如取 $r_i=0$ 得到解

$$x=\sum_{i=1}^{n}x_i(t)\int\varphi_i(t)\mathrm{d}t。$$

由上述讨论可以看到，如果已知对应的齐次线性微分方程的基本解组，那么非齐次线性微分方程的任一解或通解可以用常数变易法求得。因此，对于线性微分方程来说，关键是求出齐次线性微分方程的基本解组。

例 3 试验证 $\frac{\mathrm{d}^2x}{\mathrm{d}t^2}-x=0$ 的基本解组为 $\mathrm{e}^t,\mathrm{e}^{-t}$，并求方程 $\frac{\mathrm{d}^2x}{\mathrm{d}t^2}-x=\cos t$ 的通解。

解 由题意将 e^t 代入方程 $\frac{\mathrm{d}^2x}{\mathrm{d}t^2}-x=0$ 得 $\mathrm{e}^t-\mathrm{e}^t=0$，即 e^t 是该方程的解。同理求得

e^{-t} 也是该方程的解。显然 e^t, e^{-t} 线性无关，故 e^t, e^{-t} 是 $\frac{d^2x}{dt^2} - x = 0$ 的基本解组。

由题意可设所求通解为

$$x(t) = c_1(t)e^t + c_2(t)e^{-t},$$

则有

$$\begin{cases} c_1'(t)e^t + c_2'(t)e^{-t} = 0, \\ c_1'(t)e^t - c_2'(t)e^{-t} = \cos t, \end{cases}$$

解之得

$$c_1(t) = -\frac{1}{4}e^{-t}(\cos t - \sin t) + c_1,$$

$$c_2(t) = -\frac{1}{4}e^{t}(\cos t + \sin t) + c_2,$$

故所求通解为 $x(t) = c_1 e^t + c_2 e^{-t} - \frac{1}{2}\cos t$。

例 4　求方程 $tx'' - x' = t^2$ 的所有解，这里 $t \neq 0$。

解　该方程对应的齐次线性微分方程为 $tx'' - x' = 0$，将齐次线性微分方程改写成

$$\frac{x''}{x'} = \frac{1}{t},$$

积分得 $x' = At$，所以 $x = \frac{1}{2}At^2 + B$，这里 A, B 为任意常数，故方程有基本解组 $1, t^2$。

将原方程改写为

$$x'' - \frac{1}{t}x' = t,$$

以 $x = c_1(t) + c_2(t)t^2$ 代入，可得关于 $c_1'(t), c_2'(t)$ 的方程组

$$\begin{cases} c_1'(t) + t^2 c_2'(t) = 0, \\ 2tc_2'(t) = t, \end{cases}$$

解得

$$c_2(t) = \frac{1}{2}t + r_2, \quad c_1(t) = -\frac{1}{6}t^3 + r_1,$$

故原方程的通解为

$$x = r_1 + r_2 t + \frac{1}{3}t^3,$$

这里 r_1, r_2 为任意常数。

4.2　n 阶常系数线性微分方程的解法

上一节我们已详细地讨论了线性微分方程通解的结构问题，并且知道对于线性微分方程来说，关键是求出齐次线性微分方程的基本解组。但是如何求齐次线性微分方程的

基本解组和通解的方法还没有具体给出。事实上,对一般的线性微分方程是没有普遍的解法的。本节介绍常系数线性微分方程及可化为这种类型的方程的解法。先介绍为了求得常系数齐次线性微分方程的通解只需解一个代数方程,而不必进行积分运算的欧拉待定指数函数法,进而介绍可化为常系数齐次线性微分方程的欧拉方程的解法。对于一些特殊的常系数非齐次线性微分方程可以通过代数运算求得该方程的一个特解,从而得到该方程的通解。

讨论常系数线性微分方程的解法时,涉及到实变量的复值函数及复指数函数的问题,为此预先介绍预备知识。

4.2.1 复值函数与复值解

定义 4.4 如果对于区间 $a \leqslant t \leqslant b$ 上的每一个实数 t,有复数 $z(t) = \varphi(t) + \mathrm{i}\psi(t)$ 与其对应,其中 $\varphi(t)$ 和 $\psi(t)$ 是区间 $a \leqslant t \leqslant b$ 上的实函数,i 为虚数单位,则称 $z(t) = \varphi(t) + \mathrm{i}\psi(t)$ 为定义在区间 $a \leqslant t \leqslant b$ 上的实变量的**复值函数**。

若 $\varphi(t), \psi(t)$ 在 $a \leqslant t \leqslant b$ 上连续,则称 $z(t) = \varphi(t) + \mathrm{i}\psi(t)$ 在 $a \leqslant t \leqslant b$ 上连续。

若 $\varphi(t), \psi(t)$ 在 $a \leqslant t \leqslant b$ 上可微,则称 $z(t) = \varphi(t) + \mathrm{i}\psi(t)$ 在 $a \leqslant t \leqslant b$ 上可微,且 $z(t) = \varphi(t) + \mathrm{i}\psi(t)$ 的导数为

$$\frac{\mathrm{d}z}{\mathrm{d}t} = \frac{\mathrm{d}\varphi}{\mathrm{d}t} + \mathrm{i}\,\frac{\mathrm{d}\psi}{\mathrm{d}t}。$$

对于高阶导数可以类似地定义。

设 $z_1(t), z_2(t)$ 是定义在 $a < t < b$ 上的可微复值函数,$c = \alpha + \mathrm{i}\beta$ 是复值常数,容易验证下列等式成立:

$$[z_1(t) + z_2(t)]' = z_1'(t) + z_2'(t),\ [cz_1(t)]' = cz_1'(t),$$

$$[z_1(t) \cdot z_2(t)]' = z_1'(t)z_2(t) + z_1(t)z_2'(t)。$$

定义 4.5 设 $k = \alpha + \mathrm{i}\beta$ 是任一复数,这里 α, β 是实数,t 为区间 $a \leqslant t \leqslant b$ 上的实变量,称

$$\mathrm{e}^{kt} = \mathrm{e}^{(\alpha+\mathrm{i}\beta)t} = \mathrm{e}^{\alpha t}(\cos\beta t + \mathrm{i}\sin\beta t)$$

为定义在区间 $a \leqslant t \leqslant b$ 上的实变量的**复指数函数**。

由定义可得

$$\cos\beta t = \frac{1}{2}(\mathrm{e}^{\mathrm{i}\beta t} + \mathrm{e}^{-\mathrm{i}\beta t}),\quad \sin\beta t = \frac{1}{2\mathrm{i}}(\mathrm{e}^{\mathrm{i}\beta t} - \mathrm{e}^{-\mathrm{i}\beta t})。$$

易得函数 $\mathrm{e}^{kt} = \mathrm{e}^{(\alpha+\mathrm{i}\beta)t} = \mathrm{e}^{\alpha t}(\cos\beta t + \mathrm{i}\sin\beta t)$ 有以下性质:

(1) $\overline{\mathrm{e}^{kt}} = \mathrm{e}^{\overline{k}t}$;

(2) $\mathrm{e}^{(k_1+k_2)t} = \mathrm{e}^{k_1 t}\mathrm{e}^{k_2 t}$;

(3) $\dfrac{\mathrm{d}}{\mathrm{d}t}\mathrm{e}^{kt} = k\mathrm{e}^{kt}$;

(4) $\dfrac{\mathrm{d}^n}{\mathrm{d}t^n}\mathrm{e}^{kt} = k^n\mathrm{e}^{kt}$。

可以看到,实变量的复值函数的求导公式与实变量的实值函数的求导公式完全类似,

而复指数函数具有与实指数函数完全类似的性质。

定义4.6　定义于区间$a \leqslant t \leqslant b$上的实变量复值函数$x = z(t)$称为微分方程(4.1)的**复值解**，如果

$$\frac{d^n z(t)}{dt^n} + a_1(t)\frac{d^{n-1} z(t)}{dt^{n-1}} + \cdots + a_{n-1}(t)\frac{dz(t)}{dt} + a_n(t)z(t) \equiv f(t)$$

对于$a \leqslant t \leqslant b$恒成立。

对于线性微分方程的复值解有下面的两个结论。

定理4.8　如果微分方程(4.2)的所有系数$a_i(t)(i = 1,2,\cdots,n)$都是实值函数，而$x = z(t) = \varphi(t) + i\psi(t)$是微分方程(4.2)的复值解，则$z(t)$的实部$\varphi(t)$和虚部$\psi(t)$及$z(t)$的共轭复数$\bar{z}(t)$也都是微分方程(4.2)的解。

定理4.9　若微分方程

$$\frac{d^n x}{dt^n} + a_1(t)\frac{d^{n-1} x}{dt^{n-1}} + \cdots + a_{n-1}(t)\frac{dx}{dt} + a_n(t)x = u(t) + iv(t)$$

有复值解$x = U(t) + iV(t)$，这里$a_i(t)(i = 1,2,\cdots,n)$及$u(t),v(t)$都是实函数，那么这个解的实部$U(t)$和虚部$V(t)$分别是方程

$$\frac{d^n x}{dt^n} + a_1(t)\frac{d^{n-1} x}{dt^{n-1}} + \cdots + a_{n-1}(t)\frac{dx}{dt} + a_n(t)x = u(t)$$

和

$$\frac{d^n x}{dt^n} + a_1(t)\frac{d^{n-1} x}{dt^{n-1}} + \cdots + a_{n-1}(t)\frac{dx}{dt} + a_n(t)x = v(t)$$

的解。

4.2.2　n阶常系数齐次线性微分方程与欧拉待定指数函数法

考虑所有系数都是常数的n阶齐次线性微分方程

$$L[x] \equiv \frac{d^n x}{dt^n} + a_1\frac{d^{n-1} x}{dt^{n-1}} + \cdots + a_{n-1}\frac{dx}{dt} + a_n x = 0, \tag{4.19}$$

其中，$a_1,a_2,\cdots,a_n$为常数，称式(4.19)为**n阶常系数齐次线性微分方程**。

由上节给出的结论，为了求式(4.19)的通解，只要求出式(4.19)的基本解组。下面介绍求方程(4.19)基本解组的**欧拉(Euler)待定指数函数法**(又称为**特征根法**)。

一阶常系数齐次线性微分方程

$$\frac{dx}{dt} + ax = 0,$$

有形如$x = e^{-at}$的解，且其通解就是$x = ce^{-at}$。

因此，对于方程(4.19)我们也尝试求指数函数形式的解

$$x = e^{\lambda t}, \tag{4.20}$$

其中λ是待定常数，可以是实数，也可以是复数。

注意到

$$L[e^{\lambda t}] = \frac{d^n e^{\lambda t}}{dt^n} + a_1\frac{d^{n-1} e^{\lambda t}}{dt^{n-1}} + \cdots + a_{n-1}\frac{de^{\lambda t}}{dt} + a_n e^{\lambda t}$$

$$= (\lambda^n + a_1\lambda^{n-1} + \cdots + a_n)e^{\lambda t} = F(\lambda)e^{\lambda t},$$

其中

$$F(\lambda) = \lambda^n + a_1\lambda^{n-1} + \cdots + a_n$$

是关于 λ 的 n 次多项式。易知 $x = e^{\lambda t}$ 为方程(4.19) 的解的充要条件是 λ 是代数方程

$$F(\lambda) \equiv \lambda^n + a_1\lambda^{n-1} + \cdots + a_n = 0 \tag{4.21}$$

的根。方程(4.21) 称为微分方程(4.19) 的**特征方程**,代数方程(4.21) 的根称为微分方程(4.19) 的**特征根**。

这样求微分方程(4.19) 的解问题,便归结为求方程(4.19) 的特征根问题了。下面我们根据特征根的不同情况分别加以讨论。

1. 特征根是单根的情形。

设 $\lambda_1, \lambda_2, \cdots, \lambda_n$ 是特征方程(4.21) 的 n 个彼此不相等的特征根,则相应地微分方程(4.19) 有 n 个解

$$e^{\lambda_1 t}, e^{\lambda_2 t}, \cdots, e^{\lambda_n t}。 \tag{4.22}$$

我们指出这 n 个解在区间 $a \leqslant t \leqslant b$ 上线性无关,从而组成方程的基本解组。

事实上,由于

$$W[e^{\lambda_1 t}, \cdots, e^{\lambda_n t}] = \begin{vmatrix} e^{\lambda_1 t} & e^{\lambda_2 t} & \cdots & e^{\lambda_n t} \\ \lambda_1 e^{\lambda_1 t} & \lambda_2 e^{\lambda_2 t} & \cdots & \lambda_n e^{\lambda_n t} \\ \vdots & \vdots & \ddots & \vdots \\ \lambda_1^{n-1} e^{\lambda_1 t} & \lambda_2^{n-1} e^{\lambda_2 t} & \cdots & \lambda_n^{n-1} e^{\lambda_n t} \end{vmatrix}$$

$$= e^{(\lambda_1 + \cdots + \lambda_n)t} \begin{vmatrix} 1 & \cdots & 1 \\ \lambda_1 & \cdots & \lambda_n \\ \vdots & \ddots & \vdots \\ \lambda_1^{n-1} & \cdots & \lambda_n^{n-1} \end{vmatrix}$$

$$= e^{(\lambda_1 + \cdots + \lambda_n)t} \prod_{1 \leqslant j < i \leqslant n} (\lambda_i - \lambda_j) \neq 0,$$

故解组(4.22) 线性无关。

若 $\lambda_i (i = 1, 2, \cdots, n)$ 均为实数,则解组(4.22) 是微分方程(4.19) 的实的基本解组,从而微分方程(4.19) 的通解可以表示为

$$x(t) = c_1 e^{\lambda_1 t} + c_2 e^{\lambda_2 t} + \cdots + c_n e^{\lambda_n t},$$

其中,$c_1, c_2, \cdots, c_n$ 为任意常数。

若 $\lambda_i (i = 1, 2, \cdots, n)$ 中有复数,因方程的系数是实常数,复根将成对共轭出现,设 $\lambda_1 = \alpha + i\beta$ 是特征根,则 $\lambda_2 = \alpha - i\beta$ 也是特征根,相应的微分方程(4.19) 有两个复值解

$$e^{(\alpha + i\beta)t} = e^{\alpha t}(\cos\beta t + i\sin\beta t),$$
$$e^{(\alpha - i\beta)t} = e^{\alpha t}(\cos\beta t - i\sin\beta t)。$$

由定理 4.8 知,它们的实部和虚部也是方程的解,这样一来,对应于方程的一对共轭复根 $\lambda = \alpha \pm i\beta$,由此求得微分方程(4.19) 的两个实值解为

$$e^{\alpha t}\cos\beta t,\quad e^{\alpha t}\sin\beta t。$$

此时可以用这两个实值解替换基本解组中的两个复值解从而得到实的基本解组。

2. 特征根有重根的情形。

设特征方程有 k 重根 $\lambda=\lambda_1$，则有

$$F(\lambda_1)=F'(\lambda_1)=\cdots=F^{(k-1)}(\lambda_1)=0,F^{(k)}(\lambda_1)\neq 0。$$

下面我们分两种情形加以讨论。

（1）若 $\lambda_1=0$，即特征方程有因子 λ^k，因此

$$a_n=a_{n-1}=\cdots=a_{n-k+1}=0,a_{n-k}\neq 0,$$

也就是特征方程有以下形式

$$\lambda^n+a_1\lambda^{n-1}+\cdots+a_{n-k}\lambda^k=0,$$

此时对应微分方程(4.19) 变为

$$\frac{d^nx}{dt^n}+a_1\frac{d^{n-1}x}{dt^{n-1}}+\cdots+a_{n-k}\frac{d^kx}{dt^k}=0,$$

显然该微分方程有 k 个解 $1,t,t^2,\cdots,t^{k-1}$，而且它们是线性无关的。从而可得特征方程的 k 重零根对应着微分方程(4.19) 的 k 个线性无关的解 $1,t,t^2,\cdots,t^{k-1}$。

（2）若 $\lambda_1\neq 0$，作变换 $x=ye^{\lambda_1 t}$，注意到

$$x^{(m)}=(ye^{\lambda_1 t})^{(m)}=e^{\lambda_1 t}\left[y^{(m)}+m\lambda_1 y^{(m-1)}+\frac{m(m-1)}{2!}\lambda_1^2 y^{(m-2)}+\cdots+\lambda_1^m y\right],$$

代入微分方程(4.19)，经整理得

$$L[ye^{\lambda_1 t}]=\left(\frac{d^ny}{dt^n}+b_1\frac{d^{n-1}y}{dt^{n-1}}+\cdots+b_ny\right)e^{\lambda_1 t}=L[y]e^{\lambda_1 t},$$

于是微分方程(4.19) 化为

$$L[ye^{\lambda_1 t}]=\left(\frac{d^ny}{dt^n}+b_1\frac{d^{n-1}y}{dt^{n-1}}+\cdots+b_ny\right)e^{\lambda_1 t}=0,\tag{4.23}$$

其中，$b_1,b_2,\cdots,b_n$ 仍为常数，微分方程(4.23) 相应特征方程为

$$G(\mu)\equiv\mu^n+b_1\mu^{n-1}+\cdots+b_{n-1}\mu+b_n=0。\tag{4.24}$$

直接计算易得

$$F(\mu+\lambda_1)e^{(\mu+\lambda_1)t}=L[e^{(\mu+\lambda_1)t}]=L[e^{\mu t}]e^{\lambda_1 t}=G(\mu)e^{(\mu+\lambda_1)t},$$

因此

$$F(\mu+\lambda_1)=G(\mu),$$

从而有

$$F^{(j)}(\mu+\lambda_1)=G^{(j)}(\mu),\quad j=1,2,\cdots,k。$$

可见式(4.21) 的根 $\lambda=\lambda_1$ 对应着式(4.24) 的零根 $\mu=\mu_1=0$，而且重数相同，这样就把问题转化为前面讨论过的情形。

由前面的讨论我们知道，方程(4.24) 的 k 重零根 $\mu_1=0$ 对应着微分方程(4.23) 的 k 个解 $1,t,t^2,\cdots,t^{k-1}$，因而对应于特征方程(4.21) 的 k 重根 λ_1，方程(4.19) 有 k 个解

$$e^{\lambda_1 t},te^{\lambda_1 t},\cdots,t^{k-1}e^{\lambda_1 t}。\tag{4.25}$$

对于特征方程有复根的情况，例如有 k 重复根 $\lambda=\alpha+i\beta$，则 $\bar{\lambda}=\alpha-i\beta$ 也是 k 重复根，如同单复根对那样，我们也可以把方程(4.19) 的 $2k$ 个复值解换成 $2k$ 个实值解

$$e^{\alpha t}\cos\beta t, te^{\alpha t}\cos\beta t, \cdots, t^{k-1}e^{\alpha t}\cos\beta t,$$
$$e^{\alpha t}\sin\beta t, te^{\alpha t}\sin\beta t, \cdots, t^{k-1}e^{\alpha t}\sin\beta t。$$

定理 4.10 如果微分方程(4.19) 的特征多项式(4.21) 可以分解为

$$F(\lambda)\equiv\lambda^n+a_1\lambda^{n-1}+\cdots+a_n=(\lambda-\lambda_1)^{n_1}(\lambda-\lambda_2)^{n_2}\cdots(\lambda-\lambda_r)^{n_r},$$

其中，$\lambda_1,\lambda_2,\cdots,\lambda_r$ 是它们互异的特征根，重数分别为 $n_1,n_2,\cdots,n_r,n_i\geqslant 1$，且 $n_1+n_2+\cdots+n_r=n$，则对应有线性无关的 n 个解

$$\begin{matrix} e^{\lambda_1 t}, & te^{\lambda_1 t}, & \cdots, & t^{n_1-1}e^{\lambda_1 t} \\ \vdots & \vdots & & \vdots \\ e^{\lambda_r t}, & te^{\lambda_r t}, & \cdots, & t^{n_r-1}e^{\lambda_r t} \end{matrix}$$

这些解构成微分方程(4.19) 的一个基本解组。

求微分方程(4.19) 通解的步骤：

第一步 求微分方程(4.19) 的特征方程及特征根 $\lambda_1,\lambda_2,\cdots,\lambda_n$。

第二步 计算微分方程(4.19) 相应的解：

① 对每一个实单根 λ_k，微分方程有解 $e^{\lambda_k t}$；

② 对每一个 $m>1$ 重实根 λ_k，微分方程有 m 个解 $e^{\lambda_k t}, te^{\lambda_k t},\cdots,t^{m-1}e^{\lambda_k t}$；

③ 对每一对单的共轭复数根 $\alpha\pm i\beta$，微分方程有 2 个解 $e^{\alpha t}\cos\beta t, e^{\alpha t}\sin\beta t$；

④ 对每一对重数是 $m>1$ 的共轭复根 $\alpha\pm i\beta$，微分方程有 $2m$ 个解。

$$e^{\alpha t}\cos\beta t, te^{\alpha t}\cos\beta t,\cdots,t^{m-1}e^{\alpha t}\cos\beta t,$$
$$e^{\alpha t}\sin\beta t, te^{\alpha t}\sin\beta t,\cdots,t^{m-1}e^{\alpha t}\sin\beta t;$$

第三步 根据第二步中的 ① ～ ④ 写出微分方程(4.19) 的基本解组及通解。

例 5 求微分方程 $\dfrac{d^3x}{dt^3}-x=0$ 的通解。

解 特征方程 $\lambda^3-1=0$ 有特征根 $\lambda_1=1,\lambda_{2,3}=-\dfrac{1}{2}\pm i\dfrac{\sqrt{3}}{2}$，对应有解

$$e^t,\ e^{\left(-\frac{1}{2}+i\frac{\sqrt{3}}{2}\right)t},\quad e^{\left(-\frac{1}{2}-i\frac{\sqrt{3}}{2}\right)t},$$

所以方程实的基本解组为

$$e^t, e^{-\frac{1}{2}t}\cos\frac{\sqrt{3}}{2}t, e^{-\frac{1}{2}t}\sin\frac{\sqrt{3}}{2}t,$$

故方程的通解为

$$x(t)=c_1e^t+e^{-\frac{1}{2}t}\left(c_2\cos\frac{\sqrt{3}}{2}t+c_3\sin\frac{\sqrt{3}}{2}t\right),$$

这里 c_1,c_2,c_3 是任意常数。

例 6 求微分方程 $\dfrac{d^5x}{dt^5}-3\dfrac{d^4x}{dt^4}+2\dfrac{d^3x}{dt^3}=0$ 的通解。

解　特征方程

$$\lambda^5-3\lambda^4+2\lambda^3=\lambda^3(\lambda-1)(\lambda-2)=0,$$

有特征根 $\lambda_{1,2,3}=0,\lambda_4=1,\lambda_5=2$，基本解组为 $1,t,t^2,\mathrm{e}^t,\mathrm{e}^{2t}$，故方程的通解为

$$x=c_1+c_2t+c_3t^2+c_4\mathrm{e}^t+c_5\mathrm{e}^{2t},$$

这里 c_1,c_2,c_3,c_4,c_5 是任意常数。

例 7　求微分方程 $\dfrac{\mathrm{d}^5x}{\mathrm{d}t^5}+4\dfrac{\mathrm{d}^3x}{\mathrm{d}t^3}+4\dfrac{\mathrm{d}x}{\mathrm{d}t}=0$ 的通解。

解　特征方程

$$\lambda^5+4\lambda^3+4\lambda=\lambda(\lambda^2+2)^2=0,$$

即特征根 $\lambda_{1,2}=\sqrt{2}\mathrm{i},\lambda_{3,4}=-\sqrt{2}\mathrm{i},\lambda_5=0$。因此方程有 5 个实值解

$$\cos\sqrt{2}t,\ t\cos\sqrt{2}t,\ \sin\sqrt{2}t,\ t\sin\sqrt{2}t,\ 1,$$

故方程的通解为

$$x=(c_1+c_2t)\cos\sqrt{2}t+(c_3+c_4t)\sin\sqrt{2}t+c_5,$$

这里 c_1,c_2,c_3,c_4,c_5 是任意常数。

4.2.3　可化为常系数齐次线性微分方程的欧拉方程的解法

一些变系数齐次线性微分方程可以通过变量代换化为常系数齐次线性微分方程来求解，下面就介绍一种特殊的变系数方程 —— 欧拉方程的解法。

形如

$$x^n\frac{\mathrm{d}^ny}{\mathrm{d}x^n}+a_1x^{n-1}\frac{\mathrm{d}^{n-1}y}{\mathrm{d}x^{n-1}}+\cdots+a_{n-1}x\frac{\mathrm{d}y}{\mathrm{d}x}+a_ny=0\tag{4.26}$$

的方程称为**欧拉方程**，这里 $a_i(i=1,2,\cdots,n)$ 为常数。

作自变量的变换

$$x=\mathrm{e}^t,\quad t=\ln x,$$

（如果 $x<0$，用 $x=-\mathrm{e}^t$ 结果一样，为简单起见，认定 $x>0$，但最后结果以 $t=\ln|x|$ 代回。）直接计算得到

$$\frac{\mathrm{d}y}{\mathrm{d}x}=\frac{\mathrm{d}y}{\mathrm{d}t}\frac{\mathrm{d}t}{\mathrm{d}x}=\mathrm{e}^{-t}\frac{\mathrm{d}y}{\mathrm{d}t}=\frac{1}{x}\frac{\mathrm{d}y}{\mathrm{d}t},$$

$$\frac{\mathrm{d}^2y}{\mathrm{d}x^2}=\frac{\mathrm{d}}{\mathrm{d}x}\left(\frac{\mathrm{d}y}{\mathrm{d}x}\right)=\mathrm{e}^{-t}\frac{\mathrm{d}}{\mathrm{d}t}\left(\mathrm{e}^{-t}\frac{\mathrm{d}y}{\mathrm{d}t}\right)=\mathrm{e}^{-2t}\left(\frac{\mathrm{d}^2y}{\mathrm{d}t^2}-\frac{\mathrm{d}y}{\mathrm{d}t}\right),$$

…………

由数学归纳法不难证明：对一切自然数 k 均有关系式

$$\frac{\mathrm{d}^ky}{\mathrm{d}t^k}=\mathrm{e}^{-kt}\left(\frac{\mathrm{d}^ky}{\mathrm{d}t^k}+\beta_1\frac{\mathrm{d}^{k-1}y}{\mathrm{d}t^{k-1}}+\cdots+\beta_{k-1}\frac{\mathrm{d}y}{\mathrm{d}t}\right),$$

其中，$\beta_1,\beta_2,\cdots,\beta_{k-1}$ 都是常数，于是

$$\mathrm{e}^{kt}\frac{\mathrm{d}^ky}{\mathrm{d}t^k}=\frac{\mathrm{d}^ky}{\mathrm{d}t^k}+\beta_1\frac{\mathrm{d}^{k-1}y}{\mathrm{d}t^{k-1}}+\cdots+\beta_{k-1}\frac{\mathrm{d}y}{\mathrm{d}t}。$$

将上述关系式代入式(4.26)，就得到常系数齐次线性微分方程

$$\frac{d^n y}{dt^n}+b_1\frac{d^{n-1}y}{dt^{n-1}}+\cdots+b_{n-1}\frac{dy}{dt}+b_n y=0, \tag{4.27}$$

其中，$b_1,b_2,\cdots,b_n$ 为常数，因而可以用上述方法求出微分方程(4.27)的通解，再代回原来的变量(注意：$t=\ln|x|$)就可以得到微分方程(4.26)的解。

例 8 求解微分方程 $x^2\frac{d^2y}{dx^2}-3x\frac{dy}{dx}+4y=0$。

解法一 作变换 $x=e^t$，即 $t=\ln|x|$，则

$$\frac{dy}{dx}=\frac{1}{x}\frac{dy}{dt}=e^{-t}\frac{dy}{dt},$$

$$\frac{d^2y}{dx^2}=\frac{d\frac{dy}{dx}}{dt}\frac{dt}{dx}=e^{-2t}\left(\frac{d^2y}{dt^2}-\frac{dy}{dt}\right),$$

把上式代入原方程得

$$\frac{d^2y}{dt^2}-4\frac{dy}{dt}+4y=0,$$

上式方程的通解为 $y=(c_1+c_2t)e^{2t}$，代回原变量，得原方程的通解为

$$y=(c_1+c_2\ln|x|)x^2,$$

这里 c_1,c_2 为任意常数。

从上述过程，我们知道微分方程(4.27)有形如 $y=e^{kt}$ 的通解，从而微分方程(4.26)有形如 $y=x^k$ 的解，因此也可以直接求欧拉方程的形如 $y=x^k$ 的解。以 $y=x^k$ 代入微分方程(4.26)得到确定 k 的代数方程

$$k(k-1)\cdots(k-n+1)+a_1k(k-1)\cdots(k-n+2)+\cdots+a_n=0, \tag{4.28}$$

则式(4.28)正好是微分方程(4.27)的特征方程。因此，方程(4.28)的 m 重实根 $k=k_0$，对应于微分方程(4.26)的 m 个解

$$x^{k_0},x^{k_0}\ln|x|,x^{k_0}\ln^2|x|,\cdots,x^{k_0}\ln^{m-1}|x|,$$

而式(4.28)的 m 重复根 $k=\alpha\pm i\beta$，对应于微分方程(4.26)的 $2m$ 个实值解

$$x^\alpha\cos(\beta\ln|x|),x^\alpha\ln|x|\cos(\beta\ln|x|),\cdots,x^\alpha\ln^{m-1}|x|\cos(\beta\ln|x|),$$

$$x^\alpha\sin(\beta\ln|x|),x^\alpha\ln|x|\sin(\beta\ln|x|),\cdots,x^\alpha\ln^{m-1}|x|\sin(\beta\ln|x|)。$$

解法二 设 $y=x^k$，得到确定 k 的方程

$$k(k-1)-3k+4=(k-2)^2=0,$$

解得 $k_1=k_2=2$，因此，方程对应有解 $x^2,x^2\ln|x|$，所以方程的通解为

$$y=(c_1+c_2\ln|x|)x^2,$$

这里 c_1,c_2 为任意常数。

例 9 求解微分方程 $x^2\frac{d^2y}{dx^2}-x\frac{dy}{dx}+5y=0$。

解 设 $y=x^k$，得到 k 应满足的方程

$$k(k-1)-k+5=k^2-2k+5=0,$$

因此 $k_{1,2}=1\pm 2\mathrm{i}$，方程的通解为

$$y=x[c_1\cos(2\ln|x|)+c_2\sin(2\ln|x|)],$$

其中，c_1，c_2 为任意常数。

4.2.4　n 阶常系数非齐次线性微分方程与比较系数法

现在讨论 n 阶常系数非齐次线性微分方程

$$L[x]\equiv\frac{\mathrm{d}^n x}{\mathrm{d}t^n}+a_n\frac{\mathrm{d}^{n-1}x}{\mathrm{d}t^{n-1}}+\cdots+a_{n-1}\frac{\mathrm{d}x}{\mathrm{d}t}+a_n x=f(t) \tag{4.29}$$

的解法，这里 $a_1,a_2,\cdots,a_n$ 是常数，$f(t)$ 是连续函数。

根据 4.1.3 节中的讨论我们已经知道，为求非齐次线性微分方程的通解，只需要先求出该方程对应的齐次线性微分方程的通解，再求出该方程的一个特解就可以了。更进一步，只要知道对应的齐次线性微分方程的基本解组或通解，可以利用常数变易法求得非齐次线性微分方程的一个解或通解。

上面我们给出了 n 阶常系数齐次线性微分方程(4.19) 基本解组或通解的求法，应该说 n 阶常系数非齐次线性微分方程(4.29) 可以用常数变易法求出该方程的通解，但是常数变易法求解比较繁琐，而且必须经过积分运算。本节将介绍当微分方程(4.29) 的右端函数 $f(t)$ 具有某些特殊形式时求该方程的一个特解的方法——**比较系数法**，上述方法的特点是将微分方程的求解问题转化为代数问题来求微分方程的一个特解，而不需要通过积分运算，简化了运算过程。当 $f(t)$ 为一般形式时仍然采用常数变易法来求解。

当微分方程(4.29) 右端函数 $f(t)$ 是以下两种类型时，方程具有某种特殊形式的特解。

类型 Ⅰ

$$L[x]=f(t)=(p_0t^m+p_1t^{m-1}+\cdots+p_{m-1}t+p_m)\mathrm{e}^{at}=P_m(t)\mathrm{e}^{at},$$

其中 $p_i(i=0,1,\cdots,m)$ 为实常系数，$P_m(t)$ 表示关于 t 的 m 次多项式。

先考查一个简单的例子

$$\frac{\mathrm{d}^2x}{\mathrm{d}t^2}+p\frac{\mathrm{d}x}{\mathrm{d}t}+qx=\mathrm{e}^{at},$$

这里 p，q 为实常数。为求出上述方程的一个特解，现分析该方程的解可能具有的形式。由于函数 e^{at} 经过求导及线性运算后始终含有 e^{at} 这个因子，因此该方程的解中一定含有 e^{at}，猜测该方程有形如 $x^*(t)=A\mathrm{e}^{at}$ 的特解。

将 $x^*(t)=A\mathrm{e}^{at}$ 代入上述方程，化简整理可得

$$A(a^2+pa+q)\mathrm{e}^{at}=\mathrm{e}^{at}。$$

因此，当 $a^2+pa+q\neq 0$，即 a 不是特征根时，上述方程有特解

$$x^*(t)=A\mathrm{e}^{at}=\frac{1}{a^2+pa+q}\mathrm{e}^{at}。$$

当 $a^2+pa+q=0$，即 a 是特征根时，上述方程没有形如 $A\mathrm{e}^{at}$ 的特解，受多重特征根对应解的启发，可以猜测方程有形如 $x^*(t)=At\mathrm{e}^{at}$ 的特解。将 $x^*(t)=At\mathrm{e}^{at}$ 代入方程，

化简整理可得

$$A(2a+p)e^{at}=e^{at}。$$

因此，当 $a^2+pa+q=0$ 且 $2a+p\neq 0$ 时，即 a 是单特征根时，上述方程有特解

$$x^*(t)=\frac{1}{2a+p}te^{at}。$$

当 $a^2+pa+q=0$ 且 $2a+p=0$ 时，即 a 是二重特征根时，可以猜测上述方程有形如 $x^*(t)=At^2e^{at}$ 的特解。将 $x^*(t)=At^2e^{at}$ 代入方程，化简整理可得 $2Ae^{at}=e^{at}$，即方程有特解

$$x^*(t)=At^2e^{at}=\frac{1}{2}t^2e^{at}。$$

这样的结果完全可以推广到当方程(4.29)右端函数 $f(t)$ 为类型 Ⅰ 时的情形。

若方程(4.29)的右端函数形如

$$f(t)=P_m(t)e^{at}=(p_0t^m+p_1t^{m-1}+\cdots+p_{m-1}t+p_m)e^{at},$$

则该方程有特解形如

$$\tilde{x}(t)=t^kR_m(t)e^{at}=t^k(r_0t^m+r_1t^{m-1}+\cdots+r_{m-1}t+r_m)e^{at},\tag{4.30}$$

这里 k 的取值根据 a 是否为特征根来决定，a 不是特征根时 k 取为 0，a 是几重根 k 就取几。$R_m(t)$ 是系数 $r_0,r_1,\cdots,r_m$ 待定的 t 的 m 次多项式(与 $P_m(t)$ 的次数相同)。

可以将 $\tilde{x}(t)=t^kR_m(t)e^{at}$ 代入原方程化简整理，通过比较方程左右两边 t 的同次幂的系数来确定 $r_0,r_1,\cdots,r_m$ 的值，从而确定特解 $\tilde{x}(t)$ 的具体形式，这种方法称为**比较系数法**。

(1) 如果 $a=0$，则此时

$$L[x]=f(t)=p_0t^m+p_1t^{m-1}+\cdots+p_{m-1}t+p_m,$$

其中，$p_i(i=0,1,\cdots,m)$ 为实常系数。

如果 $a=0$ 不是特征根，则有 $F(0)\neq 0,a_n\neq 0$，取

$$\tilde{x}(t)=r_0t^m+r_1t^{m-1}+\cdots+r_{m-1}t+r_m,$$

这里 $r_0,r_1,\cdots,r_m$ 为待定常数。代入方程(4.29)，并比较方程左右两边 t 的同次幂系数，得到常数 $r_0,r_1,\cdots,r_m$ 应满足的方程

$$\begin{cases}r_0a_n=p_0,\\ r_1a_n+mr_0a_{n-1}=p_1,\\ r_2a_n+(m-1)r_1a_{n-1}+m(m-1)r_0a_{n-2}=p_2,\\ \qquad\cdots\cdots\cdots\cdots\\ r_ma_n+r_{m-1}a_{n-1}+\cdots=p_m,\end{cases}\tag{4.31}$$

注意到 $a_n\neq 0$，这些待定系数 $r_i(i=0,1,2,\cdots,m)$ 可以从方程组(4.31)唯一地确定下来，因此微分方程有形如式(4.30)的特解。

如果 $a=0$ 是 k 重特征根，则有

$$F(0)=F'(0)=\cdots=F^{(k-1)}(0)=0,$$

而 $F^{(k)}(0) \neq 0$,也即

$$a_n = a_{n-1} = \cdots = a_{n-k+1} = 0, a_{n-k} \neq 0,$$

这时相应的方程(4.29)将为

$$\frac{d^n x}{dt^n} + a_1 \frac{d^{n-1} x}{d^{n-1} t} + \cdots + a_{n-k} \frac{d^k x}{dt^k} = f(t)。\tag{4.32}$$

令$\frac{d^k x}{dt^k} = z$,则方程(4.32)化为

$$\frac{d^{n-k} z}{dt^{n-k}} + a_1 \frac{d^{n-k-1} z}{d^{n-k-1} t} + \cdots + a_{n-k} z = f(t),\tag{4.33}$$

对上面的方程,由于 $a_{n-k} \neq 0$,$a = 0$ 已不是其特征根,因而方程(4.33)有形如

$$\tilde{z}(t) = \tilde{r}_0 t^m + \tilde{r}_1 t^{m-1} + \cdots + \tilde{r}_{m-1} t + \tilde{r}_m$$

的特解,方程(4.32)有特解 $\tilde{x}$ 满足

$$\frac{d^k \tilde{x}}{dt^k} = \tilde{z}(t) = \tilde{r}_0 t^m + \tilde{r}_1 t^{m-1} + \cdots + \tilde{r}_{m-1} t + \tilde{r}_m。$$

这说明 $\tilde{x}$ 是 t 的 $m+k$ 次多项式。因此方程(4.32)或方程(4.29)有特解形如

$$\tilde{x}(t) = t^k (r_0 t^m + r_1 t^{m-1} + \cdots + r_m),$$

这里 $r_0, r_1, \cdots, r_m$ 是确定的常数。

(2) 如果 $a \neq 0$,则此时

$$L[x] = f(t) = (p_0 t^m + p_1 t^{m-1} + \cdots + p_{m-1} t + p_m) e^{at} = P_m(t) e^{at},$$

其中,$a, p_i (i = 0, 1, \cdots, n)$ 为实常数。

上述方程的右端多了一个因子 e^{at},为了利用前面的有关结论,我们希望方程右端因子 e^{at} 消去,为此作变换 $x(t) = e^{at} y(t)$,则方程(4.29)变为

$$\frac{d^n y}{dt^n} + A_1 \frac{d^{n-1} y}{dt^{n-1}} + \cdots + A_{n-1} \frac{dy}{dt} + A_n y = p_0 t^m + \cdots + p_m,\tag{4.34}$$

其中,$A_1, A_2, \cdots, A_n$ 是常数。而且方程(4.29)对应齐次线性微分方程的特征方程的根 λ 对应于方程(4.34)的特征方程的根,且重数相同。

根据前面有关结论,我们获得方程(4.29)有以下形式的特解:

若 a 不是方程(4.29)的特征根,方程(4.34)有特解形如

$$\tilde{y} = r_0 t^m + r_1 t^{m-1} + \cdots + r_m,$$

从而方程(4.29)有特解形如

$$\tilde{x} = (r_0 t^m + r_1 t^{m-1} + \cdots + r_m) e^{at}。$$

若 a 是方程(4.29)的 k 重特征根,方程(4.34)有特解形如

$$\tilde{y} = t^k (r_0 t^m + r_1 t^{m-1} + \cdots + r_m),$$

从而方程(4.29)有特解形如

$$\tilde{x} = t^k (r_0 t^m + r_1 t^{m-1} + \cdots + r_m) e^{at}。$$

例 10 求微分方程$\frac{d^2 x}{dt^2} - a^2 x = t + 1$ 的通解。

解 对应齐次微分方程的特征方程为 $\lambda^2 - a^2 = 0$，特征根为 $\lambda_1 = a, \lambda_2 = -a$。

(1) 若 $a \neq 0$，此时对应齐次线性微分方程的通解为

$$x = c_1 e^{at} + c_2 e^{-at}。$$

因为 0 不是特征根，故原方程特解形如 $\tilde{x}(t) = At + B$。

将 $\tilde{x}(t) = At + B$ 代入原方程，比较系数得 $A = B = -\frac{1}{a^2}$。即

$$\tilde{x}(t) = -\frac{1}{a^2}(t+1),$$

因此，当 $a \neq 0$ 时，原方程的通解为

$$x = c_1 e^{at} + c_2 e^{-at} - \frac{1}{a^2}(t+1),$$

其中，c_1, c_2 为任意常数。

(2) 若 $a = 0$，则 $\lambda_1 = \lambda_2 = 0$，此时对应齐次线性微分方程的通解为

$$x = c_1 + c_2 t,$$

因为 0 是二重特征根，故原方程的特解形如

$$\tilde{x}(t) = t^2(At + B)。$$

将 $\tilde{x}(t)$ 代入原方程，比较系数得

$$A = \frac{1}{6}, B = \frac{1}{2},$$

所以

$$\tilde{x}(t) = \frac{1}{6}t^3 + \frac{1}{2}t^2。$$

因此，当 $a = 0$ 时，原方程的通解为

$$x = c_1 + c_2 t + \frac{1}{6}t^3 + \frac{1}{2}t^2,$$

其中，c_1, c_2 为任意常数。

例 11 求微分方程 $\frac{d^2 x}{dt^2} - 6\frac{dx}{dt} + 9x = 4e^{3t}$ 的通解。

解 特征方程

$$\lambda^2 - 6\lambda + 9 = 0 = (\lambda - 3)^2 = 0,$$

特征根为 $\lambda_1 = \lambda_2 = 3$，对应齐次线性微分方程的通解为

$$x = c_1 e^{3t} + c_2 t e^{3t},$$

因为 3 是二重特征根，故原方程的特解形如

$$\tilde{x}(t) = t^2 A e^{3t},$$

代入原方程解得 $A = 2$，故原方程的通解为

$$x = c_1 e^{3t} + c_2 t e^{3t} + 2t^2 e^{3t},$$

其中，c_1, c_2 为任意常数。

例 12　求微分方程$\frac{d^2x}{dt^2}+6\frac{dx}{dt}+13x=(t^2-5t+2)e^t$的通解。

解　特征方程

$$\lambda^2+6\lambda+13=0,$$

解之得特征根为$\lambda_{1,2}=-3\pm 2i$，对应齐次线性微分方程的通解为

$$x=e^{-3t}(c_1\cos 2t+c_2\sin 2t),$$

因为 1 不是特征根，所以原方程的特解形如

$$\tilde{x}(t)=(At^2+Bt+C)e^t,$$

代入原方程解得$A=\frac{1}{8}$，$B=-\frac{29}{100}$，$C=\frac{211}{1000}$，故原方程的通解为

$$x=e^{-3t}(c_1\cos 2t+c_2\sin 2t)+\left(\frac{1}{8}t^2-\frac{29}{100}t+\frac{211}{1000}\right)e^t,$$

其中，c_1，c_2为任意常数。

类型 Ⅱ

$$L[x]=f(t)=[A(t)\cos\beta t+B(t)\sin\beta t]e^{\alpha t},$$

其中，α，β为实常数。$A(t)$，$B(t)$表示关于t的多项式，其中一个次数是m，另一个次数不超过m。

若微分方程(4.29)的右端函数形如

$$f(t)=[A(t)\cos\beta t+B(t)\sin\beta t]e^{\alpha t},$$

则该方程有特解形如

$$\tilde{x}(t)=t^k[P(t)\cos\beta t+Q(t)\sin\beta t]e^{\alpha t},\tag{4.35}$$

这里k的取值根据$\alpha\pm i\beta$是否为特征根来决定，$\alpha\pm i\beta$不是特征根时k取 0，$\alpha\pm i\beta$是几重根k就取几，$P(t)$，$Q(t)$分别是系数待定的t的m次多项式(m是$A(t)$，$B(t)$中t的最高次数)。

可以将$\tilde{x}(t)=t^k[P(t)\cos\beta t+Q(t)\sin\beta t]e^{\alpha t}$代入原方程化简整理，通过比较方程左右两边$t$的同次幂的系数来确定$P(t)$，$Q(t)$的系数，从而确定特解$\tilde{x}(t)$的具体形式。

事实上，由公式

$$\cos\beta t=\frac{1}{2}(e^{i\beta t}+e^{-i\beta t}),\quad \sin\beta t=\frac{1}{2i}(e^{i\beta t}-e^{-i\beta t}),$$

可得

$$[A(t)\cos\beta t+B(t)\sin\beta t]e^{\alpha t}=\frac{A(t)-iB(t)}{2}e^{(\alpha+i\beta)t}+\frac{A(t)+iB(t)}{2}e^{(\alpha-i\beta)t}。$$

根据非齐次线性微分方程的叠加原理，可知方程

$$L[x]=f_1(t)\equiv\frac{A(t)+iB(t)}{2}e^{(\alpha-i\beta)t}$$

与

$$L[x]=f_2(t)\equiv\frac{A(t)-iB(t)}{2}e^{(\alpha+i\beta)t}$$

的解之和必为(4.29)的解。

注意到$\overline{f_1(t)} = f_2(t)$,若$x_1$为$L[x] = f_1(t)$的解,则$\bar{x}_1$必为$L[x] = f_2(t)$的解,因此,直接利用类型Ⅰ的结果,可知方程有特解形如

$$\tilde{x}(t) = t^k D(t) e^{(\alpha - i\beta)t} + t^k \overline{D(t)} e^{(\alpha + i\beta)t} = t^k [P(t)\cos\beta t + Q(t)\sin\beta t] e^{\alpha t},$$

其中,$D(t)$为t的m次多项式,而

$$P(t) = 2\mathrm{Re}D(t), Q(t) = 2\mathrm{Im}D(t)。$$

显然$P(t)$,$Q(t)$是系数为实数t的m次多项式,其次数不超过m。

用待定系数法求方程(4.29)特解的关键是正确写出特解的形式。

例 13 求微分方程$\frac{d^2x}{dt^2} - \frac{dx}{dt} - 2x = e^{-t}(\cos t - 7\sin t)$的通解。

解 特征方程为$\lambda^2 - \lambda - 2 = 0$,特征根为$\lambda_1 = -1$,$\lambda_2 = 2$。

因为$\alpha + i\beta = -1 + i$不是特征根,故原方程有特解形如

$$\tilde{x}(t) = e^{-t}(A\cos t + B\sin t),$$

代入原方程化简得到

$$(-3B - A)\cos t - (B - 3A)\sin t = \cos t - 7\sin t,$$

比较上式两端$\cos t$,$\sin t$的系数,可得$A = -\frac{11}{5}$,$B = \frac{2}{5}$,故原方程的特解为

$$\tilde{x}(t) = e^{-t}\left(-\frac{11}{5}\cos t + \frac{2}{5}\sin t\right),$$

于是原方程的通解为

$$x = c_1 e^t + c_2 e^{-2t} + e^{-t}\left(-\frac{11}{5}\cos t + \frac{2}{5}\sin t\right),$$

其中,c_1,c_2为任意常数。

例 14 求微分方程$\frac{d^2x}{dt^2} + 4x = \sin 2t$的通解。

解 特征方程为$\lambda^2 + 4 = 0$,特征根为$\lambda_{1,2} = \pm 2i$,对应齐次线性微分方程的通解为

$$x = c_1\cos 2t + c_2\sin 2t。$$

因为$\alpha + i\beta = 2i$是单特征根,故原方程有特解形如

$$\tilde{x}(t) = t(A\cos 2t + B\sin 2t),$$

代入原方程化简得

$$-4A\sin 2t + 4B\cos 2t = \sin 2t,$$

可得$A = -\frac{1}{4}$,$B = 0$,故原方程的特解为

$$\tilde{x}(t) = -\frac{1}{4}t\cos 2t,$$

于是原方程的通解为

$$x = c_1\cos 2t + c_2\sin 2t - \frac{1}{4}t\cos 2t,$$

其中，c_1，c_2 为任意常数。

注　对类型 Ⅱ 的特殊形式

$$L[x]=f(t)=A(t)e^{\alpha t}\cos\beta t \text{ 或 } L[x]=f(t)=B(t)e^{\alpha t}\sin\beta t$$

可以用**复数法**求解。下面另解例 14 来说明复数法的解题过程。

例 15　求微分方程 $\frac{d^2x}{dt^2}+4x=\sin 2t$ 的通解。

解　由例 14 已知对应齐次线性微分方程的通解为

$$x=c_1\cos 2t+c_2\sin 2t,$$

为求原方程的一个特解 $\tilde{x}(t)$，可先求方程

$$\frac{d^2x}{dt^2}+4x=e^{2it}=\cos 2t+i\sin 2t$$

的特解 $x^*(t)$，根据定理 4.9，该方程的解 $x^*(t)$ 的虚部就是原方程的一个解。该方程属于类型 Ⅰ，因为 $\alpha+i\beta=2i$ 是单特征根，故其特解形如 $x^*(t)=Ate^{2it}$，将其代入方程

$$\frac{d^2x}{dt^2}+4x=e^{2it}=\cos 2t+i\sin 2t,$$

得 $4iA=1$，从而 $A=-\frac{i}{4}$，故上述方程的特解为

$$x^*(t)=-\frac{i}{4}e^{2it}=-\frac{i}{4}\cos 2t+\frac{1}{4}\sin 2t。$$

$x^*(t)$ 的虚部为 $\mathrm{Im}\{x^*(t)\}=-\frac{1}{4}\cos 2t$，故原方程有特解

$$\tilde{x}(t)=-\frac{1}{4}\cos 2t,$$

于是原方程的通解为

$$x=c_1\cos 2t+c_2\sin 2t-\frac{1}{4}t\cos 2t,$$

其中，c_1，c_2 为任意常数，与例 14 所得结果相同。

4.2.5　n 阶常系数非齐次线性微分方程与拉普拉斯变换法

定义 4.7　由积分

$$F(s)=\int_0^{\infty}e^{-st}f(t)dt$$

所定义的确定于复平面($\mathrm{Re}s>\sigma$) 上的复变数 s 的函数 $F(s)$ 称为函数 $f(t)$ 的**拉普拉斯(Laplace) 变换**，记为 $F(s)=L[f(t)]$，其中 $f(t)$ 在 $t\geqslant 0$ 上有定义，且满足

$$|f(t)|\leqslant Me^{\delta t},$$

这里 M，δ 为某两个正的常数，称 $f(t)$ 为原函数，$F(s)$ 为像函数。

当所研究的常系数的线性微分方程(组) 右端函数满足原函数的条件时，可以借助拉普拉斯变换将方程(组) 转化成复变数 s 的代数方程(组)，借助拉普拉斯变换表(见表 4-1)，通过一些代数运算求出方程(组) 的解。关于拉普拉斯变换的一般定义和性质可以参阅相

关书籍或教材,本节只给出部分常用函数的拉普拉斯变换表供使用和参考,且只简单介绍拉普拉斯变换在解常系数线性微分方程中的应用。

对给定的微分方程(4.29)及初始条件

$$x(0)=x_0, x'(0)=x_0', \cdots, x^{(n-1)}(0)=x_0^{(n-1)},$$

方程(4.29)的右端函数 $f(t)$ 满足原函数的条件。如果 $x(t)$ 是方程(4.29)的解,则 $x(t)$ 及其各阶导数 $x^{(k)}(t)(k=1,2,\cdots,n)$ 均满足原函数的条件。记

$$F(s)=L[f(t)]=\int_0^{\infty} \mathrm{e}^{-st} f(t) \mathrm{d}t,$$

$$X(s)=L[x(t)]=\int_0^{\infty} \mathrm{e}^{-st} x(t) \mathrm{d}t。$$

根据拉普拉斯变换的性质有

$$\begin{aligned} L[x'(t)] &= \int_0^{\infty} \mathrm{e}^{-st} x'(t) \mathrm{d}t = \int_0^{\infty} \mathrm{e}^{-st} \mathrm{d}x(t) \\ &= \mathrm{e}^{-st} x(t) \Big|_0^{+\infty} - \int_0^{\infty} x(t) \mathrm{d}\mathrm{e}^{-st} \\ &= -x(0) + s\int_0^{\infty} \mathrm{e}^{-st} x(t) \mathrm{d}t \\ &= sX(s) - x(0) = sX(s) - x_0。\end{aligned}$$

用数学归纳法可以证明

$$L[x^{(n)}(t)] = s^n X(s) - s^{n-1}x_0 - s^{n-2}x_0' - \cdots - x_0^{(n-1)},$$

于是,对方程(4.29)两边同时进行拉普拉斯变换,可得

$$\begin{aligned} & s^n X(s) - s^{n-1}x_0 - s^{n-2}x_0' \cdots x_0^{n-1} \\ & + a_1[s^n X(s) - s^{n-1}x_0 - s^{n-2}x_0' \cdots x_0^{n-2}] \\ & + \cdots + a_{n-1}[sX(s) - x_0] + a_n X(s) = F(s), \end{aligned}$$

即

$$\begin{aligned} & (s^n + a_1 s^{n-1} + \cdots + a_{n-1}s + a_n)X(s) \\ & = F(s) + (s^{n-1} + a_1 s^{n-2} + \cdots + a_{n-1})x_0 \\ & + (s^{n-2} + a_1 s^{n-3} + \cdots + a_{n-2})x_0' + \cdots + x_0^{(n-1)} \end{aligned}$$

或

$$A(s)X(s) = F(s) + B(s),$$

其中 $A(s)$,$B(s)$,$F(s)$ 都是已知的多项式。因此有

$$X(s) = \frac{f(s)+B(s)}{A(s)}。$$

这就是微分方程(4.29)满足所给初始条件的解 $x(t)$ 的像函数。直接查拉普拉斯变换表或由反变换公式可得 $x(t)=L^{-1}[X(s)]$。

如果所得的像函数在拉普拉斯变换表中找不到对应的形式,需要对像函数进行变形或分解,化成可以在表中找到对应形式因式的线性形式。

如果所给的初始条件是

$$x(t_0)=x_0,x'(t_0)=x_0',\cdots,x^{(n-1)}(t_0)=x_0^{(n-1)},$$

这里 $t_0\neq 0$,可以进行自变量代换,令 $\tau=t-t_0$,则 $t_0\neq 0$ 就对应 $\tau_0=0$。

下面举例说明用拉普拉斯变换求解的方法。

例 16　求解微分方程 $x''-3x'+2x=2\mathrm{e}^{3t},x(0)=s'(0)=0$。

解　对方程两边进行拉普拉斯变换,得

$$(s^2-3s+2)X(s)=F(s)+(s-3)x(0)+s'(0)=\frac{2}{s-3},$$

故有

$$\begin{aligned}X(s)&=\frac{2}{(s-1)(s-2)(s-3)}\\&=\frac{1}{(s-1)}-\frac{2}{(s-2)}+\frac{1}{(s-3)}。\end{aligned}$$

查拉普拉斯变换表(见表 4-1),可得所求初值问题的解为

$$x(t)=\mathrm{e}^t-2\mathrm{e}^{2t}+\mathrm{e}^{3t}。$$

例 17　求解微分方程 $x''-x=4\sin t-5\cos 2t,x(0)=-1,x'(0)=-2$。

解　对方程两边进行拉普拉斯变换,得

$$(s^2-1)X(s)=4\frac{1}{s^2+1}+5\frac{s}{s^2+4}+s(-1)+(-2),$$

整理可得

$$\begin{aligned}X(s)&=\frac{4}{(s^2-1)(s^2+1)}+\frac{5s}{(s^2-1)(s^2+4)}-\frac{s+2}{(s^2-1)}\\&=\frac{2}{(s^2-1)}-\frac{2}{(s^2+1)}+\frac{s}{(s^2-1)}-\frac{s}{(s^2+4)}-\frac{s+2}{(s^2-1)}\\&=-\frac{2}{(s^2+1)}-\frac{s}{(s^2+4)},\end{aligned}$$

查拉普拉斯变换表(见表 4-1),可得所求初值问题的解为

$$x(t)=-2\sin t-\cos 2t。$$

例 18　求解微分方程 $x''+2x'+x=\mathrm{e}^{-t},x(1)=x'(1)=0$。

解　令 $\tau=t-1$,将问题变为

$$x''+2x'+x=\mathrm{e}^{-(\tau+1)},\quad x(0)=s'(0)=0。$$

对上式两边进行拉普拉斯变换,得

$$(s^2+2s+1)X(s)=\frac{1}{\mathrm{e}}\frac{1}{s+1},$$

即

$$X(s)=\frac{1}{\mathrm{e}}\frac{1}{(s+1)^3},$$

查拉普拉斯变换表(见表 4-1)可得

$$x(\tau)=\frac{1}{2}\tau^2\mathrm{e}^{-\tau-1},\quad x(t)=\frac{1}{2}(t-1)^2\mathrm{e}^{-t},$$

这就是所要求的解。

表 4-1 拉普拉斯变换表

序号	原函数 $f(t)$	像函数 $F(s)=\int_0^{\infty} e^{-st}f(t)dt$	$F(s)$ 的定义域
1	1	$\frac{1}{s}$	$\mathrm{Re}s>0$
2	t	$\frac{1}{s^2}$	$\mathrm{Re}s>0$
3	t^n	$\frac{n!}{s^{n+1}}$	$\mathrm{Re}s>0$
4	e^{zt}	$\frac{1}{s-z}$	$\mathrm{Re}s>\mathrm{Re}z$
5	te^{zt}	$\frac{1}{(s-z)^2}$	$\mathrm{Re}s>\mathrm{Re}z$
6	$t^n e^{zt}$	$\frac{n!}{(s-z)^{n+1}}$	$\mathrm{Re}s>\mathrm{Re}z$
7	$\sin\omega t$	$\frac{\omega}{s^2+\omega^2}$	$\mathrm{Re}s>0$
8	$\cos\omega t$	$\frac{s}{s^2+\omega^2}$	$\mathrm{Re}s>0$
9	$\mathrm{sh}\omega t$	$\frac{\omega}{s^2-\omega^2}$	$\mathrm{Re}s>\|\omega\|$
10	$\mathrm{ch}\omega t$	$\frac{s}{s^2-\omega^2}$	$\mathrm{Re}s>\|\omega\|$
11	$t\sin\omega t$	$\frac{2s\omega}{(s^2+\omega^2)^2}$	$\mathrm{Re}s>0$
12	$t\cos\omega t$	$\frac{s^2-\omega^2}{(s^2+\omega^2)^2}$	$\mathrm{Re}s>0$
13	$e^{\lambda t}\sin\omega t$	$\frac{\omega}{(s-\lambda)^2+\omega^2}$	$\mathrm{Re}s>\lambda$
14	$e^{\lambda t}\cos\omega t$	$\frac{s-\lambda}{(s-\lambda)^2+\omega^2}$	$\mathrm{Re}s>\lambda$
15	$te^{\lambda t}\sin\omega t$	$\frac{2\omega(s-\lambda)}{[(s-\lambda)^2+\omega^2]^2}$	$\mathrm{Re}s>\lambda$
16	$te^{\lambda t}\cos\omega t$	$\frac{(s-\lambda)^2-\omega^2}{[(s-\lambda)^2+\omega^2]^2}$	$\mathrm{Re}s>\lambda$

4.3　n 阶微分方程的降阶与二阶变系数线性微分方程的两种解法

前面我们介绍了常系数齐次线性微分方程以及两种特殊类型的常系数非齐次线性微分方程的解法，而对一般的高阶微分方程没有普遍适用的解法，通常是通过变量代换把高阶微分方程转化为较低阶微分方程来求解，因为一般来说求解低阶方程比求解高阶方程方便一些。特别地，对于二阶变系数齐次线性微分方程，如果能知道方程的一个非零特解，就可以利用降阶法求得与这个解线性无关的另一个特解，从而得到方程的通解；对于二阶变系数非齐次线性微分方程，再采用常数变异法即可求解。

本节主要介绍一些可降阶的方程类型及二阶变系数微分方程的两种特殊解法。

4.3.1　可降阶的微分方程类型

n 阶微分方程的一般形式为

$$F(t,x,x',\cdots,x^{(n)})=0。\tag{4.36}$$

下面介绍几种特殊微分方程的降阶方法。

1. 不显含未知函数及直到 $k-1$ 阶导数的微分方程。

形如

$$F(t,x^{(k)},x^{(k+1)},\cdots,x^{(n)})=0\tag{4.37}$$

的微分方程。这类方程的特点是不显含未知函数 x，所出现的未知函数的导数最低为 $k(1\leqslant k\leqslant n)$ 阶。

作变换 $x^{(k)}=y$，则方程变为关于 y 的 $n-k$ 阶方程

$$F(t,y,\cdots,y^{(n-k)})=0。\tag{4.38}$$

如果能求得方程(4.38)的通解

$$y=\varphi(t,c_1,c_2,\cdots,c_{n-k}),$$

即 $x^{(k)}=\varphi(t,c_1,c_2,\cdots,c_{n-k})$，再经过 k 次积分，即可得方程(4.37)的通解

$$x=\psi(t,c_1,c_2,\cdots,c_n),$$

这里 $c_1,c_2,\cdots,c_n$ 为任意常数。

例 19　求微分方程 $\dfrac{d^4x}{dt^4}-\dfrac{1}{t}\dfrac{d^3x}{dt^3}=0$ 的解。

解　令 $\dfrac{d^3x}{dt^3}=y$，则方程化为

$$\frac{dy}{dt}-\frac{1}{t}y=0,$$

这是一个一阶微分方程，其通解为 $y=ct$，即有

$$\frac{d^3x}{dt^3}=ct,$$

积分三次得原方程的通解为

$$x = c_1t^4 + c_2t^2 + c_3t + c_4,$$

这里 c_1, c_2, c_3, c_4 为任意常数。

2. 不显含自变量的微分方程。

形如

$$F(x, x', \cdots, x^{(n)}) = 0 \tag{4.39}$$

的微分方程,这类方程的特点是不显含自变量 t。

作变换 $x' = y$,把 x 作为新的自变量,y 作为新的未知函数,原方程可以化为关于 x, y 的 $n-1$ 阶方程。事实上,在所作变换下有

$$x' = y, x'' = \frac{dy}{dt} = \frac{dy}{dx} \cdot \frac{dx}{dt} = y\frac{dy}{dx},$$

$$x''' = \frac{d\left(y\dfrac{dy}{dx}\right)}{dt} = \frac{d\left(y\dfrac{dy}{dx}\right)}{dx} \cdot \frac{dx}{dt} = y\left(\frac{dy}{dx}\right)^2 + y^2\frac{d^2y}{dx^2},$$

$$\cdots\cdots\cdots\cdots$$

用数学归纳法不难证明 $x^{(k)}$ 可以用 $y, \dfrac{dy}{dx}, \cdots, \dfrac{d^{n-1}y}{dx^{n-1}} (k \leqslant n)$ 来表示,将这些表达式代入式(4.39)可得关于 x, y 的 $n-1$ 阶方程

$$G\left(x, y, \frac{dy}{dx}, \cdots, \frac{d^{n-1}y}{dx^{n-1}}\right) = 0。$$

例 20 求微分方程 $xx'' + x'^2 = 0$ 的解。

解 令 $x' = y$,将 x 作为新的自变量,原方程化为

$$xy\frac{dy}{dx} + y^2 = 0,$$

从而可得

$$y = 0 \text{ 或 } \frac{dy}{dx} = -\frac{y}{x},$$

解得 $y = 0$ 或 $xy = c$,即 $x = c$ 或 $xx' = c$。易求得原方程的通解是

$$x^2 = c_1t + c_2,$$

这里 c_1, c_2 为任意常数。

3. 齐次微分方程。

方程(4.36)左端函数 F 是关于 $x, x', \cdots, x^{(n)}$ 的 k 次齐次函数,即有

$$F(t, \alpha x, \alpha x', \cdots, \alpha x^{(n)}) = \alpha^k F(t, x, x', \cdots, x^{(n)})。 \tag{4.40}$$

作未知函数的变换 $x = e^u$,可以将方程化为不显含未知函数的方程

$$F(t, u, u', \cdots, u^{(n)}) = 0,$$

再令 $u' = z$,可以将方程降低一阶。

例 21 求微分方程 $txx'' + tx'^2 - xx' = 0$ 的通解。

解 方程左端是关于 x, x', x^2 的 2 次齐次函数,令 $x = e^u$,则原方程化为

$$tu'' + 2tu'^2 - u' = 0,$$

再令 $u' = z$，上述方程化为

$$tz' + 2tz^2 - z = 0,$$

即 $z' = \frac{1}{t}z - 2z^2$。该方程为伯努利方程，解得

$$z = \frac{t}{c_1 + t^2},$$

代回原变量得原方程的通解为

$$x = e^u = e^{\int z dt} = e^{\int \frac{t}{c_1+t^2}dt} = e^{\frac{1}{2}\ln(c_1+t^2)+\tilde{c}_2} = c_2\sqrt{c_1 + t^2},$$

这里 $c_1, c_2, \tilde{c}$ 为任意常数。

4. 恰当导数方程。

若方程(4.36) 左端函数 F 恰好为某函数 $\Phi(t, x, x', \cdots, x^{(n-1)})$ 关于 t 的导数，即方程可以化为 $\frac{d\Phi}{dt} = 0$，则称该方程为恰当导数方程。显然它可以由 n 阶方程(4.36) 降低一阶，化为 $n-1$ 阶方程

$$\Phi(t, x, x', \cdots, x^{(n-1)}) = c。$$

例 22　求微分方程 $x^2y'' + (2x+1)y' = 0$ 的通解。

解　这是不显含未知函数 y 的方程，可以按 ① 的解法令 $y' = z$ 将方程降低一阶来求解。另外还注意到该方程左端

$$x^2y'' + (2x+1)y' = (x^2y')' + y' = (x^2y' + y)',$$

及原方程可以化为 $x^2y' + y = c_1$，易求得该方程的解，也即原方程的通解为

$$y = c_1 + c_2 e^{\frac{1}{x}},$$

这里 c_1, c_2 为任意常数。

例 23　求微分方程 $yy'' - y'^2 = 0$ 的通解。

解　这是不显含自变量 x 的方程，可以按 ② 的解法将方程降低一阶来求解。另外还注意到

$$\frac{yy'' - y'^2}{y^2} = \left(\frac{y'}{y}\right)',$$

因此，原方程左右两边乘以非零因子 $\frac{1}{y^2}$ 后，可得 $\frac{y'}{y} = c_1$，易求得该方程的解，也即原方程的通解为

$$y = c_2 e^{c_1 x},$$

这里 c_1, c_2 为任意常数。

5. 已知非零特解的齐次线性微分方程。

若已知 n 阶齐次线性微分方程的非零特解，则可以借助变量代换进行降阶。

例如，若已知二阶变系数齐次线性微分方程

$$\frac{d^2x}{dt^2} + p(t)\frac{dx}{dt} + q(t)x = 0 \tag{4.41}$$

的一个非零特解 $x_1 \neq 0$，令 $x = x_1 y$，则

$$x' = x_1 y' + x_1' y, \quad x'' = x_1 y'' + 2x' y_1' + x_1'' y,$$

代入式(4.41)得

$$x_1 y'' + [2x_1' + p(t)x_1]y' + [x_1'' + p(t)x_1' + q(t)x_1]y = 0,$$

即 $x_1 y'' + [(2x_1' + p(t)x_1]y' = 0$。再令 $y' = z$，方程变为

$$x_1 z' + [2x_1' + p(t)x_1]z = 0,$$

这是关于 t, z 的一阶线性微分方程，解之得

$$z = \frac{c_1}{x_1^2} e^{-\int p(t)dt},$$

代回原变量得

$$x = x_1 y = x_1\left(\int z dt + c_2\right) = x_1\left(\int \frac{c_1}{x_1^2} e^{-\int p(t)dt} dt + c_2\right), \tag{4.42}$$

这里 c_1, c_2 是任意常数。

取 $c_1 = 1, c_2 = 0$，得方程(4.41)的另一个特解

$$x_2 = x_1 \int \frac{1}{x_1^2} e^{-\int p(t)dt} dt,$$

显然 x_2 与 x_1 线性无关，因此式(4.42)为方程(4.41)的通解。

类似地，对 n 阶齐次线性微分方程

$$\frac{d^n x}{dt^n} + a_1(t)\frac{d^{n-1}x}{dt^{n-1}} + \cdots + a_{n-1}(t)\frac{dx}{dt} + a_n(t) = 0,$$

若已知该方程的一个非零特解，可以通过变量代换将方程降低一阶，若已知该方程的 k 个非零特解，则可以通过变量代换将方程降低 k 阶。

例 24 已知 $x = e^t$ 是微分方程

$$x'' - 2\left(1 + \frac{1}{t}\right)x' + \left(1 + \frac{2}{t}\right)x = 0$$

的解，求微分方程的通解。

解 这里 $p(t) = -2\left(1 + \frac{1}{t}\right)$，$x_1 = e^t$，方程的另一个解为

$$x_2 = x_1 \int \frac{1}{x_1^2} e^{-\int p(t)dt} dt = e^t \int \frac{1}{e^{2t}} e^{\int 2\left(1+\frac{1}{t}\right)dt} dt$$

$$= e^t \int \frac{1}{e^{2t}} e^{2(t+\ln t)} dt = e^t \int t^2 dt = \frac{1}{3}t^3 e^t,$$

故原方程的通解为

$$x = e^t(c_1 + c_2 t^3),$$

这里 c_1, c_2 为任意常数。

4.3.2 二阶变系数齐次线性微分方程的幂级数解法

从微分学中知道，在满足某些条件下，可以用幂级数来表示一个函数。因此，自然想到，能否用幂级数来表示微分方程的解呢？特别是对二阶变系数齐次线性微分方程在什么

条件下有幂级数形式的解？本节不加证明地给出两个定理。

考虑二阶变系数齐次线性微分方程

$$\frac{d^2y}{dx^2}+p(x)\frac{dy}{dx}+q(x)y=0 \tag{4.43}$$

及初始条件 $y(x_0)=y_0,y'(x_0)=y'_0$ 的情况。

不失一般性，可以设 $x_0=0$，否则，引进变换 $t=x-x_0$，经此变换，方程形状不变，但对应于 $x=x_0$ 的就是 $t_0=0$。因此今后总认为 $x_0=0$。

定理 4.11　若方程(4.43)中系数 $p(x)$ 和 $q(x)$ 都能展开成 x 的幂级数，且收敛区间为 $|x|<R$，则方程(4.43)有形如

$$y=\sum_{n=0}^{\infty}a_nx^n \tag{4.44}$$

的特解，也以 $|x|<R$ 为级数的收敛区间。

定理 4.12　若方程(4.43)中的系数 $p(x)$，$q(x)$ 不能展开成 x 的幂级数，但是 $xp(x)$ 和 $x^2q(x)$ 均能展成 x 的幂级数，且收敛区间为 $|x|<R$，则方程(4.43)有形如

$$y=x^{\alpha}\sum_{n=0}^{\infty}a_nx^n=\sum_{n=0}^{\infty}a_nx^{n+\alpha} \tag{4.45}$$

的特解，这里 $a_0\neq0$，α 是一个待定的常数，级数(4.45)也以 $|x|<R$ 为收敛区间。若 $a_0=0$，或更一般地，$a_i=0(i=1,2,\cdots,m-1)$，但 $a_m\neq0$，则引入记号 $\beta=\alpha+m$，$b_k=\alpha_{m+k}$，则

$$y=x^{\alpha}\sum_{n=m}^{\infty}a_nx^n=x^{\alpha+m}\sum_{k=0}^{\infty}a_{m+k}x^k=x^{\beta}\sum_{k=0}^{\infty}b_kx^k,$$

这里 $b_0=a_m\neq0$，β 是一个待定的常数。

例 25　求微分方程 $y''-2xy'-4y=0$ 满足初始条件 $y(0)=0,y'(0)=1$ 的解。

解　这里 $p(x)=-2x$，$q(x)=-4$，显然可以表示成 x 的幂级数，设

$$y=\sum_{n=0}^{\infty}a_nx^n=a_0+a_1x+\cdots+a_nx^n+\cdots$$

为方程的解，这里 $a_i(i=1,2,\cdots)$ 是待定常数。由初始条件有 $a_0=0$，$a_1=1$，因此

$$y=x+a_2x^2+\cdots+a_nx^n+\cdots$$
$$y'=1+2a_2x+\cdots+na_nx^{n-1}+\cdots$$
$$y''=2a_2+3\cdot2a_3x+\cdots+n(n-1)a_nx^{n-1}+\cdots$$

将它们代入方程，合并 x 的同类项，则 x 的各项系数等于零，得

$$\begin{cases}2a_2=0,\\3\cdot2a_3-2-4=0,\\4\cdot3a_4-4a_2-4a_2=0,\\\qquad\cdots\cdots\cdots\cdots\\n(n-1)a_n-2(n-2)a_{n-2}-4a_{n-2}=0,\\\qquad\cdots\cdots\cdots\cdots\end{cases}$$

解上述方程组得

$$a_2 = 0, a_3 = 1, a_4 = 0, \cdots, a_n = \frac{2}{n-1}a_{n-2}, \cdots$$

因而

$$a_5 = \frac{1}{2!}, a_6 = 0, a_7 = \frac{1}{6} = \frac{1}{3!}, a_8 = 0,$$

$$a_9 = \frac{1}{4!}, \cdots, a_{2k} = 0, \quad a_{2k+1} = \frac{1}{k!}, \cdots$$

将 $a_i(i=1,2,\cdots)$ 的值代入 $y=\sum\limits_{n=0}^{\infty}a_nx^n$，得到

$$y = x + x^3 + \frac{x^5}{2!} + \cdots + \frac{x^{2k+1}}{k!} + \cdots$$

$$= x\left(1 + x^2 + \frac{x^4}{2!} + \cdots + \frac{x^{2k}}{k!} + \cdots\right) = xe^{x^2},$$

此即为原方程满足初始条件的解。

例 26 求解微分方程 $y'' + \frac{1}{2x}y' + \frac{1}{4x}y = 0$。

解 这里 $xp(x) = \frac{1}{2}, x^2q(x) = \frac{1}{4}x$，显然可以在 $x=0$ 的邻域表示成 x 的幂级数，设

$$y = x^{\alpha}\sum_{n=0}^{\infty}a_nx^n = \sum_{n=0}^{\infty}a_nx^{n+\alpha},$$

这里 $a_0 \neq 0$，代入原方程得

$$\sum_{n=0}^{\infty}(n+\alpha)(n+\alpha-1)a_nx^{n+\alpha-2} + \frac{1}{2x}\sum_{n=0}^{\infty}(n+\alpha)a_nx^{n+\alpha-1} + \frac{1}{4x}\sum_{n=0}^{\infty}a_nx^{n+\alpha} = 0,$$

整理得

$$\sum_{n=0}^{\infty}[4(n+\alpha)^2 - 2(n+\alpha)]a_nx^{n+\alpha-2} + \sum_{n=0}^{\infty}a_nx^{n+\alpha-1} = 0。 \tag{4.46}$$

令 $x^{\alpha-2}$ 的系数为零，有 $4\alpha^2 - 2\alpha = 0$，得 $\alpha_1 = 0, \alpha_2 = \frac{1}{2}$。

当 $\alpha_1 = 0$ 时，对应有 $y = y_1 = \sum\limits_{n=0}^{\infty}a_nx^n$。

当 $\alpha_2 = \frac{1}{2}$ 时，对应有 $y = y_2 = \sum\limits_{n=0}^{\infty}b_nx^{n+\frac{1}{2}}$。

先考虑当 $\alpha_1 = 0$ 的情形，此时，$y = y_1 = \sum\limits_{n=0}^{\infty}a_nx^n$，代入原方程得

$$\sum_{n=0}^{\infty}(4n^2 - 2n)a_nx^{n-2} + \sum_{n=0}^{\infty}a_nx^{n-1} = 0,$$

令 x 的同次幂的系数为零，得到

$$a_1 = -\frac{1}{2}a_0, \; a_2 = -\frac{1}{4\cdot 3}a_1, \cdots, \; a_n = -\frac{1}{2n\cdot(2n-1)}a_{n-1}, \cdots$$

由此可得

$$a_n = (-1)^n \frac{1}{(2n)!} a_0,$$

从而得到原方程的一个解

$$y = y_1 = \sum_{n=0}^{\infty} a_n x^n = a_0 \sum_{n=0}^{\infty} (-1)^n \frac{1}{(2n)!} x^n$$

$$= a_0 \left[1 - \frac{1}{2!}x + \frac{1}{4!}x^2 - \cdots + (-1)^n \frac{1}{(2n)!}x^n + \cdots \right]。$$

当 $\alpha_2 = \frac{1}{2}$ 时,同理可得

$$b_1 = -\frac{1}{6}a_0, b_2 = -\frac{1}{20}b_1, \cdots, b_n = -\frac{1}{2n \cdot (2n+1)} b_{n-1}, \cdots$$

由此可得

$$b_n = (-1)^n \frac{1}{(2n+1)!} b_0,$$

从而得到原方程的另一个解

$$y = y_2 = \sum_{n=0}^{\infty} b_n x^{n+\frac{1}{2}} = \sum_{n=0}^{\infty} (-1)^n \frac{1}{(2n+1)!} b_0 x^{n+\frac{1}{2}}$$

$$= b_0 x^{\frac{1}{2}} \left[1 - \frac{1}{3!}x + \frac{1}{5!}x^2 - \cdots + (-1)^n \frac{1}{(2n+1)!}x^n + \cdots \right]。$$

不妨令 $a_0 = b_0 = 1$,y_1,y_2 线性无关,所以原方程的通解为

$$y = c_1 \left[1 - \frac{1}{2!}x + \frac{1}{4!}x^2 - \cdots + (-1)^n \frac{1}{(2n)!}x^n + \cdots \right]$$

$$+ c_2 x^{\frac{1}{2}} \left[1 - \frac{1}{3!}x + \frac{1}{5!}x^2 - \cdots + (-1)^n \frac{1}{(2n+1)!}x^n + \cdots \right],$$

即 $y = c_1 \cos\sqrt{x} + c_2 \sin\sqrt{x}$,其中 c_1,c_2 为任意常数。

4.3.3* 二阶变系数线性微分方程的不变量解法

在二阶线性变系数非齐次微分方程

$$y'' + p(x)y' + q(x)y = f(x) \tag{4.47}$$

中,对应的二阶线性变系数齐次微分方程为

$$y'' + p(x)y' + q(x)y = 0。 \tag{4.48}$$

对方程(4.48)作变换

$$y = e^{-\int p(x) z \mathrm{d}x}, p \neq 0,$$

则方程(4.48)化为黎卡提方程

$$z' = pz^2 - \left(\frac{p'}{p} + p \right) z + \frac{q}{p}。$$

1841 年,刘维尔证明了黎卡提方程一般无初等解。因此二阶变系数线性微分方程(4.47)在一般情况下,存在大量的不可用初等方法解的方程。

现在,给出二阶线性变系数微分方程的不变量解法。

定理 4.13 对微分方程(4.47),若存在可导函数 $A(x)$(以下简记为 A),满足不变量关系

$$I = 2p'(x) + p^2(x) - 4q(x) = 2A'(x) + A^2(x), \tag{4.49}$$

则方程(4.47) 经变换

$$y = z(x)e^{\int\varphi(x)dx}, \quad \varphi(x) = \frac{1}{2}[A(x) - p(x)] \tag{4.50}$$

化为可解的一阶线性微分方程

$$w' + A(x)w = f(x)e^{-\int\frac{1}{2}[A(x)-p(x)]dx}, z' = w。$$

证明 对于方程(4.47),由变换

$$y = z(x)e^{\int\varphi(x)dx},$$

方程化简为

$$z'' + (2\varphi + p)z' + (\varphi' + \varphi^2 + p\varphi + q)z = f(x)e^{-\int\varphi dx}。$$

若记

$$A(x) = 2\varphi + p,\ B(x) = \varphi' + \varphi^2 + p\varphi + q,$$

则上述方程为

$$z'' + A(x)z' + B(x)z = f(x)e^{-\int\varphi(x)dx}, \tag{4.51}$$

于是,从函数 $A(x)$,$B(x)$ 关系式中,消去函数 $\varphi(x)$,得到

$$2p'(x) + p^2(x) - 4q(x) = 2A'(x) + A^2(x) - 4B(x),$$

因此,我们将

$$I = 2p'(x) + p^2(x) - 4q(x)$$

称为方程(4.47) 的不变量。

此时,在方程(4.51) 中,当 $B(x) = 0$ 时,则有一阶微分方程

$$w' + A(x)w = f(x)e^{-\int\varphi dx},\ z' = w。 \tag{4.52}$$

若由黎卡提方程

$$I = 2p'(x) + p^2(x) - 4q(x) = 2A'(x) + A^2(x),$$

求得 $A(x)$,则

$$\varphi(x) = \frac{1}{2}[A(x) - p(x)],$$

定理成立。

推论 4.4 对微分方程(4.47),若不变量为常数 $I = 2p'(x) + p^2(x) - 4q(x)$,则方程(4.47) 经变换

$$y = z(x)e^{\int\varphi(x)dx}, \varphi(x) = \frac{1}{2}[\pm\sqrt{I} - p(x)],$$

化为可解的一阶线性微分方程

$$w' + (\pm\sqrt{I})w = f(x)e^{-\int\frac{1}{2}[\pm\sqrt{I}-p(x)]dx},\ z' = w。 \tag{4.53}$$

对于二阶线性常系数微分方程(4.47)，若不变量为常数 $I = 2p'(x) + p^2(x) - 4q(x)$，则方程(4.47) 经变换

$$y = z(x)\mathrm{e}^{\int \varphi(x)\mathrm{d}x}, \varphi(x) = \frac{1}{2}[\pm\sqrt{I} - p(x)]$$

化为可解的一阶线性微分方程(4.53)。即二阶线性变系数微分方程的不变量解法，将二阶线性微分方程的常系数与变系数形式统一起来。

在方程(4.52) 中，当 $f(x) = 0$ 时，有二阶线性变系数齐次微分方程

$$w' + A(x)w = 0, \quad z' = w。 \tag{4.54}$$

推论 4.5　对二阶线性变系数齐次微分方程(4.48)，若存在可导函数 $A(x)$，满足不变量(4.49)，则方程(4.47) 经变换(4.50)，化为可解的一阶线性微分方程(4.54)。

二阶线性变系数微分方程的不变量解法，将二阶线性变系数微分方程的齐次与非齐次的形式统一起来。

推论 4.6　对方程(4.47)，若存在可导函数 $A(x)$ 满足不变量关系(4.49)，若

$$\left\{\int\left[\int f(x)\mathrm{e}^{\frac{1}{2}\int[p(x)-A(x)]\mathrm{d}x}\mathrm{d}x + c_1\right]\mathrm{e}^{-\int A(x)\mathrm{d}x}\mathrm{d}x + c_2\right\}\mathrm{e}^{\frac{1}{2}\int[A(x)-p(x)]\mathrm{d}x}$$

存在，则方程(4.47) 可积。

证明　由一阶方程 $w' + A(x)w = f(x)\mathrm{e}^{-\int\frac{1}{2}[A(x)-p(x)]\mathrm{d}x}$，$z' = w$，求得

$$z' = \left[\int f(x)\mathrm{e}^{\frac{1}{2}\int[p(x)-A(x)]\mathrm{d}x}\mathrm{d}x + c\right]\mathrm{e}^{-\int A(x)\mathrm{d}x},$$

$$z = \int\left[\int f(x)\mathrm{e}^{\frac{1}{2}\int[p(x)-A(x)]\mathrm{d}x}\mathrm{d}x + c_1\right]\mathrm{e}^{-\int A(x)\mathrm{d}x}\mathrm{d}x + c_2。$$

于是，方程(4.47) 的解为

$$y = \left\{\int\left[\int f(x)\mathrm{e}^{\frac{1}{2}\int[p(x)-\varphi(x)]\mathrm{d}x}\mathrm{d}x + c_1\right]\mathrm{e}^{-\int A(x)\mathrm{d}x}\mathrm{d}x + c_2\right\}\mathrm{e}^{\frac{1}{2}\int[A(x)-p(x)]\mathrm{d}x},$$

其中，c_1，c_2 为任意常数。

二阶线性变系数微分方程的不变量解法，推广了常系数线性微分方程待定系数法求特解的函数 $f(x)$ 形式：$[A(x)\cos\beta x + B(x)\sin\beta x]\mathrm{e}^{\alpha x}$，其中 $A(x)$，$B(x)$ 为多项式，α，β 为实数。

例 27　解微分方程 $y'' + \dfrac{2}{\sin x\cos x}y' + 2y\sec^2 x = 0$。

解　$I = 2p' + p^2 - 4q = \dfrac{-4(\cos^2 x - \sin^2 x)}{\sin^2 x\cos^2 x} + \dfrac{4}{\sin^2 x\cos^2 x} - \dfrac{8}{\cos^2 x} = 0$，

取 $A = 0$，则有一阶微分方程

$$w' = 0, z' = w = c, z = c_1 + c_2 t,$$

计算得方程的通解为

$$y = z(x)\mathrm{e}^{-\frac{1}{2}\int p\mathrm{d}x} = (c_1 + c_2 t)\mathrm{e}^{-\int\frac{1}{\sin x\cos x}\mathrm{d}x} = (c_1 + c_2 t)\cot x,$$

其中，c_1，c_2 为任意常数。

例 28　解微分方程 $y'' - 4y' + 4y = (3x^2 - 2x + 1)\mathrm{e}^{2x}$。

解 $I=16-16=0$。取 $A=0$,则有一阶微分方程

$$w'=f(x)e^{\frac{1}{2}\int p(x)dx}=(3x^2-2x+1)e^{2x}e^{-2x}=3x^2-2x+1,$$

$$z'=w=x^3-x^2+x+c,$$

$$z=\frac{1}{4}x^4-\frac{1}{3}x^3+\frac{1}{2}x^2+c_1x+c_2,$$

$$y=z(x)e^{-\frac{1}{2}\int p(x)dx}=\left(\frac{1}{4}x^4-\frac{1}{3}x^3+\frac{1}{2}x^2+c_1x+c_2\right)e^{2x},$$

其中,c_1,c_2 为任意常数。

例 29 解微分方程 $x^2y''-2xy'+2y=x^3(\cos x-x\sin x)$。

解

$$I=2p'+p^2-4q=\frac{4}{x^2}+\frac{4}{x^2}-\frac{8}{x^2}=0,$$

取 $A=0$,则有一阶微分方程

$$w'=x^{-2}f(x)e^{\frac{1}{2}\int p(x)dx}=x(\cos x-x\sin x)e^{-\int\frac{1}{x}dx}$$
$$=\cos x-x\sin x(w=z'),$$
$$w=z'=x\cos x+c,z=x\sin x-\cos x+c_1x+c_2。$$

则方程通解为

$$y=z(x)e^{-\frac{1}{2}\int p(x)dx}=(x\sin x-\cos x+c_1x+c_2)e^{\int\frac{1}{x}dx}$$
$$=x(x\sin x-\cos x+c_1x+c_2),$$

其中,c_1,c_2 为任意常数。

例 30 解微分方程 $xy''-2(1+x)y'+(2+x)y=\left(\frac{1}{x}\right)e^x\ln x\ (x>0)$。

解 将方程化为

$$y''-2\left(1+\frac{1}{x}\right)y'+\left(1+\frac{2}{x}\right)y=\left(\frac{1}{x^2}\right)e^x\ln x\ (x>0)。$$

$$I=2p'+p^2-4q=\frac{4}{x^2}+\frac{4}{x^2}+\frac{8}{x}+4-4-\frac{8}{x}=\frac{8}{x^2}。$$

设函数 $\varphi=\frac{A}{x}$(A 为待定系数),则

$$I=-\frac{2A}{x^2}+\frac{A^2}{x^2},$$

由 $A^2-2A=8$,求得 $A=4$ 或 -2。

现取 $A=-2$,则有一阶线性微分方程

$$w'-\left(\frac{2}{x}\right)w=\left(\frac{1}{x^2}\right)\ln x\ (w=z',y=ze^{\int\frac{1}{2}[A-p(x)]dx}),$$

$$z'=w=\left[\int\left(\frac{1}{x^2}\right)\ln x\ e^{-\int\frac{2}{x}dx}dx+c\right]e^{\int\frac{2}{x}dx}$$

$$= x^2\left[\int\left(\frac{1}{x^4}\right)\ln x\mathrm{d}x + c\right]$$

$$= x^2\left[-\frac{1}{3}x^{-3}\ln x - \frac{1}{9}x^{-3} + c\right],$$

对上式进行积分，得

$$z = \int -\frac{1}{3x}\ln x - \frac{1}{9x} + cx^2\mathrm{d}x$$

$$= -\frac{1}{6}(\ln x)^2 - \frac{1}{9}\ln x + c_1x^3 + c_2,$$

于是

$$y = \mathrm{e}^x\left[-\frac{1}{6}(\ln x)^2 - \frac{1}{9}\ln x + c_1x^3 + c_2\right],$$

其中，c, c_1, c_2 为任意常数。

本章学习要点

本章给出了函数的线性相关与线性无关、朗斯基行列式、基本解组、复值函数、复值解、拉普拉斯变换等基本概念，讨论了高阶线性微分方程的解的基本性质，介绍了求解高阶线性微分方程的一些基本方法。

齐次线性微分方程(4.2)的 n 个解 $x_1(t), x_2(t), \cdots, x_n(t)$ 线性无关的充要条件是这 n 个解的朗斯基行列式不等于零。齐次线性微分方程(4.2)的 n 个线性无关的解 $x_1(t), x_2(t), \cdots, x_n(t)$ 称为该方程的一个基本解组，其通解可以表示为该方程的基本解组的线性组合，非齐次线性微分方程(4.1)的通解可以表示为该方程对应的齐次线性微分方程的通解加上其自身的一个特解，线性微分方程的通解包含了该方程的所有的解。

对于非齐次线性微分方程(4.1)，在已知其对应的齐次线性微分方程(4.2)的基本解组后，还可以直接利用常数变异法求出该方程的通解或一个特解，因此线性微分方程的求解问题最终归结为如何求齐次线性微分方程(4.2)的基本解组的问题。

本章着重介绍了常系数线性微分方程的解法。先介绍了求解常系数齐次线性微分方程的基本解组的特征根法(或欧拉待定指数函数法)，该方法将线性微分方程的求解问题转化为代数方程的求根问题，避免了积分运算，比较易于掌握。接着介绍了可利用变量代换化为常系数微分方程的一类特殊的变系数方程——欧拉方程的解法。对常系数的非齐次线性微分方程，除了可以用常数变异法求通解外，还介绍了两种特殊类型的常系数非齐次线性微分方程的一个特解的求法，即比较系数法和拉普拉斯变换法。常数变异法、特征根法、比较系数法要求重点掌握。

最后简单介绍了几种可降阶的微分方程的解法及二阶变系数微分方程的幂级数解法和不变量解法。

通过本章的学习，要求掌握线性微分方程解的性质、通解结构等重要结论，能正确判断微分方程的类型并选择适当的方法求解。

习题 4

1. 试判别下列各函数组在它们的定义区间上是线性相关的，还是线性无关的。

(1) $\sin 2t, \cos t, \sin t$;

(2) $x, \tan x$;

(3) $x^2 - x + 3, 2x^2 + x, 2x + 4$;

(4) $e^t, te^t, t^2 e^t$。

2. 假设 $x_1(t) \neq 0$ 是二阶齐次线性微分方程 $x'' + a_1(t)x' + a_2(t)x = 0$ 的解，这里 $a_1(t)$ 和 $a_2(t)$ 是区间 $[a,b]$ 上的连续函数。试证：$x_2(t)$ 为该方程的解的充要条件是

$$W'(t) + a_1(t)W(t) = 0,$$

其中 $W(t)$ 表示 $x_1(t), x_2(t)$ 的朗斯基行列式。

3. 设 $y_1(x) = 3e^x + e^{x^2}$，$y_2 = 7e^x + e^{x^2}$，$y_3 = 5e^x - e^{-x^3} + e^{x^2}$ 是二阶线性微分方程

$$y'' + p_1(x)y' + p_2(x)y = q(x)$$

的三个解，试求该方程满足初始条件 $y(0) = 1, y'(0) = 2$ 的解。

4. 用常数变易法求下列微分方程的通解，已知对应齐次线性微分方程的基本解组为 y_1, y_2。

(1) $y'' + y = 3\sec^3 x, y_1 = \cos x, y_2 = \sin x$;

(2) $y'' - 2y' + y = \dfrac{e^x}{x}, y_1 = \cos x, y_2 = \sin x$。

5. 试作出以 $1, \sin x, \cos x$ 为基本解组的线性微分方程。

6. 求解下列齐次线性微分方程。

(1) $y''' - y'' + y' - y = 0$;

(2) $y''' - 2y'' - 3y' + 10y = 0$;

(3) $y^{(4)} + y = 0$;

(4) $y^{(4)} - 4y''' + 8y'' - 8y' + 3y = 0$;

(5) $y^{(4)} - 4y''' + 6y'' - 4y' + y = 0$;

(6) $y^{(6)} - 2y^{(4)} - y'' + 2y = 0$。

7. 求解下列非齐次线性微分方程。

(1) $y'' + y = xe^{-x}$;

(2) $x''' - x = e^t$;

(3) $s'' + 2as' + a^2 s = e^t$;

(4) $y''' + 3y'' + 3y' + y = e^{-x}(x-5)$;

(5) $y'' - 2y' + 4y = (x+2)e^{3x}$;

(6) $y'' + 3y' = 2\sin x + \cos x$;

(7) $x'' + 2kx' + 2k^2 x = 5k^2 \sin kt \ (k \neq 0)$;

(8) $y'' + y = \sin x \cos x$;

(9) $y'' - 2y' + 2y = e^{-x}\cos x$;

(10) $x'' + x = \sin at,\ a > 0$;

(11) $y'' + 4y = x\sin 2x$;

(12) $y'' - 2y' + 2y = 4e^x \cos x$;

(13) $y'' + 2y' = 3 + 4\sin 2x$;

(14) $2y'' + 3y' + y = 4 - e^x$;

(15) $x'' - 4x' + 4x = e^t + e^{2t} + 1$;

(16) $y'' + 9y = 18\cos 3x - 30\sin 3x$;

(17) $x''+x=\sin t-\cos 2t$；

(18) $y''+3y'+2y=e^{-x}+\sin x$。

8. 用拉普拉斯变换法求解下列初值问题。

(1) $x''-3x'+2x=e^{3t}, x(0)=1, x'(0)=0$；

(2) $x''-2x'+x=te^{t}, x(0)=0, x'(0)=0$。

9. 求解下列微分方程。

(1) $y''+\dfrac{2}{1-y}(y')^2=0$；

(2) $y''-\dfrac{y'}{x}+\dfrac{y}{x^2}=0$；

(3) $xyy''+x(y')^2-yy'=0$；

(4) $(2x+1)^2y''-4(2x+1)y'+8y=0$。

10. 设 $f(x)$ 为连续函数，且满足 $f(x)=\sin x-\int_0^x (x-t)f(t)\mathrm{d}t$，求 $f(x)$。

11. 试用幂级数解法求解微分方程：$y''+xy'+y=0$。

12. 设二阶常系数线性微分方程

$$y''+\alpha y'+\beta y=\gamma e^{x}$$

的一个通解为

$$y=e^{2x}+(1+x)e^{x},$$

试确定常数 α,β,γ 的值，并求该方程的通解。

13. 求证：对于二阶齐次线性微分方程

$$x''+a(t)x'+b(t)x=0,$$

其中，$a(t),b(t)$ 为连续函数。

(1) 如果 $a(t)+tb(t)=0$，则 $x=t$ 是微分方程的解；

(2) 如果存在 m 使得 $m^2+ma(t)+b(t)=0$，则 $x=e^{mt}$ 是微分方程的解。

14. 在微分方程 $y''+3y'+2y=f(x)$ 中，$f(x)$ 在 $[a,+\infty)$ 上连续，且 $\lim\limits_{x\to+\infty}f(x)=0$，试证明：对微分方程的任一解 $y(x)$，均有 $\lim\limits_{x\to+\infty}y(x)=0$。

第 5 章

线性微分方程组

在微分方程中，对于高阶线性变系数微分方程，至今未寻求到求解公式。因此，对于微分方程组，仅仅讨论线性微分方程组的解法。

5.1　存在唯一性定理

5.1.1　线性微分方程组的矩阵记法

对于线性微分方程组

$$\begin{cases} x_1' = a_{11}(t)x_1 + a_{12}(t)x_2 + \cdots + a_{1n}(t)x_n + f_1(t), \\ x_2' = a_{21}(t)x_1 + a_{22}(t)x_2 + \cdots + a_{2n}(t)x_n + f_2(t), \\ \vdots \qquad \vdots \qquad\qquad \vdots \qquad\qquad\qquad \vdots \qquad\qquad \vdots \\ x_n' = a_{n1}(t)x_1 + a_{n2}(t)x_2 + \cdots + a_{nn}(t)x_n + f_n(t), \end{cases} \tag{5.1}$$

其中已知函数 $a_{ij}(t)(i,j=1,2,\cdots,n)$ 和 $f_i(t)(i=1,2,\cdots,n)$ 在区间 $a \leqslant t \leqslant b$ 上是连续函数。

现在设

$$\boldsymbol{A}(t) = \begin{pmatrix} a_{11}(t) & a_{12}(t) & \cdots & a_{1n}(t) \\ a_{21}(t) & a_{22}(t) & \cdots & a_{2n}(t) \\ \vdots & \vdots & \ddots & \vdots \\ a_{n1}(t) & a_{n2}(t) & \cdots & a_{nn}(t) \end{pmatrix}, \tag{5.2}$$

$$\boldsymbol{f}(t) = \begin{pmatrix} f_1(t) \\ f_2(t) \\ \vdots \\ f_n(t) \end{pmatrix}, \ \boldsymbol{x} = \begin{pmatrix} x_1 \\ x_2 \\ \vdots \\ x_n \end{pmatrix}, \ \boldsymbol{x}' = \begin{pmatrix} x_1' \\ x_2' \\ \vdots \\ x_n' \end{pmatrix} \tag{5.3}$$

这里 $\boldsymbol{A}(t)$ 是 $n \times n$ 矩阵，$\boldsymbol{A}(t)$ 中的元素是 n^2 个函数 $a_{ij}(t)(i,j=1,2,\cdots,n)$；$\boldsymbol{f}(t)$，$\boldsymbol{x}$，$\boldsymbol{x}'$ 是 $n \times 1$ 矩阵或 n 维列向量。

注意，矩阵相加、矩阵相乘、矩阵与纯量相乘等性质对于以函数作为元素的矩阵同样成立。于是方程组(5.1) 可以写成下面的矩阵形式

$$\boldsymbol{x}' = \boldsymbol{A}(t)\boldsymbol{x} + \boldsymbol{f}(t)。 \tag{5.4}$$

为使方程(5.4) 的矩阵运算实施，这里引入以下概念。

一个矩阵或者一个向量在区间 $a \leqslant t \leqslant b$ 上称为连续的，如果它的每一个元素都是区

间 $a\leqslant t\leqslant b$ 上的连续函数。

一个 $n\times n$ 矩阵 $\boldsymbol{B}(t)$ 或者一个 n 维列向量 $\boldsymbol{u}(t)$，在区间 $a\leqslant t\leqslant b$ 上称为可微的，如果它的每一个元素都在区间 $a\leqslant t\leqslant b$ 上可微。它们的导数分别由下式给出

$$\boldsymbol{B}'(t)=\begin{pmatrix} b'_{11}(t) & b'_{12}(t) & \cdots & b'_{1n}(t) \\ b'_{21}(t) & b'_{22}(t) & \cdots & b'_{2n}(t) \\ \vdots & \vdots & \ddots & \vdots \\ b'_{n1}(t) & b'_{n2}(t) & \cdots & b'_{nn}(t) \end{pmatrix},\quad \boldsymbol{u}'(t)=\begin{pmatrix} u'_1(t) \\ u'_2(t) \\ \vdots \\ u'_n(t) \end{pmatrix}。$$

不难证明，如果 $n\times n$ 矩阵 $\boldsymbol{A}(t),\boldsymbol{B}(t)$ 及 n 维向量 $\boldsymbol{u}(t),\boldsymbol{v}(t)$ 是可微的，那么下列等式成立：

(1) $[\boldsymbol{A}(t)+\boldsymbol{B}(t)]'=\boldsymbol{A}(t)'+\boldsymbol{B}(t)'$，

$[\boldsymbol{u}(t)+\boldsymbol{v}(t)]'=\boldsymbol{u}(t)'+\boldsymbol{v}(t)'$；

(2) $[\boldsymbol{A}(t)\cdot\boldsymbol{B}(t)]'=\boldsymbol{A}(t)'\boldsymbol{B}(t)+\boldsymbol{A}(t)\boldsymbol{B}(t)'$；

(3) $[\boldsymbol{A}(t)\boldsymbol{u}(t)]'=\boldsymbol{A}(t)'\boldsymbol{u}(t)+\boldsymbol{A}(t)\boldsymbol{u}(t)'$。

类似地，矩阵 $\boldsymbol{B}(t)$ 或者向量 $\boldsymbol{u}(t)$ 在区间 $a\leqslant t\leqslant b$ 上称为可积的，如果它的每一个元素都在区间 $a\leqslant t\leqslant b$ 上可积。它们的积分分别由下式给出

$$\int_a^b\boldsymbol{B}(t)\mathrm{d}t=\begin{pmatrix} \int_a^b B_{11}(t)\mathrm{d}t & \int_a^b B_{12}(t)\mathrm{d}t & \cdots & \int_a^b B_{1n}(t)\mathrm{d}t \\ \int_a^b B_{21}(t)\mathrm{d}t & \int_a^b B_{22}(t)\mathrm{d}t & \cdots & \int_a^b B_{2n}(t)\mathrm{d}t \\ \vdots & \vdots & \ddots & \vdots \\ \int_a^b B_{n1}(t)\mathrm{d}t & \int_a^b B_{n2}(t)\mathrm{d}t & \cdots & \int_a^b B_{nn}(t)\mathrm{d}t \end{pmatrix},$$

$$\int_a^b\boldsymbol{u}(t)\mathrm{d}t=\begin{pmatrix} \int_a^b u_1(t)\mathrm{d}t \\ \int_a^b u_2(t)\mathrm{d}t \\ \vdots \\ \int_a^b u_n(t)\mathrm{d}t \end{pmatrix}。$$

现在我们给出方程(5.4)的解的定义。

定义 5.1　设 $\boldsymbol{A}(t)$ 是区间 $a\leqslant t\leqslant b$ 上的连续 $n\times n$ 矩阵，$\boldsymbol{f}(t)$ 是同一区间 $a\leqslant t\leqslant b$ 上的连续 n 维向量。方程组(5.4)在某区间 $\alpha\leqslant t\leqslant\beta$(这里 $[\alpha,\beta]\subset[a,b]$)的解就是向量 $\boldsymbol{u}(t)$，其导数 $\boldsymbol{u}'(t)$ 在区间 $\alpha\leqslant t\leqslant\beta$ 上连续且满足

$$\boldsymbol{u}'(t)=\boldsymbol{A}(t)\boldsymbol{u}(t)+\boldsymbol{f}(t),\quad \alpha\leqslant t\leqslant\beta。$$

现在考虑带有初始条件 $\boldsymbol{x}(t_0)=\boldsymbol{\eta}$ 的方程组(5.4)，这里 t_0 是区间 $a\leqslant t\leqslant b$ 上的已知点，$\boldsymbol{\eta}$ 是 n 维欧几里得空间的已知向量，在这样条件下求解方程组称为初值问题。

定义 5.2 初值问题

$$\boldsymbol{x}' = \boldsymbol{A}(t)\boldsymbol{x} + \boldsymbol{f}(t), \quad \boldsymbol{x}(t_0) = \boldsymbol{\eta} \tag{5.5}$$

的解就是方程组(5.4)在包含 t_0 的区间 $\alpha \leqslant t \leqslant \beta$ 上的解 $\boldsymbol{u}(t)$,使得 $\boldsymbol{u}(t_0) = \boldsymbol{\eta}$。

例 1 验证向量 $\boldsymbol{u}(t) = \begin{pmatrix} e^{-t} \\ -e^{-t} \end{pmatrix}$ 是初值问题

$$\boldsymbol{x}' = \begin{pmatrix} 0 & 1 \\ 1 & 0 \end{pmatrix}\boldsymbol{x}, \quad \boldsymbol{x}(0) = \begin{pmatrix} 1 \\ -1 \end{pmatrix}$$

在区间 $-\infty < t < +\infty$ 上的解。

解 显然 $\boldsymbol{u}(0) = \begin{pmatrix} e^{-0} \\ -e^{-0} \end{pmatrix} = \begin{pmatrix} 1 \\ -1 \end{pmatrix}$。因为 e^{-t} 和 $-e^{-t}$ 处处有连续导数,可以得到

$$\boldsymbol{u}'(t) = \begin{pmatrix} -e^{-t} \\ e^{-t} \end{pmatrix} = \begin{pmatrix} 0 & 1 \\ 1 & 0 \end{pmatrix}\begin{pmatrix} e^{-t} \\ -e^{-t} \end{pmatrix} = \begin{pmatrix} 0 & 1 \\ 1 & 0 \end{pmatrix}\boldsymbol{u}(t),$$

因此 $\boldsymbol{u}(t)$ 是给定初值问题的解。

在第 4 章中,我们讨论了带有初始条件的 n 阶线性微分方程的初值问题。现在进一步指出,可以通过下面的方法,将 n 阶线性微分方程的初值问题化为形如式(5.5)的线性微分方程组的初值问题。

考虑 n 阶线性微分方程的初值问题

$$\begin{cases} x^{(n)} + a_1(t)x^{(n-1)} + \cdots + a_{n-1}(t)x' + a_n(t)x = f(t), \\ x(t_0) = \eta_1, x'(t_0) = \eta_2, \cdots, x^{(n-1)}(t_0) = \eta_n, \end{cases} \tag{5.6}$$

其中,$a_1(t), a_2(t), \cdots, a_n(t), f(t)$ 是区间 $a \leqslant t \leqslant b$ 上的已知连续函数,$t_0 \in [a, b]$,$\eta_1, \eta_2, \cdots, \eta_n$ 是已知常数。现指出,上述初值问题可以化为下列线性微分方程组的初值问题

$$\begin{cases} \boldsymbol{x}' = \begin{pmatrix} 0 & 1 & 0 & \cdots & 0 \\ 0 & 0 & 1 & \cdots & 0 \\ \vdots & \vdots & \vdots & \ddots & \vdots \\ 0 & 0 & 0 & \cdots & 1 \\ -a_n(t) & -a_{n-1}(t) & -a_{n-2}(t) & \cdots & -a_1(t) \end{pmatrix}\boldsymbol{x} + \begin{pmatrix} 0 \\ 0 \\ 0 \\ \vdots \\ f(t) \end{pmatrix}, \\ \boldsymbol{x}(t_0) = \begin{pmatrix} \eta_1 \\ \eta_2 \\ \vdots \\ \eta_n \end{pmatrix} = \boldsymbol{\eta}, \end{cases} \tag{5.7}$$

其中

$$\boldsymbol{x} = \begin{pmatrix} x_1 \\ x_2 \\ \vdots \\ x_n \end{pmatrix}, \quad \boldsymbol{x}' = \begin{pmatrix} x_1' \\ x_2' \\ \vdots \\ x_n' \end{pmatrix}。$$

事实上,令 $x_1 = x, x_2 = x', x_3 = x'', \cdots, x_n = x^{(n-1)}$,这时

$$x_1' = x' = x_2, \quad x_2' = x'' = x_3, \cdots, x_{n-1}' = x^{(n-1)} = x_n,$$
$$x_n' = x^{(n)} = -a_n(t)x_1 - a_{n-1}(t)x_2 - \cdots - a_1(t)x_n + f(t),$$

而且 $x_1(t_0) = x(t_0) = \eta_1, x_2(t_0) = x'(t_0) = \eta_2, \cdots, x_n(t_0) = x^{(n-1)}(t_0) = \eta_n$。

现在假设 $\psi(t)$ 是在包含 t_0 的区间 $a \leqslant t \leqslant b$ 上初值问题(5.6) 的任一解。由此,得知

$$\psi(t), \psi'(t), \cdots, \psi^{(n)}(t)$$

在 $a \leqslant t \leqslant b$ 上存在、连续、满足方程(5.6),且

$$\psi(t_0) = \eta_1, \quad \psi'(t_0) = \eta_2, \quad \cdots, \quad \psi^{(n-1)}(t_0) = \eta_n。$$

令

$$\boldsymbol{\varphi}(t) = \begin{pmatrix} \varphi_1(t) \\ \varphi_2(t) \\ \vdots \\ \varphi_n(t) \end{pmatrix},$$

其中

$$\varphi_1(t) = \psi(t), \varphi_2(t) = \psi'(t), \cdots, \varphi_n(t) = \psi^{(n-1)}(t)(a \leqslant t \leqslant b),$$

那么,显然有 $\boldsymbol{\varphi}(t_0) = \boldsymbol{\eta}$。此外,

$$\boldsymbol{\varphi}'(t) = \begin{pmatrix} \varphi_1'(t) \\ \varphi_2'(t) \\ \vdots \\ \varphi_{n-1}'(t) \\ \varphi_n'(t) \end{pmatrix} = \begin{pmatrix} \psi'(t) \\ \psi''(t) \\ \vdots \\ \psi^{(n-1)}(t) \\ \psi^{(n)}(t) \end{pmatrix} = \begin{pmatrix} \varphi_2(t) \\ \varphi_3(t) \\ \vdots \\ \varphi_n(t) \\ -a_1(t)\psi^{(n-1)}(t) - a_n(t)\psi(t) + f(t) \end{pmatrix}$$

$$= \begin{pmatrix} \varphi_2(t) \\ \varphi_3(t) \\ \vdots \\ \varphi_n(t) \\ -a_n(t)\varphi_1(t) - \cdots - a_1(t)\varphi_n(t) + f(t) \end{pmatrix}$$

$$= \begin{pmatrix} 0 & 1 & 0 & \cdots & 0 \\ 0 & 0 & 1 & \cdots & 0 \\ \vdots & \vdots & \vdots & \ddots & \vdots \\ 0 & 0 & 0 & \cdots & 1 \\ -a_n(t) & -a_{n-1}(t) & -a_{n-2}(t) & \cdots & -a_1(t) \end{pmatrix} \begin{pmatrix} \varphi_1(t) \\ \varphi_2(t) \\ \vdots \\ \varphi_{n-1}(t) \\ \varphi_n(t) \end{pmatrix} + \begin{pmatrix} 0 \\ 0 \\ \vdots \\ 0 \\ f(t) \end{pmatrix},$$

这就表示这个特定的向量 $\boldsymbol{\varphi}(t)$ 是方程组(5.7) 的解。反之,假设向量 $\boldsymbol{u}(t)$ 是在包含 t_0 的区间 $a \leqslant t \leqslant b$ 上方程组(5.7) 的解。令

$$\boldsymbol{u}(t) = \begin{pmatrix} u_1(t) \\ u_2(t) \\ \vdots \\ u_n(t) \end{pmatrix},$$

并定义函数 $w(t)=u_1(t)$,由方程组(5.7)的第一个方程,可以得到 $w'(t)=u_1'(t)=u_2(t)$,由第二个方程得到

$$w''(t)=u_2'(t)=u_3(t),\cdots,$$

由第 $n-1$ 个方程得到

$$w^{(n-1)}(t)=u_{n-1}'(t)=u_n(t),$$

由第 n 个方程得到

$$\begin{aligned}w^{(n)}(t)=u_n'(t)&=-a_n(t)u_1(t)-a_{n-1}(t)u_2(t)-\cdots-a_2(t)u_{n-1}(t)\\&\quad-a_1(t)u_n(t)+f(t)\\&=-a_1(t)w^{(n-1)}(t)-a_2(t)w^{(n-2)}(t)-\cdots-a_n(t)w(t)+f(t),\end{aligned}$$

由此即得

$$w^{(n)}(t)+a_1(t)w^{(n-1)}(t)+a_2(t)w^{(n-2)}(t)+\cdots+a_n(t)w(t)=f(t)。$$

同时,可以得到

$$w(t_0)=u_1(t_0)=\eta_1,\cdots,w^{(n-1)}(t_0)=u_n(t_0)=\eta_n,$$

亦即,$w(t)$ 是方程(5.6)的一个解。

总之,由上述讨论,已经证明了初值问题(5.6)与(5.7)在下面的意义下是等价的:给定其中一个初值问题的解,可以构造另一个初值问题的解。

值得指出的是,每一个 n 阶线性微分方程可以化为 n 个一阶线性微分方程构成的方程组,反之却不成立。例如方程组

$$\boldsymbol{x}'=\begin{pmatrix}1&0\\0&1\end{pmatrix}\boldsymbol{x},\quad \boldsymbol{x}=\begin{pmatrix}x_1\\x_2\end{pmatrix}$$

不能化为一个二阶微分方程。

5.1.2 存在唯一性定理

对于初值问题

$$\boldsymbol{x}'=\boldsymbol{A}(t)x+\boldsymbol{f}(t),\quad \boldsymbol{x}(t_0)=\boldsymbol{\eta}$$

的解的存在唯一性定理。

由于方程(5.5)与 n 阶线性微分方程的初值问题

$$\begin{cases}x^{(n)}+a_1(t)x^{(n-1)}+\cdots+a_{n-1}(t)x'+a_n(t)x=f(t),\\x(t_0)=\eta_1,x'(t_0)=\eta_2,\cdots,x^{(n-1)}(t_0)=\eta_n,\end{cases}$$

解的等价性。可以类似于第3章,通过五个命题,采用逐步逼近法,来证明初值问题(5.5)的解的存在唯一性定理。

首先,介绍一些矩阵、向量的概念。

对于 $n\times n$ 矩阵 $\boldsymbol{A}=(a_{ij})_{n\times n}$ 和 n 维向量 $\boldsymbol{x}=\begin{pmatrix}x_1\\x_2\\\vdots\\x_n\end{pmatrix}$,定义矩阵与向量的范数为

$$\| \boldsymbol{A} \| = \sum_{i,j=1}^{n} |a_{ij}|, \quad \| \boldsymbol{x} \| = \sum_{i=1}^{n} |x_i|。$$

设 $\boldsymbol{A},\boldsymbol{B}$ 是 $n \times n$ 矩阵，$\boldsymbol{x},\boldsymbol{y}$ 是 n 维向量，容易验证下面两个性质：

(1) $\| \boldsymbol{AB} \| \leqslant \| \boldsymbol{A} \| \cdot \| \boldsymbol{B} \|$，$\| \boldsymbol{Ax} \| \leqslant \| \boldsymbol{A} \| \cdot \| \boldsymbol{x} \|$；

(2) $\| \boldsymbol{A}+\boldsymbol{B} \| \leqslant \| \boldsymbol{A} \| + \| \boldsymbol{B} \|$，$\| \boldsymbol{x}+\boldsymbol{y} \| \leqslant \| \boldsymbol{x} \| + \| \boldsymbol{y} \|$。

向量序列 $\{\boldsymbol{x}_k\}$，$\boldsymbol{x}_k = \begin{pmatrix} x_{1k} \\ x_{2k} \\ \vdots \\ x_{nk} \end{pmatrix}$ 称为收敛的，如果对每一个 $i(i=1,2,\cdots,n)$，数列 $\{x_{ik}\}$ 都是收敛的。

向量函数序列 $\{\boldsymbol{x}_k(t)\}$，$\boldsymbol{x}_k(t) = \begin{pmatrix} x_{1k}(t) \\ x_{2k}(t) \\ \vdots \\ x_{nk}(t) \end{pmatrix}$ 称为在区间 $a \leqslant t \leqslant b$ 上收敛的（一致收敛的），如果对于每一个 $i(i=1,2,\cdots,n)$，函数序列 $\{x_{ik}(t)\}$ 在区间 $a\leqslant t\leqslant b$ 上是收敛的（一致收敛的）。易知，区间 $a \leqslant t \leqslant b$ 上的连续向量函数序列 $\{\boldsymbol{x}_k(t)\}$ 的一致收敛极限向量函数仍是连续的。

向量函数级数 $\sum\limits_{k=1}^{\infty} \boldsymbol{x}_k(t)$ 称为在区间 $a \leqslant t \leqslant b$ 上是收敛的（一致收敛的），如果其部分和做成的向量函数序列在区间 $a \leqslant t \leqslant b$ 上是收敛的（一致收敛的）。

判别通常的函数级数的一致收敛性的魏尔斯特拉斯判别法对于向量函数级数也是成立的，亦即如果

$$\| \boldsymbol{x}_k(t) \| \leqslant M_k, \quad a \leqslant t \leqslant b,$$

而级数 $\sum\limits_{k=1}^{\infty} M_k$ 是收敛的，则 $\sum\limits_{k=1}^{\infty} \boldsymbol{x}_k(t)$ 在区间 $a \leqslant t \leqslant b$ 上是一致收敛的。

积分号下取极限的定理对于向量函数也成立，亦即如果连续向量函数序列 $\{\boldsymbol{x}_k(t)\}$ 在区间 $a \leqslant t \leqslant b$ 上是一致收敛的，则

$$\lim_{k\to\infty} \int_a^b \boldsymbol{x}_k(t)\,\mathrm{d}t = \int_a^b \lim_{k\to\infty} \boldsymbol{x}_k(t)\,\mathrm{d}t。$$

注意，以上介绍的是向量序列的有关定义和结果，对于一般矩阵序列，可以得到类似的定义和结果。

例如，$n \times n$ 矩阵序列 $\{\boldsymbol{A}_k\}$，其中 $\boldsymbol{A}_k = (a_{ij}^{(k)})_{n\times n}$ 称为收敛的，如果对于一切 $i,j=1,2,\cdots,n$，数列 $\{a_{ij}^{(k)}\}$ 都是收敛的。

无穷矩阵级数

$$\sum_{k=1}^{\infty} \boldsymbol{A}_k = \boldsymbol{A}_1 + \boldsymbol{A}_2 + \cdots + \boldsymbol{A}_k + \cdots$$

称为收敛的,如果该级数的部分和序列是收敛的。

如果对于每一个整数 k

$$\|\mathbf{A}_k\| \leqslant M_k,$$

而数值级数 $\sum_{k=1}^{\infty} M_k$ 是收敛的,则 $\sum_{k=1}^{\infty} \mathbf{A}_k$ 也是收敛的。

同样,可以给出无穷矩阵函数级数 $\sum_{k=1}^{\infty} \mathbf{A}_k(t)$ 的一致收敛性的定义和有关结果。

定理 5.1 (存在唯一性定理) 如果 $\mathbf{A}(t)$ 是 $n\times n$ 矩阵,$\boldsymbol{f}(t)$ 是 n 维列向量,它们都在区间 $a\leqslant t\leqslant b$ 上连续,则对于区间 $a\leqslant t\leqslant b$ 上的任何数 t_0 及任一常数向量

$$\boldsymbol{\eta} = \begin{pmatrix} \eta_1 \\ \eta_2 \\ \vdots \\ \eta_n \end{pmatrix},$$

方程组

$$\boldsymbol{x}' = \mathbf{A}(t)\boldsymbol{x} + \boldsymbol{f}(t)$$

存在唯一解 $\boldsymbol{\varphi}(t)$,定义于整个区间 $a\leqslant t\leqslant b$ 上,且满足初始条件 $\boldsymbol{\varphi}(t_0) = \boldsymbol{\eta}$。

现在,完全类似于第 3 章,给出定理 5.1 的证明。

命题 5.1 设 $\boldsymbol{\varphi}(t)$ 是方程组(5.4) 定义于区间 $a\leqslant t\leqslant b$ 上且满足初始条件 $\boldsymbol{\varphi}(t_0) = \boldsymbol{\eta}$ 的解,则 $\boldsymbol{\varphi}(t)$ 是积分方程

$$\boldsymbol{x}(t) = \boldsymbol{\eta} + \int_{t_0}^{t} [\mathbf{A}(s)\boldsymbol{x}(s) + \boldsymbol{f}(s)]\mathrm{d}s \tag{5.8}$$

定义于 $a\leqslant t\leqslant b$ 上的连续解,反之亦然。

证明完全类似于第 3 章。

现在取 $\boldsymbol{\varphi}_0(t) = \boldsymbol{\eta}$,构造皮卡逐步逼近向量函数序列如下

$$\begin{cases} \boldsymbol{\varphi}_0(t) = \boldsymbol{\eta}, \\ \boldsymbol{\varphi}_k(t) = \boldsymbol{\eta} + \int_{t_0}^{t} [\mathbf{A}(s)\boldsymbol{\varphi}_{k-1}(s) + \boldsymbol{f}(s)]\mathrm{d}s, \quad a\leqslant t\leqslant b \\ k = 1,2,\cdots \end{cases}$$

向量函数 $\boldsymbol{\varphi}_k(t)$ 称为方程组(5.4) 的第 k 次近似解。应用数学归纳法立刻推得命题 5.2。

命题 5.2 对于所有的正整数 k,向量函数 $\boldsymbol{\varphi}_k(t)$ 在区间 $a\leqslant t\leqslant b$ 上有定义且连续。

类似于第 3 章,请读者自行给出以下命题的证明。

命题 5.3 向量函数序列 $\{\boldsymbol{\varphi}_k(t)\}$ 在区间 $a\leqslant t\leqslant b$ 上是一致收敛的。

命题 5.4 $\boldsymbol{\varphi}(t)$ 是积分方程(5.8) 定义于区间 $a\leqslant t\leqslant b$ 上的连续解。

命题 5.5 设 $\boldsymbol{\psi}(t)$ 是积分方程(5.8) 定义于区间 $a\leqslant t\leqslant b$ 上的另一个连续解,则

$$\boldsymbol{\varphi}(t) \equiv \boldsymbol{\psi}(t)。$$

综合命题 5.1— 命题 5.5,即得到存在唯一性定理的证明。

值得指出的是，关于线性微分方程组的解 $\boldsymbol{\varphi}(t)$ 的定义区间是系数矩阵 $\mathbf{A}(t)$ 和非齐次项 $\boldsymbol{f}(t)$ 在其上连续的整个区间 $a \leqslant t \leqslant b$。在构造逐步逼近函数序列 $\{\boldsymbol{\varphi}_k(t)\}$ 时，$\boldsymbol{\varphi}_k(t)$ 的定义区间已经是整个 $a \leqslant t \leqslant b$，不同于第 3 章对于一般方程那样，解只存在于 t_0 的某个邻域，然后经过延拓才能使解定义在较大的区间。

注意到 5.1.1 中，关于 n 阶线性微分方程的初值问题(5.6) 与线性微分方程组的初值问题(5.7) 的等价性的论述，立即由定理 5.1 的存在唯一性，可以推得关于 n 阶线性微分方程的解的存在唯一性定理。

推论 5.1　如果 $a_1(t), a_2(t), \cdots, a_n(t), f(t)$ 都是区间 $a \leqslant t \leqslant b$ 上的连续函数，则对于区间 $a \leqslant t \leqslant b$ 上的任何数 t_0 及任何的 $\eta_1, \eta_2, \cdots, \eta_n$，方程

$$x^{(n)} + a_1(t)x^{(n-1)} + \cdots + a_{n-1}(t)x' + a_n(t)x = f(t)$$

存在唯一解 $w(t)$，定义于整个区间 $a \leqslant t \leqslant b$ 上且满足初始条件

$$w(t_0) = \eta_1,\quad w'(t_0) = \eta_2, \cdots, w^{(n-1)}(t_0) = \eta_n。$$

5.2　线性微分方程组的一般理论

对于线性微分方程组

$$\boldsymbol{x}' = \mathbf{A}(t)\boldsymbol{x} + \boldsymbol{f}(t), \tag{5.9}$$

如果 $\boldsymbol{f}(t) \not\equiv \mathbf{0}$，则式(5.9) 称为非齐次线性微分方程组。

如果 $\boldsymbol{f}(t) \equiv \mathbf{0}$，则方程的形式为

$$\boldsymbol{x}' = \mathbf{A}(t)\boldsymbol{x} \tag{5.10}$$

称式(5.10) 为齐次线性微分方程组，通常式(5.10) 称为对应于式(5.9) 的齐次线性微分方程组。

对于初值问题(5.6) 与 n 阶线性微分方程的初值问题(5.7) 解的等价性，可以类似于第 4 章中介绍的方法，来研究线性微分方程组(5.9) 的解的构造。

5.2.1　齐次线性微分方程组

假设矩阵 $\mathbf{A}(t)$ 在区间 $a \leqslant t \leqslant b$ 上是连续的，设 $\boldsymbol{u}(t)$ 和 $\boldsymbol{v}(t)$ 是方程组(5.10) 的任意两个解，α 和 β 是两个任意常数。根据向量函数的微分法则，即知 $\alpha\boldsymbol{u}(t) + \beta\boldsymbol{v}(t)$ 也是方程组(5.10) 的解，由此得到齐次线性微分方程组的叠加原理。

定理 5.2　(叠加原理) 如果 $\boldsymbol{u}(t)$ 和 $\boldsymbol{v}(t)$ 是方程组(5.10) 的解，则它们的线性组合 $\alpha\boldsymbol{u}(t) + \beta\boldsymbol{v}(t)$ 也是方程组(5.10) 的解，这里 α, β 是任意常数。

定理 5.2 说明，方程组(5.10) 的所有解的集合构成一个线性空间。自然要问该空间的维数是多少呢?为此，这里引进向量函数 $\boldsymbol{x}_1(t), \boldsymbol{x}_2(t), \cdots, \boldsymbol{x}_m(t)$ 线性相关与线性无关的概念。

设 $\boldsymbol{x}_1(t), \boldsymbol{x}_2(t), \cdots, \boldsymbol{x}_m(t)$ 是定义在区间 $a \leqslant t \leqslant b$ 上的向量函数，如果存在不全为零的常数 $c_1, c_2, \cdots, c_m$，使得恒等式

$$c_1\boldsymbol{x}_1(t)+c_2\boldsymbol{x}_2(t)+\cdots+c_m\boldsymbol{x}_m(t)\equiv\boldsymbol{0},a\leqslant t\leqslant b,$$

成立,则称向量函数 $\boldsymbol{x}_1(t),\boldsymbol{x}_2(t),\cdots,\boldsymbol{x}_m(t)$ 在区间 $a\leqslant t\leqslant b$ 上线性相关;否则,称 $\boldsymbol{x}_1(t)$, $\boldsymbol{x}_2(t),\cdots,\boldsymbol{x}_m(t)$ 线性无关。

设有 n 个定义在区间 $a\leqslant t\leqslant b$ 上的向量函数

$$\boldsymbol{x}_1(t)=\begin{pmatrix}x_{11}(t)\\x_{21}(t)\\\vdots\\x_{n1}(t)\end{pmatrix},\cdots,\boldsymbol{x}_n(t)=\begin{pmatrix}x_{1n}(t)\\x_{2n}(t)\\\vdots\\x_{nn}(t)\end{pmatrix}。$$

由这 n 个向量函数构成的行列式

$$[\boldsymbol{x}_1(t),\boldsymbol{x}_2(t),\cdots,\boldsymbol{x}_n(t)]\equiv W(t)\equiv\begin{vmatrix}x_{11}(t)&x_{12}(t)&\cdots&x_{1n}(t)\\x_{21}(t)&x_{22}(t)&\cdots&x_{2n}(t)\\\vdots&\vdots&\ddots&\vdots\\x_{n1}(t)&x_{n2}(t)&\cdots&x_{nn}(t)\end{vmatrix}$$

称为这些向量函数的朗斯基行列式。

定理 5.3 如果向量函数 $\boldsymbol{x}_1(t),\boldsymbol{x}_2(t),\cdots,\boldsymbol{x}_n(t)$ 在区间 $a\leqslant t\leqslant b$ 上线性相关,则它们的朗斯基行列式 $W(t)\equiv 0,a\leqslant t\leqslant b$。

证明 由假设可知存在不全为零的常数 $c_1,c_2,\cdots,c_n$ 使得

$$c_1\boldsymbol{x}_1(t)+c_2\boldsymbol{x}_2(t)+\cdots+c_n\boldsymbol{x}_n(t)\equiv 0,a\leqslant t\leqslant b。\tag{5.11}$$

把式(5.11)看成是以 $c_1,c_2,\cdots,c_n$ 为未知量的齐次线性代数方程组,该方程组的系数行列式就是 $\boldsymbol{x}_1(t),\boldsymbol{x}_2(t),\cdots,\boldsymbol{x}_n(t)$ 的朗斯基行列式 $W(t)$。由齐次线性代数方程组的理论可知,要该方程组有非零解,则它的系数行列式应为零,即

$$W(t)\equiv 0,a\leqslant t\leqslant b。$$

定理 5.4 如果方程组(5.10)的解 $\boldsymbol{x}_1(t),\boldsymbol{x}_2(t),\cdots,\boldsymbol{x}_n(t)$ 线性无关,那么,它们的朗斯基行列式 $W(t)\neq 0,a\leqslant t\leqslant b$。

证明 采用反证法。设有某一个 $t_0,a\leqslant t_0\leqslant b$,使得 $W(t_0)=0$。考虑下面的齐次线性代数方程组

$$c_1\boldsymbol{x}_1(t_0)+c_2\boldsymbol{x}_2(t_0)+\cdots+c_n\boldsymbol{x}_n(t_0)\equiv 0。\tag{5.12}$$

该方程组的系数行列式就是 $W(t_0)$,因为 $W(t_0)=0$,所以式(5.12)有非零解 $\tilde{c}_1,\tilde{c}_2,\cdots,\tilde{c}_n$,以这个非零解 $\tilde{c}_1,\tilde{c}_2,\cdots,\tilde{c}_n$ 构造向量函数 $\boldsymbol{x}(t)$

$$\boldsymbol{x}(t)\equiv\tilde{c}_1\boldsymbol{x}_1(t)+\tilde{c}_2\boldsymbol{x}_2(t)+\cdots+\tilde{c}_n\boldsymbol{x}_n(t)。\tag{5.13}$$

根据定理 5.2,易知 $\boldsymbol{x}(t)$ 是方程组(5.10)的解。注意到式(5.12),知道这个解 $\boldsymbol{x}(t)$ 满足初始条件

$$\boldsymbol{x}(t_0)=\boldsymbol{0}。\tag{5.14}$$

但是,在区间 $a\leqslant t\leqslant b$ 上恒等于零的向量函数 $\boldsymbol{0}$ 也是方程组(5.10)满足初始条件(5.14)的解。由解的唯一性,知道 $\boldsymbol{x}(t)\equiv\boldsymbol{0}$,即

$$\widetilde{c}_1\boldsymbol{x}_1(t)+\widetilde{c}_2\boldsymbol{x}_2(t)+\cdots+\widetilde{c}_n\boldsymbol{x}_n(t)\equiv\boldsymbol{0},\quad a\leqslant t\leqslant b。$$

因为 $\widetilde{c}_1,\widetilde{c}_2,\cdots,\widetilde{c}_n$ 不全为零,这与 $\boldsymbol{x}_1(t),\boldsymbol{x}_2(t),\cdots,\boldsymbol{x}_n(t)$ 线性无关的假设矛盾,定理得证。

由定理5.3,定理5.4可以知道,由方程组(5.10)的 n 个解 $\boldsymbol{x}_1(t),\boldsymbol{x}_2(t),\cdots,\boldsymbol{x}_n(t)$ 作成的朗斯基行列式 $W(t)$,或者恒等于零,或者恒不等于零。

定理5.5 方程组(5.10)一定存在 n 个线性无关的解 $\boldsymbol{x}_1(t),\boldsymbol{x}_2(t),\cdots,\boldsymbol{x}_n(t)$。

证明 任取 $t_0\in[a,b]$,根据解的存在唯一性定理,方程组(5.10)分别满足初始条件

$$\boldsymbol{x}_1(t_0)=\begin{pmatrix}1\\0\\0\\\vdots\\0\end{pmatrix},\boldsymbol{x}_2(t_0)=\begin{pmatrix}0\\1\\0\\\vdots\\0\end{pmatrix},\cdots,\boldsymbol{x}_n(t_0)=\begin{pmatrix}0\\0\\0\\\vdots\\1\end{pmatrix}$$

的解 $\boldsymbol{x}_1(t),\boldsymbol{x}_2(t),\cdots,\boldsymbol{x}_n(t)$ 一定存在。又因为这 n 个解 $\boldsymbol{x}_1(t),\boldsymbol{x}_2(t),\cdots,\boldsymbol{x}_n(t)$ 的朗斯基行列式 $W(t_0)=1\neq0$,故根据定理5.3知,$\boldsymbol{x}_1(t),\boldsymbol{x}_2(t),\cdots,\boldsymbol{x}_n(t)$ 是线性无关的。

定理5.6 如果 $\boldsymbol{x}_1(t),\boldsymbol{x}_2(t),\cdots,\boldsymbol{x}_n(t)$ 是方程组(5.10)的 n 个线性无关的解,则方程组(5.10)的任一解 $\boldsymbol{x}(t)$ 均可以表示为

$$\boldsymbol{x}(t)=c_1\boldsymbol{x}_1(t)+c_2\boldsymbol{x}_2(t)+\cdots+c_n\boldsymbol{x}_n(t),$$

这里 $c_1,c_2,\cdots,c_n$ 是相应的确定常数。

证明 任取 $t_0\in[a,b]$,令

$$\boldsymbol{x}(t_0)=c_1\boldsymbol{x}_1(t_0)+c_2\boldsymbol{x}_2(t_0)+\cdots+c_n\boldsymbol{x}_n(t_0),\tag{5.15}$$

把式(5.15)看做是以 $c_1,c_2,\cdots,c_n$ 为未知量的线性代数方程组。该方程组的系数行列式就是 $W(t_0)$。因为 $\boldsymbol{x}_1(t),\boldsymbol{x}_2(t),\cdots,\boldsymbol{x}_n(t)$ 是线性无关的,根据定理5.4知道 $W(t_0)\neq0$。由线性代数方程组的理论,方程组(5.15)有唯一解 $c_1,c_2,\cdots,c_n$。以这组确定了的 $c_1,c_2,\cdots,c_n$ 构成向量函数

$$c_1\boldsymbol{x}_1(t)+c_2\boldsymbol{x}_2(t)+\cdots+c_n\boldsymbol{x}_n(t),$$

那么,根据叠加原理,该向量函数是方程组(5.10)的解。注意到方程组(5.15),可知方程组(5.10)的两个解 $\boldsymbol{x}(t)$ 及 $c_1\boldsymbol{x}_1(t)+c_2\boldsymbol{x}_2(t)+\cdots+c_n\boldsymbol{x}_n(t)$ 具有相同的初始条件。由解的唯一性,得到

$$\boldsymbol{x}(t)\equiv c_1\boldsymbol{x}_1(t)+c_2\boldsymbol{x}_2(t)+\cdots+c_n\boldsymbol{x}_n(t)。$$

推论5.2 方程组(5.10)的线性无关解的最大个数等于 n。

方程组(5.10)的 n 个线性无关的解 $\boldsymbol{x}_1(t),\boldsymbol{x}_2(t),\cdots,\boldsymbol{x}_n(t)$ 称为方程组(5.10)的一个基本解组。显然,方程组(5.10)具有无穷多个不同的基本解组。

现在,将本节的定理写成矩阵的形式。

定义5.3 如果一个 $n\times n$ 矩阵的每一列都是方程组(5.10)的解,称这个矩阵为方程组(5.10)的**解矩阵**。如果解矩阵的列向量在区间 $a\leqslant t\leqslant b$ 上是线性无关的,称该解矩阵

为在区间 $a \leqslant t \leqslant b$ 上方程组(5.10) 的**基解矩阵**。

用 $\boldsymbol{\Phi}(t)$ 表示由方程组(5.10) 的 n 个线性无关的解

$$\boldsymbol{\varphi}_1(t), \boldsymbol{\varphi}_2(t), \cdots, \boldsymbol{\varphi}_n(t)$$

作为列构成的基解矩阵。定理 5.5 和定理 5.6 即可以表述为以下的定理 5.1*。

定理 5.1* 方程组(5.10) 一定存在一个基解矩阵 $\boldsymbol{\Phi}(t)$。如果 $\boldsymbol{\psi}(t)$ 是方程组(5.10) 的任一解,那么

$$\boldsymbol{\psi}(t) = \boldsymbol{\Phi}(t)\boldsymbol{C}, \tag{5.16}$$

这里 $\boldsymbol{C}$ 是确定的 n 维常数列向量。

定理 5.2* 方程组(5.10) 的一个解矩阵 $\boldsymbol{\Phi}(t)$ 是基解矩阵的充要条件是 $\det\boldsymbol{\Phi}(t) \neq 0\ (a \leqslant t \leqslant b)$。而且,如果对某一个 $t_0 \in [a,b]$,$\det\boldsymbol{\Phi}(t_0) \neq 0$,则 $\det\boldsymbol{\Phi}(t) \neq 0, a \leqslant t \leqslant b$($\det\boldsymbol{\Phi}(t)$ 表示矩阵 $\boldsymbol{\Phi}(t)$ 的行列式)。

注 行列式恒等于零的矩阵的列向量未必是线性相关的。

例 2 验证

$$\boldsymbol{\Phi}(t) = \begin{bmatrix} e^t & te^t \\ 0 & e^t \end{bmatrix}$$

是方程组

$$\boldsymbol{x}' = \begin{pmatrix} 1 & 1 \\ 0 & 1 \end{pmatrix}\boldsymbol{x},$$

的基解矩阵,其中 $\boldsymbol{x} = \begin{bmatrix} x_1 \\ x_2 \end{bmatrix}$。

解 首先,证明 $\boldsymbol{\Phi}(t)$ 是方程组的解矩阵。令 $\boldsymbol{\varphi}_1(t)$ 表示 $\boldsymbol{\Phi}(t)$ 的第一列,这时

$$\boldsymbol{\varphi}_1'(t) = \begin{bmatrix} e^t \\ 0 \end{bmatrix} = \begin{pmatrix} 1 & 1 \\ 0 & 1 \end{pmatrix}\begin{bmatrix} e^t \\ 0 \end{bmatrix} = \begin{pmatrix} 1 & 1 \\ 0 & 1 \end{pmatrix}\boldsymbol{\varphi}_1(t),$$

这表示 $\boldsymbol{\varphi}_1(t)$ 是一个解。同样,如果以 $\boldsymbol{\varphi}_2(t)$ 表示 $\boldsymbol{\Phi}(t)$ 的第二列,有

$$\boldsymbol{\varphi}_2'(t) = \begin{bmatrix} (t+1)e^t \\ e^t \end{bmatrix} = \begin{pmatrix} 1 & 1 \\ 0 & 1 \end{pmatrix}\begin{bmatrix} te^t \\ e^t \end{bmatrix} = \begin{pmatrix} 1 & 1 \\ 0 & 1 \end{pmatrix}\boldsymbol{\varphi}_2(t),$$

这表示 $\boldsymbol{\varphi}_2(t)$ 也是一个解。因此,$\boldsymbol{\Phi}(t) = (\boldsymbol{\varphi}_1(t), \boldsymbol{\varphi}_2(t))$ 是解矩阵。

其次,根据定理 5.2*,因为 $\det\boldsymbol{\Phi}(t) = e^{2t} \neq 0$,所以 $\boldsymbol{\Phi}(t)$ 是基解矩阵。

推论 5.1* 如果 $\boldsymbol{\Phi}(t)$ 是方程组(5.10) 在区间 $a \leqslant t \leqslant b$ 上的基解矩阵,$\boldsymbol{C}$ 是非奇异 $n \times n$ 常数矩阵,那么,$\boldsymbol{\Phi}(t)\boldsymbol{C}$ 也是方程组(5.10) 在区间 $a \leqslant t \leqslant b$ 上的基解矩阵。

证明 首先,根据解矩阵的定义易知,方程组(5.10) 的任一解矩阵 $\boldsymbol{X}(t)$ 必满足关系

$$\boldsymbol{X}'(t) = \boldsymbol{A}(t)\boldsymbol{X}(t) \quad (a \leqslant t \leqslant b),$$

反之亦然。现令

$$\boldsymbol{\psi}(t) \equiv \boldsymbol{\Phi}(t)\boldsymbol{C} \quad (a \leqslant t \leqslant b),$$

上式关于 t 求导,并注意到 $\boldsymbol{\Phi}(t)$ 为方程组的基解矩阵,$\boldsymbol{C}$ 为常数矩阵,得

$$\boldsymbol{\psi}'(t) \equiv \boldsymbol{\Phi}'(t)\boldsymbol{C} \equiv \boldsymbol{A}(t)\boldsymbol{\Phi}(t)\boldsymbol{C} \equiv \boldsymbol{A}(t)\boldsymbol{\psi}(t),$$

即 $\boldsymbol{\psi}(t)$ 是方程组(5.10) 的解矩阵。又由 $\boldsymbol{C}$ 的非奇异性，有

$$\det\boldsymbol{\psi}(t)=\det\boldsymbol{\Phi}(t)\cdot\det\boldsymbol{C}\neq 0\quad(a\leqslant t\leqslant b),$$

因此由定理 5.2* 知，$\boldsymbol{\psi}(t)$ 即 $\boldsymbol{\Phi}(t)\boldsymbol{C}$ 是方程组(5.10) 的基解矩阵。

推论 5.2* 如果 $\boldsymbol{\Phi}(t)$，$\boldsymbol{\psi}(t)$ 在区间 $a\leqslant t\leqslant b$ 上是 $\boldsymbol{x}'=\boldsymbol{A}(t)\boldsymbol{x}$ 的两个基解矩阵，那么，存在一个非奇异 $n\times n$ 常数矩阵 $\boldsymbol{C}$，使得在区间 $a\leqslant t\leqslant b$ 上 $\boldsymbol{\psi}(t)\equiv\boldsymbol{\Phi}(t)\boldsymbol{C}$。

证明 因为 $\boldsymbol{\Phi}(t)$ 为基解矩阵，故其逆矩阵 $\boldsymbol{\Phi}^{-1}(t)$ 一定存在。令

$$\boldsymbol{\Phi}^{-1}(t)\boldsymbol{\psi}(t)\equiv\boldsymbol{X}(t)\ (a\leqslant t\leqslant b);$$

$$\boldsymbol{\psi}(t)\equiv\boldsymbol{\Phi}(t)\boldsymbol{X}(t)(a\leqslant t\leqslant b)。$$

易知 $\boldsymbol{X}(t)$ 是 $n\times n$ 可微矩阵，且 $\det\boldsymbol{X}(t)\neq 0(a\leqslant t\leqslant b)$，于是

$$\begin{aligned}\boldsymbol{A}(t)\boldsymbol{\psi}(t)&\equiv\boldsymbol{\psi}'(t)\equiv\boldsymbol{\Phi}'(t)\boldsymbol{X}(t)+\boldsymbol{\Phi}(t)\boldsymbol{X}'(t)\\&\equiv\boldsymbol{A}(t)\boldsymbol{\Phi}(t)\boldsymbol{X}(t)+\boldsymbol{\Phi}(t)\boldsymbol{X}'(t)\qquad(a\leqslant t\leqslant b)\\&\equiv\boldsymbol{A}(t)\boldsymbol{\psi}(t)+\boldsymbol{\Phi}(t)\boldsymbol{X}'(t),\end{aligned}$$

由此推知 $\boldsymbol{\Phi}(t)\boldsymbol{X}'(t)\equiv 0$ 或 $\boldsymbol{X}'(t)\equiv 0(a\leqslant t\leqslant b)$，即 $\boldsymbol{X}(t)$ 为常数矩阵，记为 $\boldsymbol{C}$。因此有

$$\boldsymbol{\psi}(t)=\boldsymbol{\Phi}(t)\boldsymbol{C}\quad(a\leqslant t\leqslant b),$$

其中，$\boldsymbol{C}=\boldsymbol{\Phi}^{-1}(a)\boldsymbol{\psi}(a)$ 为非奇异的 $n\times n$ 常数矩阵。

5.2.2 非齐次线性微分方程组

类似于第 4 章中的方法，现在来研究非齐次线性微分方程组(5.9) 的解的构造。

对于非齐次线性微分方程组

$$\boldsymbol{x}'=\boldsymbol{A}(t)\boldsymbol{x}+\boldsymbol{f}(t),$$

这里 $\boldsymbol{A}(t)$ 是区间 $a\leqslant t\leqslant b$ 上的已知 $n\times n$ 连续矩阵，$\boldsymbol{f}(t)$ 是区间 $a\leqslant t\leqslant b$ 上的已知 n 维连续列向量，向量 $\boldsymbol{f}(t)$ 通常称为强迫项，因为如果式(5.9) 描述一个力学系统，$\boldsymbol{f}(t)$ 则代表外力。

容易验证非齐次线性微分方程组(5.9) 的两个简单性质：

性质 5.1 如果 $\boldsymbol{\varphi}(t)$ 是非齐次线性微分方程组(5.9) 的解，$\boldsymbol{\psi}(t)$ 是方程组(5.9) 对应的齐次线性微分方程组(5.10) 的解，则 $\boldsymbol{\varphi}(t)+\boldsymbol{\psi}(t)$ 是方程组(5.9) 的解。

性质 5.2 如果 $\tilde{\boldsymbol{\varphi}}(t)$ 和 $\bar{\boldsymbol{\varphi}}(t)$ 是非齐次线性微分方程组(5.9) 的两个解，则 $\tilde{\boldsymbol{\varphi}}(t)-\bar{\boldsymbol{\varphi}}(t)$ 是方程组(5.10) 的解。

定理 5.7 设 $\boldsymbol{\Phi}(t)$ 是齐次线性微分方程组(5.10) 的基解矩阵，$\bar{\boldsymbol{\varphi}}(t)$ 是非齐次线性微分方程组(5.9) 的某一解，则方程组(5.9) 的任一解 $\boldsymbol{\varphi}(t)$ 都可以表示为

$$\boldsymbol{\varphi}(t)=\boldsymbol{\Phi}(t)\boldsymbol{C}+\bar{\boldsymbol{\varphi}}(t),\tag{5.17}$$

这里 $\boldsymbol{C}$ 是确定的常数列向量。

证明 由性质知道 $\boldsymbol{\varphi}(t)-\bar{\boldsymbol{\varphi}}(t)$ 是方程组(5.10) 的解，再由定理 5.1*，得到

$$\boldsymbol{\varphi}(t)-\bar{\boldsymbol{\varphi}}(t)=\boldsymbol{\Phi}(t)\boldsymbol{C},$$

这里 $\boldsymbol{C}$ 是确定的常数列向量，由此即得

$$\boldsymbol{\varphi}(t)=\boldsymbol{\Phi}(t)\boldsymbol{C}+\bar{\boldsymbol{\varphi}}(t)。$$

定理 5.7 告诉我们，为了寻求齐次线性微分方程组(5.10) 的任一解，只要知道非齐次

线性微分方程组(5.9)的一个解和它对应的齐次线性微分方程组(5.10)的基解矩阵。在知道方程组(5.10)的基解矩阵 $\boldsymbol{\Phi}(t)$ 的情况下，寻求方程组(5.9)的解 $\boldsymbol{\varphi}(t)$ 的简单的方法——常数变易法。

由定理5.1* 可知，如果 $\boldsymbol{C}$ 是常数列向量，则 $\boldsymbol{\varphi}(t)=\boldsymbol{\Phi}(t)\boldsymbol{C}$ 是方程组(5.10)的解，这个解不可能是方程组(5.9)的解。因此，将 $\boldsymbol{C}$ 变易为 t 的向量函数，而试图寻求方程组(5.9)的形如

$$\boldsymbol{\varphi}(t)=\boldsymbol{\Phi}(t)\boldsymbol{C}(t) \tag{5.18}$$

的解。这里 $\boldsymbol{C}(t)$ 是待定的向量函数。

假设方程组(5.9)存在形如式(5.18)的解，将式(5.18)代入方程组(5.9)得到

$$\boldsymbol{\Phi}'(t)\boldsymbol{C}(t)+\boldsymbol{\Phi}(t)\boldsymbol{C}'(t)=\boldsymbol{A}(t)\boldsymbol{\Phi}(t)\boldsymbol{C}(t)+\boldsymbol{f}(t)。$$

因为 $\boldsymbol{\Phi}(t)$ 是方程组(5.10)的基解矩阵，所以 $\boldsymbol{\Phi}'(t)=\boldsymbol{A}(t)\boldsymbol{\Phi}(t)$，由此，上式中含有 $\boldsymbol{A}(t)\boldsymbol{\Phi}(t)\boldsymbol{C}(t)$ 的项消去了。因而 $\boldsymbol{C}(t)$ 必须满足关系式

$$\boldsymbol{\Phi}(t)\boldsymbol{C}'(t)=\boldsymbol{f}(t), \tag{5.19}$$

因为在区间 $a\leqslant t\leqslant b$ 上 $\boldsymbol{\Phi}(t)$ 是非奇异的，所以 $\boldsymbol{\Phi}^{-1}(t)$ 存在。用 $\boldsymbol{\Phi}^{-1}(t)$ 左乘式(5.19)两边，再积分得到

$$\boldsymbol{C}(t)-\boldsymbol{C}(t_0)=\int_{t_0}^{t}\boldsymbol{\Phi}^{-1}(s)\boldsymbol{f}(s)\mathrm{d}s,\ t_0,\ t\in[a,b]。$$

这样，式(5.18)变为

$$\boldsymbol{\varphi}(t)=\boldsymbol{\Phi}(t)\left[\boldsymbol{C}(t_0)+\int_{t_0}^{t}\boldsymbol{\Phi}^{-1}(s)\boldsymbol{f}(s)\mathrm{d}s\right],\ t_0,t\in[a,b]。 \tag{5.20}$$

此时，由 $\boldsymbol{\varphi}(t_0)=\boldsymbol{\eta}$，得到

$$\boldsymbol{\eta}=\boldsymbol{\varphi}(t_0)=\boldsymbol{\Phi}(t_0)\boldsymbol{C}(t_0)\Leftrightarrow\boldsymbol{C}(t_0)=\boldsymbol{\Phi}^{-1}(t_0)\boldsymbol{\eta},\ t_0,t\in[a,b], \tag{5.21}$$

因此，如果方程组(5.9)有一个形如式(5.18)的解 $\boldsymbol{\varphi}(t)$，则 $\boldsymbol{\varphi}(t)$ 有公式

$$\boldsymbol{\varphi}(t)=\boldsymbol{\Phi}(t)\boldsymbol{\Phi}^{-1}(t_0)\boldsymbol{\eta}+\boldsymbol{\Phi}(t)\int_{t_0}^{t}\boldsymbol{\Phi}^{-1}(s)\boldsymbol{f}(s)\mathrm{d}s,\boldsymbol{\varphi}(t_0)=\boldsymbol{\eta}。 \tag{5.22}$$

反之，用式(5.22)决定的向量函数 $\boldsymbol{\varphi}(t)$ 必定是方程组(5.9)的一个解。事实上，在式(5.22)中，由于只需求出方程组(5.9)的任意一个解，故可取 $\boldsymbol{C}(t_0)=\boldsymbol{\Phi}^{-1}(t_0)\boldsymbol{\eta}=\boldsymbol{0}$，则向量函数 $\boldsymbol{\varphi}(t)$ 满足

$$\boldsymbol{\varphi}(t)=\boldsymbol{\Phi}(t)\int_{t_0}^{t}\boldsymbol{\Phi}^{-1}(s)\boldsymbol{f}(s)\mathrm{d}s, \tag{5.23}$$

对其微分，得到

$$\begin{aligned}\boldsymbol{\varphi}'(t)&=\boldsymbol{\Phi}'(t)\int_{t_0}^{t}\boldsymbol{\Phi}^{-1}(s)\boldsymbol{f}(s)\mathrm{d}s+\boldsymbol{\Phi}(t)\boldsymbol{\Phi}^{-1}(t)\boldsymbol{f}(t)\\&=\boldsymbol{A}(t)\boldsymbol{\Phi}(t)\int_{t_0}^{t}\boldsymbol{\Phi}^{-1}(s)\boldsymbol{f}(s)\mathrm{d}s+\boldsymbol{f}(t),\end{aligned}$$

再利用式(5.23)，即得

$$\boldsymbol{\varphi}'(t)=\boldsymbol{A}(t)\boldsymbol{\varphi}(t)+\boldsymbol{f}(t)。$$

定理5.8 如果 $\boldsymbol{\Phi}(t)$ 是齐次线性微分方程组(5.10)的基解矩阵，则非齐次线性微分

方程组(5.9)满足初始条件 $\boldsymbol{\varphi}(t_0)=\boldsymbol{\eta}$ 的解为式(5.22)。

式(5.22)称为非齐次线性微分方程组(5.9)的常数变易公式。

例 3 解微分方程组 $\boldsymbol{x}'=\begin{pmatrix}1 & 1\\ 0 & 1\end{pmatrix}\boldsymbol{x}+\begin{bmatrix}\mathrm{e}^{-t}\\ 0\end{bmatrix},\boldsymbol{x}=\begin{bmatrix}x_1\\ x_2\end{bmatrix},\boldsymbol{x}(0)=\begin{pmatrix}-1\\ 1\end{pmatrix}$。

解 在例 1 中我们已经知道

$$\boldsymbol{\Phi}(t)=\begin{bmatrix}\mathrm{e}^t & t\mathrm{e}^t\\ 0 & \mathrm{e}^t\end{bmatrix}$$

是对应的齐次线性微分方程组的基解矩阵。取矩阵 $\boldsymbol{\Phi}(t)$ 的逆,可以得到

$$\boldsymbol{\Phi}^{-1}(s)=\frac{\begin{bmatrix}\mathrm{e}^s & -s\mathrm{e}^s\\ 0 & \mathrm{e}^s\end{bmatrix}}{\mathrm{e}^{2s}}=\begin{pmatrix}1 & -s\\ 0 & 1\end{pmatrix}\mathrm{e}^{-s},$$

$$\boldsymbol{\Phi}^{-1}(0)=\begin{pmatrix}1 & 0\\ 0 & 1\end{pmatrix}=\boldsymbol{E},$$

这样,由定理 5.8 可知,满足初始条件

$$\boldsymbol{\varphi}(0)=\begin{pmatrix}-1\\ 1\end{pmatrix}$$

的解就是

$$\begin{aligned}\boldsymbol{\varphi}(t)&=\boldsymbol{\Phi}(t)\boldsymbol{\Phi}^{-1}(t_0)\boldsymbol{\eta}+\boldsymbol{\Phi}(t)\int_{t_0}^{t}\boldsymbol{\Phi}^{-1}(s)\boldsymbol{f}(s)\mathrm{d}s\\ &=\begin{bmatrix}\mathrm{e}^t & t\mathrm{e}^t\\ 0 & \mathrm{e}^t\end{bmatrix}\begin{pmatrix}-1\\ 1\end{pmatrix}+\begin{bmatrix}\mathrm{e}^t & t\mathrm{e}^t\\ 0 & \mathrm{e}^t\end{bmatrix}\int_0^t\mathrm{e}^{-s}\begin{pmatrix}1 & -s\\ 0 & 1\end{pmatrix}\begin{bmatrix}\mathrm{e}^{-s}\\ 0\end{bmatrix}\mathrm{d}s\\ &=\begin{bmatrix}(t-1)\mathrm{e}^t\\ \mathrm{e}^t\end{bmatrix}+\begin{bmatrix}\mathrm{e}^t & t\mathrm{e}^t\\ 0 & \mathrm{e}^t\end{bmatrix}\int_0^t\begin{bmatrix}\mathrm{e}^{-2s}\\ 0\end{bmatrix}\mathrm{d}s\\ &=\begin{bmatrix}(t-1)\mathrm{e}^t\\ \mathrm{e}^t\end{bmatrix}+\begin{bmatrix}\mathrm{e}^t & t\mathrm{e}^t\\ 0 & \mathrm{e}^t\end{bmatrix}\begin{bmatrix}\frac{1}{2}(1-\mathrm{e}^{-2t})\\ 0\end{bmatrix}\\ &=\begin{bmatrix}(t-1)\mathrm{e}^t\\ \mathrm{e}^t\end{bmatrix}+\begin{bmatrix}\frac{1}{2}(\mathrm{e}^t-\mathrm{e}^{-t})\\ 0\end{bmatrix}\\ &=\begin{bmatrix}t\mathrm{e}^t-\frac{1}{2}(\mathrm{e}^t+\mathrm{e}^{-t})\\ \mathrm{e}^t\end{bmatrix}。\end{aligned}$$

注意到 5.1.1 节中关于 n 阶线性微分方程的初值问题(5.6)与线性微分方程组的初值问题(5.7)等价性的讨论,可以得到关于 n 阶非齐次线性微分方程的常数变易公式。

推论 5.3 如果 $a_1(t),a_2(t),\cdots,a_n(t),f(t)$ 是区间 $a\leqslant t\leqslant b$ 上的连续函数,$x_1(t)$,$x_2(t),\cdots,x_n(t)$ 是区间 $a\leqslant t\leqslant b$ 上的齐次线性微分方程

$$x^{(n)}+a_1(t)x^{(n-1)}+\cdots+a_n(t)x=0 \tag{5.24}$$

的基本解组，那么，非齐次线性微分方程

$$x^{(n)}+a_1(t)x^{(n-1)}+\cdots+a_n(t)x=f(t) \tag{5.25}$$

满足初始条件

$$\varphi(t_0)=0,\ \varphi'(t_0)=0,\cdots,\varphi^{(n-1)}(t_0)=0,\ t_0\in[a,b]$$

的解由下面公式给出

$$\varphi(t)=\sum_{k=1}^{n}x_k(t)\int_{t_0}^{t}\left\{\frac{W_k[x_1(s),x_2(s),\cdots,x_n(s)]}{W[x_1(s),x_2(s),\cdots,x_n(s)]}\right\}f(s)\mathrm{d}s, \tag{5.26}$$

这里 $W[x_1(s),x_2(s),\cdots,x_n(s)]$ 是 $x_1(s),x_2(s),\cdots,x_n(s)$ 的朗斯基行列式，$W_k[x_1(s),x_2(s),\cdots,x_n(s)]$ 是在 $W[x_1(s),x_2(s),\cdots,x_n(s)]$ 中的第 k 列代以 $(0,0,\cdots,0,1)^{\mathrm{T}}$ 后得到的行列式，而且式(5.25) 的任一解 $u(t)$ 都具有形式

$$u(t)=c_1x_1(t)+c_2x_2(t)+\cdots+c_nx_n(t)+\varphi(t), \tag{5.27}$$

这里 $c_1,c_2,\cdots,c_n$ 是适当选取的常数。

式(5.26) 称为式(5.25) 的常数变易公式。

这时方程(5.25) 的通解可以表示为

$$x=c_1x_1(t)+c_2x_2(t)+\cdots+c_nx_n(t)+\varphi(t),$$

其中，$c_1,c_2,\cdots,c_n$ 是任意常数。并且由推论 5.3 知道，该通解包括了方程(5.25) 的所有解。

当 $n=2$ 时，式(5.26) 就是

$$\varphi(t)=x_1(t)\int_{t_0}^{t}\left\{\frac{W_1[x_1(s),x_2(s)]}{W[x_1(s),x_2(s)]}\right\}f(s)\mathrm{d}s+x_2(t)\int_{t_0}^{t}\left\{\frac{W_2[x_1(s),x_2(s)]}{W[x_1(s),x_2(s)]}\right\}f(s)\mathrm{d}s,$$

其中

$$W_1[x_1(s),x_2(s)]=\begin{vmatrix}0 & x_2(s)\\ 1 & x_2'(s)\end{vmatrix}=-x_2(s),$$

$$W_2[x_1(s),x_2(s)]=\begin{vmatrix}x_1(s) & 0\\ x_1'(s) & 1\end{vmatrix}=x_1(s),$$

因此，当 $n=2$ 时，常数变易公式变为

$$\varphi(t)=\int_{t_0}^{t}\left\{\frac{x_2(t)x_1(s)-x_1(t)x_2(s)}{W[x_1(s),x_2(s)]}\right\}f(s)\mathrm{d}s, \tag{5.28}$$

而通解即为

$$x=c_1x_1(t)+c_2x_2(t)+\varphi(t), \tag{5.29}$$

这里 c_1,c_2 是任意常数。

例 4 试求微分方程 $x''+x=\tan t$ 的一个解。

解 易知对应的齐次线性微分方程 $x''+x'=0$ 的基本解组为

$$x_1(t)=\cos t,x_2(t)=\sin t。$$

直接利用式(5.28) 来求方程的一个解。这时

$$W[x_1(t),x_2(t)]=\begin{vmatrix}\cos t & \sin t\\ -\sin t & \cos t\end{vmatrix}\equiv 1。$$

由式(5.28) 即得(取 $t_0=0$)

$$\begin{aligned}\varphi(t)&=\int_0^t(\sin t\cos s-\cos t\sin s)\tan s\mathrm{d}s\\&=\sin t\int_0^t\sin s\mathrm{d}s-\cos t\int_0^t\sin s\tan s\mathrm{d}s\\&=\sin t(1-\cos t)+\cos t(\sin t-\ln|\sec t+\tan t|)\\&=\sin t-\cos t\ln|\sec t+\tan t|。\end{aligned}$$

注意,因为 $\sin t$ 是对应的齐次线性微分方程的一个解,所以函数

$$\bar{\varphi}(t)=-\cos t\ln|\sec t+\tan t|$$

也是原方程的一个解。

5.3 常系数线性微分方程组

5.3.1 常系数线性微分方程组解的相关概念

本节研究常系数线性微分方程组的问题,主要讨论齐次线性微分方程组

$$\boldsymbol{x}'=\boldsymbol{A}\boldsymbol{x}\tag{5.30}$$

的基解矩阵的结构,这里 $\boldsymbol{A}$ 是 $n\times n$ 常数矩阵。

类似于第 4 章中的 4.2.2 节,试图寻求 $\boldsymbol{x}'=\boldsymbol{A}\boldsymbol{x}$ 的形如

$$\boldsymbol{\varphi}(t)=\mathrm{e}^{\lambda t}\boldsymbol{C},\boldsymbol{C}\neq\boldsymbol{0},\tag{5.31}$$

的解,其中常数 λ 和向量 $\boldsymbol{C}$ 是待定的。为此,将式(5.31) 代入方程组(5.30),得到

$$\lambda\mathrm{e}^{\lambda t}\boldsymbol{C}=\boldsymbol{A}\mathrm{e}^{\lambda t}\boldsymbol{C}。$$

因为 $\mathrm{e}^{\lambda t}\neq 0$,上式变为

$$(\lambda\boldsymbol{E}-\boldsymbol{A})\boldsymbol{C}=\boldsymbol{0},\tag{5.32}$$

这表示,$\mathrm{e}^{\lambda t}\boldsymbol{C}$ 是方程组(5.30) 的解的充要条件是常数 λ 和向量 $\boldsymbol{C}$ 满足方程(5.32)。方程(5.32) 可以看做是向量 $\boldsymbol{C}$ 的 n 个分量的一个齐次线性代数方程组,根据线性代数知识,这个方程组具有非零解的充要条件是 λ 满足方程

$$\det(\lambda\boldsymbol{E}-\boldsymbol{A})=0,$$

这就引出下面的定义。

定义 5.4 假设 $\boldsymbol{A}$ 是一个 $n\times n$ 常数矩阵,使得关于 $\boldsymbol{u}$ 的线性代数方程组

$$(\lambda\boldsymbol{E}-\boldsymbol{A})\boldsymbol{u}=\boldsymbol{0}\tag{5.33}$$

具有非零解的常数 λ,称为 $\boldsymbol{A}$ 的一个**特征值**。式(5.33) 对应于任一特征值 λ 的非零解 $\boldsymbol{u}$ 称为 $\boldsymbol{A}$ 的对应于特征值 λ 的**特征向量**。

定义 5.5 n 次多项式

$$p(\lambda)\equiv\det(\lambda\boldsymbol{E}-\boldsymbol{A})$$

称为 $\boldsymbol{A}$ 的**特征多项式**,n 次代数方程

$$p(\lambda)=0 \tag{5.34}$$

称为 $\boldsymbol{A}$ 的**特征方程**,也称式(5.34)为方程组(5.30)的特征方程。

根据上面的讨论,$e^{\lambda t}\boldsymbol{C}$ 是方程组(5.30)的解,当且仅当 λ 是 $\boldsymbol{A}$ 的特征值,且 $\boldsymbol{C}$ 是对应于 λ 的特征向量。$\boldsymbol{A}$ 的特征值就是特征方程(5.34)的根。因为 n 次代数方程有 n 个根,所以 $\boldsymbol{A}$ 有 n 个特征值,当然不一定 n 个都互不相同。如果 $\lambda=\lambda_0$ 是特征方程的单根,则称 λ_0 是简单特征根。如果 $\lambda=\lambda_0$ 是特征方程的 k 重根,则称 λ_0 是 k 重特征根。

例 5 试求矩阵 $\boldsymbol{A}=\begin{pmatrix}3 & 5\\ -5 & 3\end{pmatrix}$ 的特征值和对应的特征向量。

解 $\boldsymbol{A}$ 的特征值就是特征方程

$$\det(\boldsymbol{A}-\lambda\boldsymbol{E})=\begin{pmatrix}3-\lambda & 5\\ -5 & 3-\lambda\end{pmatrix}=\lambda^2-6\lambda+34=0$$

的根。解之得到 $\lambda_{1,2}=3\pm 5\mathrm{i}$。对应于特征值 $\lambda_1=3+5\mathrm{i}$ 的特征向量

$$\boldsymbol{u}=\begin{pmatrix}u_1\\ u_2\end{pmatrix}$$

必须满足线性代数方程组

$$(\boldsymbol{A}-\lambda_1\boldsymbol{E})\boldsymbol{u}=\begin{pmatrix}-5\mathrm{i} & 5\\ -5 & -5\mathrm{i}\end{pmatrix}\begin{pmatrix}u_1\\ u_2\end{pmatrix}=\boldsymbol{0},$$

因此,u_1,u_2 满足方程组

$$\begin{cases}-\mathrm{i}u_1+u_2=0,\\ -u_1-\mathrm{i}u_2=0,\end{cases}$$

所以,对于任意常数 $\alpha\neq 0$,

$$\boldsymbol{u}=\alpha\begin{pmatrix}1\\ \mathrm{i}\end{pmatrix}$$

是对应于 $\lambda_1=3+5\mathrm{i}$ 的特征向量。类似地,可以求得对应于 $\lambda_2=3-5\mathrm{i}$ 的特征向量为

$$\boldsymbol{v}=\beta\begin{pmatrix}\mathrm{i}\\ 1\end{pmatrix},$$

其中,$\beta\neq 0$ 是任意常数。

例 6 试求矩阵 $\boldsymbol{A}=\begin{pmatrix}2 & 1\\ -1 & 4\end{pmatrix}$ 的特征值和对应的特征向量。

解 特征方程为

$$\det(\lambda\boldsymbol{E}-\boldsymbol{A})=\begin{pmatrix}\lambda-2 & -1\\ 1 & \lambda-4\end{pmatrix}=\lambda^2-6\lambda+9=0。$$

因此,$\lambda=3$ 是 $\boldsymbol{A}$ 的二重特征值。为了寻求对应于 $\lambda=3$ 的特征向量,考虑方程组

$$(3\boldsymbol{E}-\boldsymbol{A})\boldsymbol{C}=\begin{pmatrix}1 & -1\\ 1 & -1\end{pmatrix}\begin{pmatrix}c_1\\ c_2\end{pmatrix}=\boldsymbol{0}$$

或者 $\begin{cases} c_1 - c_2 = 0 \\ c_1 - c_2 = 0 \end{cases}$。因此，向量 $\boldsymbol{C} = \alpha\begin{pmatrix}1\\1\end{pmatrix}$ 是对应于特征值 $\lambda = 3$ 的特征向量，其中 $\alpha \neq 0$ 是任意常数。

一个 $n \times n$ 矩阵最多有 n 个线性无关的特征向量。当然，在任何情况下，最低限度有一个特征向量，因为最低限度有一个特征值。

首先，讨论当 $\boldsymbol{A}$ 具有 n 个线性无关的特征向量时（特别当 $\boldsymbol{A}$ 具有 n 个不同的特征值时，就是这种情形），微分方程组(5.30)的基解矩阵的计算方法。

定理 5.9　如果矩阵 $\boldsymbol{A}$ 具有 n 个线性无关的特征向量 $\boldsymbol{v}_1, \boldsymbol{v}_2, \cdots, \boldsymbol{v}_n$，它们对应的特征值分别为 $\lambda_1, \lambda_2, \cdots, \lambda_n$（不必互不相同），那么矩阵

$$\boldsymbol{\Phi}(t) = (\mathrm{e}^{\lambda_1 t}\boldsymbol{v}_1, \mathrm{e}^{\lambda_2 t}\boldsymbol{v}_2, \cdots, \mathrm{e}^{\lambda_n t}\boldsymbol{v}_n), -\infty < t < +\infty$$

是常系数线性微分方程组 $\boldsymbol{x}' = \boldsymbol{A}\boldsymbol{x}$ 的一个基解矩阵。

证明　由上面关于特征值和特征向量的讨论知道，每一个向量函数 $\mathrm{e}^{\lambda_j t}\boldsymbol{v}_j (j = 1, 2, \cdots, n)$ 都是方程组(5.30)的一个解。因此，矩阵

$$\boldsymbol{\Phi}(t) = (\mathrm{e}^{\lambda_1 t}\boldsymbol{v}_1, \mathrm{e}^{\lambda_2 t}\boldsymbol{v}_2, \cdots, \mathrm{e}^{\lambda_n t}\boldsymbol{v}_n)$$

是方程组(5.30)的一个解矩阵。因为，向量 $\boldsymbol{v}_1, \boldsymbol{v}_2, \cdots, \boldsymbol{v}_n$ 是线性无关的，所以

$$\det\boldsymbol{\Phi}(0) = \det(\boldsymbol{v}_1, \boldsymbol{v}_2, \cdots, \boldsymbol{v}_n) \neq 0,$$

根据定理 5.2* 推得，$\boldsymbol{\Phi}(t)$ 是方程组(5.30)的一个基解矩阵。

例 7　试求微分方程组 $\boldsymbol{x}' = \boldsymbol{A}\boldsymbol{x}$，其中 $\boldsymbol{A} = \begin{pmatrix} 3 & 5 \\ -5 & 3 \end{pmatrix}$ 的一个基解矩阵。

解　由例 5 知，$\lambda_1 = 3 + 5\mathrm{i}$ 和 $\lambda_2 = 3 - 5\mathrm{i}$ 是 $\boldsymbol{A}$ 的特征值，而

$$\boldsymbol{v}_1 = \begin{pmatrix}1\\ \mathrm{i}\end{pmatrix}, \quad \boldsymbol{v}_2 = \begin{pmatrix}\mathrm{i}\\ 1\end{pmatrix}$$

是对应于 λ_1, λ_2 的两个线性无关的特征向量。根据定理 5.9，矩阵

$$\boldsymbol{\Phi}(t) = \begin{bmatrix} \mathrm{e}^{(3+5\mathrm{i})t} & \mathrm{i}\mathrm{e}^{(3-5\mathrm{i})t} \\ \mathrm{i}\mathrm{e}^{(3+5\mathrm{i})t} & \mathrm{e}^{(3-5\mathrm{i})t} \end{bmatrix}$$

就是一个基解矩阵。

对于方程组(5.30)，针对特征值是单根和重根的情况，给出其解。

1. 特征值都是单根。

定理 5.10　对于常系数线性微分方程组(5.30)，如果矩阵 $\boldsymbol{A}$ 具有 n 个不同的特征值 $\lambda_1, \lambda_2, \cdots, \lambda_n$，且特征值分别对应的特征向量为 $\boldsymbol{v}_1, \boldsymbol{v}_2, \cdots, \boldsymbol{v}_n$，则方程组(5.30)有 n 个不同的解

$$\mathrm{e}^{\lambda_1 t}\boldsymbol{v}_1, \mathrm{e}^{\lambda_2 t}\boldsymbol{v}_2, \cdots, \mathrm{e}^{\lambda_n t}\boldsymbol{v}_n。$$

由定理 5.9 知结论显然成立，并且得到方程组(5.30)的基解矩阵

$$\boldsymbol{\Phi}(t) = (\mathrm{e}^{\lambda_1 t}\boldsymbol{v}_1, \mathrm{e}^{\lambda_2 t}\boldsymbol{v}_2, \cdots, \mathrm{e}^{\lambda_n t}\boldsymbol{v}_n)。$$

于是，方程组(5.30)的通解是

$$\boldsymbol{\varphi}(t)=\boldsymbol{\Phi}(t)\boldsymbol{C}=(e^{\lambda_1 t}\boldsymbol{v}_1,e^{\lambda_2 t}\boldsymbol{v}_2,\cdots,e^{\lambda_n t}\boldsymbol{v}_n)\begin{pmatrix}c_1\\c_2\\\vdots\\c_n\end{pmatrix}$$

$$=\sum_{i=1}^{n}c_i e^{\lambda_i t}\boldsymbol{v}_i,\tag{5.35}$$

其中,$c_1,c_2,\cdots,c_n$ 为任意常数。

例 8 试求例题 7 的解。

解 由例 7 知道,$\lambda_1=3+5i$ 和 $\lambda_2=3-5i$ 是 $\boldsymbol{A}$ 的特征值,且特征值对应的两个特征向量为

$$\boldsymbol{v}_1=\begin{pmatrix}1\\i\end{pmatrix},\ \boldsymbol{v}_2=\begin{pmatrix}i\\1\end{pmatrix}。$$

根据定理 5.10,得到方程组的解

$$\boldsymbol{\varphi}(t)=c_1e^{\lambda_1 t}\boldsymbol{v}_1+c_2e^{\lambda_2 t}\boldsymbol{v}_2=c_1e^{(3+5i)t}\begin{pmatrix}1\\i\end{pmatrix}+c_2e^{(3-5i)t}\begin{pmatrix}i\\1\end{pmatrix}$$

$$=c_1e^{3t}\begin{pmatrix}\cos5t+i\sin5t\\i\cos5t-\sin5t\end{pmatrix}+c_2e^{3t}\begin{pmatrix}i\cos5t+\sin5t\\\cos5t-i\sin5t\end{pmatrix},$$

其中,c_1,c_2 为任意常数。

例 9 试求微分方程组 $\begin{cases}\dfrac{dy_1}{dx}=3y_1-y_2+y_3,\\\dfrac{dy_2}{dx}=-y_1+5y_2-y_3,\\\dfrac{dy_3}{dx}=y_1-y_2+3y_3\end{cases}$ 的通解。

解 特征方程是

$$\det(\boldsymbol{A}-\lambda\boldsymbol{E})=\begin{vmatrix}3-\lambda&-1&1\\-1&5-\lambda&-1\\1&-1&3-\lambda\end{vmatrix}$$

$$=\lambda^3-11\lambda^2+36\lambda-36=0,$$

解方程得特征根为 $\lambda_1=2,\lambda_2=3,\lambda_3=6$。

$\lambda_1=2$ 所对应的特征向量 $\boldsymbol{v}_1=(k_1,k_2,k_3)^T$ 满足

$$(\boldsymbol{A}-\lambda_1\boldsymbol{E})\boldsymbol{v}_1=\begin{pmatrix}1&-1&1\\-1&3&-1\\1&-1&1\end{pmatrix}\begin{pmatrix}k_1\\k_2\\k_3\end{pmatrix}=\boldsymbol{0},$$

求得 $\boldsymbol{v}_1=(1,0,-1)^T$。

同理可得 $\boldsymbol{v}_2=(1,1,1)^T,\boldsymbol{v}_3=(1,-2,1)^T$。

根据定理 5.10,得通解

$$\begin{pmatrix} y_1 \\ y_2 \\ y_3 \end{pmatrix} = c_1 \begin{pmatrix} e^{2x} \\ 0 \\ -e^{2x} \end{pmatrix} + c_2 \begin{pmatrix} e^{3x} \\ e^{3x} \\ e^{3x} \end{pmatrix} + c_3 \begin{pmatrix} e^{6x} \\ -2e^{6x} \\ e^{6x} \end{pmatrix},$$

其中 c_1，c_2，c_3 为任意常数。

若特征方程(5.34)有复数根，现设 $\boldsymbol{A}$ 是实数矩阵，则复数特征根必共轭成对出现。如 $\lambda_1 = \alpha + \mathrm{i}\beta$ 是特征方程(5.34)的一个特征根，所对应的一个特征向量为 $\boldsymbol{v}_1 = \boldsymbol{p} + \mathrm{i}\boldsymbol{q}$，则 $\lambda_2 = \alpha - \mathrm{i}\beta$ 也是特征方程(5.34)的一个特征根，且所对应的一个特征向量为 $\boldsymbol{v}_2 = \bar{\boldsymbol{v}}_1 = \boldsymbol{p} - \mathrm{i}\boldsymbol{q}$。因而方程组(5.30)有两个复数解

$$\boldsymbol{\varphi}_1(t) = (\boldsymbol{p} + \mathrm{i}\boldsymbol{q})e^{(\alpha+\mathrm{i}\beta)t} = e^{\alpha t}(\boldsymbol{p}\cos\beta t - \boldsymbol{q}\sin\beta t) + \mathrm{i}e^{\alpha t}(\boldsymbol{p}\sin\beta t + \boldsymbol{q}\cos\beta t),$$

$$\boldsymbol{\varphi}_2(t) = (\boldsymbol{p} - \mathrm{i}\boldsymbol{q})e^{(\alpha-\mathrm{i}\beta)t} = e^{\alpha t}(\boldsymbol{p}\cos\beta t - \boldsymbol{q}\sin\beta t) - \mathrm{i}e^{\alpha t}(\boldsymbol{p}\sin\beta t + \boldsymbol{q}\cos\beta t)。$$

上述解的实部和虚部

$$e^{\alpha t}(\boldsymbol{p}\cos\beta t - \boldsymbol{q}\sin\beta t),\ e^{\alpha t}(\boldsymbol{p}\sin\beta t + \boldsymbol{q}\cos\beta t) \tag{5.36}$$

分别是微分方程组(5.30)的两个实值解。

例 10 解微分方程组 $\begin{cases} \dfrac{dy_1}{dx} = 2y_1 + y_2, \\ \dfrac{dy_2}{dx} = y_1 + 3y_2 - y_3, \\ \dfrac{dy_3}{dx} = -y_1 + 2y_2 + 3y_3。 \end{cases}$

解 特征方程是

$$\det(\boldsymbol{A} - \lambda\boldsymbol{E}) = \begin{vmatrix} 2-\lambda & 1 & 0 \\ 1 & 3-\lambda & -1 \\ -1 & 2 & 3-\lambda \end{vmatrix} = 0,$$

经计算得

$$-(\lambda - 2)(\lambda^2 - 6\lambda + 10) = 0,$$

解方程得特征根为 $\lambda_1 = 2, \lambda_{2,3} = 3 \pm \mathrm{i}$。

设 $\lambda_1 = 2$ 所对应的特征向量 $\boldsymbol{v}_1 = (k_1, k_2, k_3)^{\mathrm{T}}$，满足

$$(\boldsymbol{A} - \lambda_1\boldsymbol{E})\boldsymbol{v}_1 = \begin{pmatrix} 0 & 1 & 0 \\ 1 & 1 & -1 \\ -1 & 2 & 1 \end{pmatrix} \begin{pmatrix} k_1 \\ k_2 \\ k_3 \end{pmatrix} = \boldsymbol{0},$$

求得 $\boldsymbol{v}_1 = (1,0,1)^{\mathrm{T}}$。

于是，求得原方程组的一个解

$$\begin{pmatrix} y_1 \\ y_2 \\ y_3 \end{pmatrix} = \begin{pmatrix} 1 \\ 0 \\ 1 \end{pmatrix} e^{2x}。$$

类似地，设 $\lambda_2 = 3 + \mathrm{i}$ 所对应的特征向量 $\boldsymbol{v}_2 = (k_1, k_2, k_3)^{\mathrm{T}}$，满足

$$(\boldsymbol{A}-\lambda_2\boldsymbol{E})\boldsymbol{v}_2=\begin{pmatrix}-1-\mathrm{i} & 1 & 0\\ 1 & -\mathrm{i} & -1\\ -1 & 2 & -\mathrm{i}\end{pmatrix}\begin{pmatrix}k_1\\k_2\\k_3\end{pmatrix}=\boldsymbol{0},$$

可得 $\boldsymbol{v}_2=(1,1+\mathrm{i},2-\mathrm{i})^{\mathrm{T}}$。

于是，求得原方程组的一个复值解

$$\begin{pmatrix}y_1\\y_2\\y_3\end{pmatrix}=\begin{pmatrix}1\\1+\mathrm{i}\\2-\mathrm{i}\end{pmatrix}\mathrm{e}^{(3+\mathrm{i})x}=\begin{pmatrix}\cos x\\ \cos x-\sin x\\ 2\cos x+\sin x\end{pmatrix}\mathrm{e}^{3x}+\mathrm{i}\begin{pmatrix}\sin x\\ \cos x+\sin x\\ 2\sin x-\cos x\end{pmatrix}\mathrm{e}^{3x}。$$

对于 $\lambda_3=3-\mathrm{i}$ 所对应的一个复值解，不必再求，由式(5.36)求得原方程组的两个实值解

$$\begin{pmatrix}y_1\\y_2\\y_3\end{pmatrix}=\begin{pmatrix}\cos x\\ \cos x-\sin x\\ 2\cos x+\sin x\end{pmatrix}\mathrm{e}^{3x},\quad \begin{pmatrix}y_1\\y_2\\y_3\end{pmatrix}=\begin{pmatrix}\sin x\\ \cos x+\sin x\\ 2\sin x-\cos x\end{pmatrix}\mathrm{e}^{3x}。$$

根据定理 5.10，得通解

$$\begin{pmatrix}y_1\\y_2\\y_3\end{pmatrix}=c_1\begin{pmatrix}1\\0\\1\end{pmatrix}\mathrm{e}^{2x}+c_2\begin{pmatrix}\cos x\\ \cos x-\sin x\\ 2\cos x+\sin x\end{pmatrix}\mathrm{e}^{3x}+c_3\begin{pmatrix}\sin x\\ \cos x+\sin x\\ 2\sin x-\cos x\end{pmatrix}\mathrm{e}^{3x},$$

其中，c_1，c_2，c_3 为任意常数。

2. 特征值有重根。

当属于 $\boldsymbol{A}$ 的某个 $k(>1)$ 重特征根的线性无关的特征向量少于 k 个时，$\boldsymbol{A}$ 就没有 n 个线性无关的特征向量，因此不能直接用定理 5.10 求其解。现在引入广义特征向量来解决这一问题。

定义 5.6 设 λ_1 是 $\boldsymbol{A}$ 的 $k(>1)$ 重特征根，$\boldsymbol{u}_1$ 是属于 λ_1 的一个特征向量，由下列方程

$$(\boldsymbol{A}-\lambda_1\boldsymbol{E})\boldsymbol{u}_1=\boldsymbol{u}_2,\ (\boldsymbol{A}-\lambda_1\boldsymbol{E})\boldsymbol{u}_2=\boldsymbol{u}_3,\cdots,$$
$$(\boldsymbol{A}-\lambda_1\boldsymbol{E})\boldsymbol{u}_{k-1}=\boldsymbol{u}_k,\ (\boldsymbol{A}-\lambda_1\boldsymbol{E})\boldsymbol{u}_k=\boldsymbol{0} \tag{5.37}$$

求出的 $k-1$ 个向量 $\boldsymbol{u}_2,\boldsymbol{u}_3,\cdots,\boldsymbol{u}_k$ 称为 $\boldsymbol{A}$ 的属于特征根 λ_1 的以 $\boldsymbol{u}_1$ 为首的**广义特征向量**。

若 λ_1 是 $\boldsymbol{A}$ 的 $k(>1)$ 重特征根，当属于 λ_1 的特征向量有 k 个线性无关时，没有广义特征向量，当属于 λ_1 的特征向量只有 $k_1(k_1<k)$ 个线性无关时，对这 k 个线性无关特征向量的一部分，可以按式(5.37)分别求出以 $\boldsymbol{u}_1$ 为首的 $k-k_1$ 个广义特征向量。

定理 5.11 设 $\boldsymbol{u}_2,\boldsymbol{u}_3,\cdots,\boldsymbol{u}_k$ 是 $\boldsymbol{A}$ 的属于特征根 λ_1 的以特征向量 $\boldsymbol{u}_1$ 为首的广义特征向量，则微分方程组(5.30)有 k 个线性无关的解

$$\mathrm{e}^{\lambda_1 t}\left[\boldsymbol{u}_1+\frac{t}{1!}\boldsymbol{u}_2+\frac{t^2}{2!}\boldsymbol{u}_3+\cdots+\frac{t^{l-1}}{(l-1)!}\boldsymbol{u}_l\right]\ (l=1,2,\cdots,k), \tag{5.38}$$

其中，$\boldsymbol{u}_i(i=1,2,\cdots,k)$ 是常向量。

证明 对于 $1\leqslant l\leqslant k$，记

$$\boldsymbol{x}_l(t)=\mathrm{e}^{\lambda_1 t}\left[\boldsymbol{u}_1+\frac{t}{1!}\boldsymbol{u}_2+\frac{t^2}{2!}\boldsymbol{u}_3+\cdots+\frac{t^{l-1}}{(l-1)!}\boldsymbol{u}_l\right]。$$

将 $\boldsymbol{x}_l(t)$ 代入微分方程组(5.30)，有

$$\boldsymbol{x}_l'(t) = e^{\lambda_1 t}\left\{\left[(\boldsymbol{u}_2 + \frac{t}{1!}\boldsymbol{u}_3 + \cdots + \frac{t^{l-2}}{(l-2)!}\boldsymbol{u}_l\right] + \lambda_1[\boldsymbol{u}_1 + \frac{t}{1!}\boldsymbol{u}_2 + \frac{t^2}{2!}\boldsymbol{u}_3 + \cdots + \frac{t^{l-1}}{(l-1)!}\boldsymbol{u}_l]\right\}$$

$$= \boldsymbol{A}e^{\lambda_1 t}\left[\boldsymbol{u}_1 + \frac{t}{1!}\boldsymbol{u}_2 + \frac{t^2}{2!}\boldsymbol{u}_3 + \cdots + \frac{t^{l-1}}{(l-1)!}\boldsymbol{u}_l\right],$$

则

$$(\boldsymbol{A} - \lambda_1\boldsymbol{E})\boldsymbol{u}_1 = \boldsymbol{u}_2,\ (\boldsymbol{A} - \lambda_1\boldsymbol{E})\boldsymbol{u}_2 = \boldsymbol{u}_3, \cdots,$$
$$(\boldsymbol{A} - \lambda_1\boldsymbol{E})\boldsymbol{u}_{k-1} = \boldsymbol{u}_k,\ (\boldsymbol{A} - \lambda_1\boldsymbol{E})\boldsymbol{u}_k = \boldsymbol{0}。$$

这正好是广义特征向量(5.37)，即 $\boldsymbol{x}_l(t)(l = 1,2,\cdots,k)$ 都是方程组(5.30) 的解。

$\boldsymbol{A}$ 属于特征根 λ_1 的 $k(>1)$ 重特征根的广义特征向量的首特征向量 $\boldsymbol{u}_1$ 满足

$$(\boldsymbol{A} - \lambda_1\boldsymbol{E})^k\boldsymbol{u}_1 = \boldsymbol{0}。\tag{5.39}$$

由线性代数理论知道，满足式(5.39) 的线性无关的向量 $\boldsymbol{u}_1$ 有且只有 k 个，因此由式(5.37) 和式(5.38) 求得方程组(5.30) 的 k 个解向量必定线性无关(在解矩阵 $\boldsymbol{\Phi}(t)$ 中，取 $t = 0$，则 $\det\boldsymbol{\Phi}(0) = |\boldsymbol{u}_1, \boldsymbol{u}_2, \cdots, \boldsymbol{u}_k| \neq 0$，其中 $\boldsymbol{u}_i(i = 1,2,\cdots,k)$ 是满足式(5.39) 的线性无关的向量)。这样，对于方程组(5.30) 的 $\boldsymbol{A}$ 有 $k(>1)$ 重特征根的求法，只须求出 $\boldsymbol{A}$ 的特征单根和 $\boldsymbol{A}$ 的 $k(>1)$ 重特征根对应的所有解向量，就可给出方程组(5.30) 的解。

例 11 解方程组 $\boldsymbol{x}' = \boldsymbol{A}\boldsymbol{x}, \boldsymbol{x} = \begin{pmatrix} x_1 \\ x_2 \\ x_3 \end{pmatrix}, \boldsymbol{A} = \begin{pmatrix} -1 & 1 & 0 \\ 0 & -1 & 4 \\ 1 & 0 & -4 \end{pmatrix}$。

解 特征方程是

$$\det(\boldsymbol{A} - \lambda\boldsymbol{E}) = \begin{vmatrix} -1-\lambda & 1 & 0 \\ 0 & -1-\lambda & 4 \\ 1 & 0 & -4-\lambda \end{vmatrix} = -\lambda(\lambda+3)^2 = 0,$$

解之得特征根为 $\lambda_1 = 0, \lambda_2 = \lambda_3 = -3$。

设 $\lambda_1 = 0$ 所对应的特征向量 $\boldsymbol{v}_1 = (k_1, k_2, k_3)^{\mathrm{T}}$，满足

$$\begin{cases} -k_1 + k_2 = 0, \\ -k_2 + 4k_3 = 0, \\ k_1 - 4k_3 = 0, \end{cases}$$

求得 $\boldsymbol{v}_1 = (4,4,1)^{\mathrm{T}}$。

于是，求得原方程组的一个解

$$\begin{pmatrix} x_1 \\ x_2 \\ x_3 \end{pmatrix} = \begin{pmatrix} 4 \\ 4 \\ 1 \end{pmatrix} e^{0t} = \begin{pmatrix} 4 \\ 4 \\ 1 \end{pmatrix}。$$

对于二重根设 $\lambda_2 = -3$ 所对应的特征向量 $\boldsymbol{v}_2 = (k_1, k_2, k_3)^{\mathrm{T}}$，满足

$$(\boldsymbol{A}+3\boldsymbol{E})^2\boldsymbol{v}_2=\begin{pmatrix}2&1&0\\0&2&4\\1&0&-1\end{pmatrix}^2\begin{pmatrix}k_1\\k_2\\k_3\end{pmatrix}=\begin{pmatrix}4&4&4\\4&4&4\\1&1&1\end{pmatrix}\begin{pmatrix}k_1\\k_2\\k_3\end{pmatrix}=\boldsymbol{0},$$

即 $k_1+k_2+k_3=0$,可以求得两个线性无关的向量

$$\boldsymbol{v}_2^{(1)}=(1,0,-1)^{\mathrm{T}},\quad \boldsymbol{v}_2^{(2)}=(0,1,-1)^{\mathrm{T}}。$$

对于 $\boldsymbol{v}_2^{(1)}=(1,0,-1)^{\mathrm{T}},\boldsymbol{v}_{2'}^{(1)}=\begin{pmatrix}2&1&0\\0&2&4\\1&0&-1\end{pmatrix}\begin{pmatrix}1\\0\\-1\end{pmatrix}=\begin{pmatrix}2\\-4\\2\end{pmatrix}$,求得原方程组的一个解

$$\begin{pmatrix}x_1\\x_2\\x_3\end{pmatrix}=(\boldsymbol{v}_2^{(1)}+t\boldsymbol{v}_{2'}^{(1)})\mathrm{e}^{-3t}=\left(\begin{pmatrix}1\\0\\-1\end{pmatrix}+t\begin{pmatrix}2\\-4\\2\end{pmatrix}\right)\mathrm{e}^{-3t}。$$

对于 $\boldsymbol{v}_2^{(2)}=(0,1,-1)^{\mathrm{T}},\boldsymbol{v}_{2'}^{(2)}=\begin{pmatrix}2&1&0\\0&2&4\\1&0&-1\end{pmatrix}\begin{pmatrix}0\\-4\\1\end{pmatrix}=\begin{pmatrix}1\\-4\\1\end{pmatrix}$,求得原方程组的一个解

$$\begin{pmatrix}x_1\\x_2\\x_3\end{pmatrix}=(\boldsymbol{v}_2^{(2)}+t\boldsymbol{v}_{2'}^{(2)})\mathrm{e}^{-3t}=\left(\begin{pmatrix}0\\1\\-1\end{pmatrix}+t\begin{pmatrix}1\\-4\\1\end{pmatrix}\right)\mathrm{e}^{-3t}。$$

于是,得到方程组的通解

$$\begin{pmatrix}x_1\\x_2\\x_3\end{pmatrix}=c_1\begin{pmatrix}4\\4\\1\end{pmatrix}+c_2\left(\begin{pmatrix}1\\0\\-1\end{pmatrix}+t\begin{pmatrix}2\\-4\\2\end{pmatrix}\right)\mathrm{e}^{-3t}+c_3\left(\begin{pmatrix}0\\1\\-1\end{pmatrix}+t\begin{pmatrix}1\\-4\\1\end{pmatrix}\right)\mathrm{e}^{-3t},$$

其中,c_1, c_2, c_3 为任意常数。

例 12 解方程组 $\boldsymbol{x}'=\boldsymbol{A}\boldsymbol{x},\ \boldsymbol{x}=\begin{pmatrix}x_1\\x_2\\x_3\end{pmatrix},\ \boldsymbol{A}=\begin{pmatrix}2&1&2\\-1&4&2\\0&0&3\end{pmatrix}$。

解 特征方程是

$$\det(\boldsymbol{A}-\lambda\boldsymbol{E})=\begin{vmatrix}2-\lambda&1&2\\-1&4-\lambda&2\\0&0&3-\lambda\end{vmatrix}=-(\lambda-3)^3=0,$$

解之得特征根为 $\lambda_1=\lambda_2=\lambda_3=3$。

设 $\lambda_1=3$ 所对应的特征向量 $\boldsymbol{v}_1=(k_1,k_2,k_3)^{\mathrm{T}}$ 满足

$$(\boldsymbol{A}-3\boldsymbol{E})^3\boldsymbol{v}_1=\begin{pmatrix}-1&1&2\\-1&1&2\\0&0&0\end{pmatrix}^3\begin{pmatrix}k_1\\k_2\\k_3\end{pmatrix}=\begin{pmatrix}0&0&0\\0&0&0\\0&0&0\end{pmatrix}\begin{pmatrix}k_1\\k_2\\k_3\end{pmatrix}=\boldsymbol{0},$$

可以得到 3 个线性无关的向量,如取

$$\boldsymbol{v}_1^{(1)}=(1,0,0)^{\mathrm{T}},\boldsymbol{v}_1^{(2)}=(0,1,0)^{\mathrm{T}},\boldsymbol{v}_1^{(3)}=(0,0,1)^{\mathrm{T}}。$$

对于 $\boldsymbol{v}_1^{(1)}=(1,0,0)^{\mathrm{T}}$,

$$v_2^{(1)} = \begin{pmatrix} -1 & 1 & 2 \\ -1 & -1 & 2 \\ 0 & 0 & 0 \end{pmatrix} \begin{pmatrix} 1 \\ 0 \\ 0 \end{pmatrix} = \begin{pmatrix} -1 \\ -1 \\ 0 \end{pmatrix},$$

$$v_3^{(1)} = \begin{pmatrix} -1 & 1 & 2 \\ -1 & -1 & 2 \\ 0 & 0 & 0 \end{pmatrix} \begin{pmatrix} -1 \\ -1 \\ 0 \end{pmatrix} = \begin{pmatrix} 0 \\ 0 \\ 0 \end{pmatrix},$$

求得原方程组的一个解

$$\begin{pmatrix} x_1 \\ x_2 \\ x_3 \end{pmatrix} = (v_1^{(1)} + tv_2^{(1)} + \frac{t^2}{2}v_3^{(1)})e^{3t}$$

$$= \left(\begin{pmatrix} 1 \\ 0 \\ 0 \end{pmatrix} + t\begin{pmatrix} -1 \\ -1 \\ 0 \end{pmatrix} + \frac{t^2}{2}\begin{pmatrix} 0 \\ 0 \\ 0 \end{pmatrix}\right)e^{3t} = \left(\begin{pmatrix} 1 \\ 0 \\ 0 \end{pmatrix} + t\begin{pmatrix} -1 \\ -1 \\ 0 \end{pmatrix}\right)e^{3t}。$$

对于 $v_1^{(2)} = (0,1,0)^T$，$v_2^{(2)} = \begin{pmatrix} -1 & 1 & 2 \\ -1 & -1 & 2 \\ 0 & 0 & 0 \end{pmatrix} \begin{pmatrix} 0 \\ 1 \\ 0 \end{pmatrix} = \begin{pmatrix} 1 \\ 1 \\ 0 \end{pmatrix}$,

$$v_3^{(2)} = \begin{pmatrix} -1 & 1 & 2 \\ -1 & -1 & 2 \\ 0 & 0 & 0 \end{pmatrix} \begin{pmatrix} 1 \\ 1 \\ 0 \end{pmatrix} = \begin{pmatrix} 0 \\ 0 \\ 0 \end{pmatrix},$$

求得原方程组的一个解

$$\begin{pmatrix} x_1 \\ x_2 \\ x_3 \end{pmatrix} = (v_1^{(2)} + tv_2^{(2)} + \frac{t^2}{2}v_3^{(2)})e^{3t}$$

$$= \left(\begin{pmatrix} 0 \\ 1 \\ 0 \end{pmatrix} + t\begin{pmatrix} 1 \\ 1 \\ 0 \end{pmatrix} + \frac{t^2}{2}\begin{pmatrix} 0 \\ 0 \\ 0 \end{pmatrix}\right)e^{3t} = \left(\begin{pmatrix} 0 \\ 1 \\ 0 \end{pmatrix} + t\begin{pmatrix} 1 \\ 1 \\ 0 \end{pmatrix}\right)e^{3t}。$$

对于 $v_1^{(3)} = (0,0,1)^T$，

$$v_2^{(3)} = \begin{pmatrix} -1 & 1 & 2 \\ -1 & -1 & 2 \\ 0 & 0 & 0 \end{pmatrix} \begin{pmatrix} 0 \\ 0 \\ 1 \end{pmatrix} = \begin{pmatrix} 2 \\ 2 \\ 0 \end{pmatrix},$$

$$v_3^{(3)} = \begin{pmatrix} -1 & 1 & 2 \\ -1 & -1 & 2 \\ 0 & 0 & 0 \end{pmatrix} \begin{pmatrix} 2 \\ 2 \\ 0 \end{pmatrix} = \begin{pmatrix} 0 \\ 0 \\ 0 \end{pmatrix},$$

求得原方程组的一个解

$$\begin{pmatrix} x_1 \\ x_2 \\ x_3 \end{pmatrix} = (v_1^{(3)} + tv_2^{(3)} + \frac{t^2}{2}v_3^{(3)})e^{3t}$$

$$= \left(\begin{pmatrix}0\\0\\1\end{pmatrix} + t\begin{pmatrix}2\\2\\0\end{pmatrix} + \frac{t^2}{2}\begin{pmatrix}0\\0\\0\end{pmatrix}\right)e^{3t} = \left(\begin{pmatrix}0\\0\\1\end{pmatrix} + t\begin{pmatrix}2\\2\\0\end{pmatrix}\right)e^{3t}。$$

于是,得到方程组的通解

$$\begin{pmatrix}x_1\\x_2\\x_3\end{pmatrix} = c_1\left(\begin{pmatrix}1\\0\\0\end{pmatrix} + t\begin{pmatrix}-1\\-1\\0\end{pmatrix}\right)e^{3t} + c_2\left(\begin{pmatrix}0\\1\\0\end{pmatrix} + t\begin{pmatrix}1\\1\\0\end{pmatrix}\right)e^{3t} + c_3\left(\begin{pmatrix}0\\0\\1\end{pmatrix} + t\begin{pmatrix}2\\2\\0\end{pmatrix}\right)e^{3t}$$

$$= \left(\begin{pmatrix}c_1\\c_2\\c_3\end{pmatrix} + t\begin{pmatrix}-c_1+c_2+2c_3\\-c_1+c_2+2c_3\\0\end{pmatrix}\right)e^{3t},$$

其中,c_1, c_2, c_3 为任意常数。

现在,若将条件(5.37)依次代入式(5.38),则方程组(5.30)关于特征值 $\lambda_j(j=1,2,\cdots,k)$ 的重数是 $n_j(n_1+n_2+\cdots+n_k=n)$ 的解的形式为

$$e^{\lambda_j t}\left(\boldsymbol{u}_j + \frac{t}{1!}(\boldsymbol{A}-\lambda\boldsymbol{E})\boldsymbol{u}_j + \frac{t^2}{2!}(\boldsymbol{A}-\lambda\boldsymbol{E})^2\boldsymbol{u}_j + \cdots + \frac{t^{n_j-1}}{(n_j-1)!}(\boldsymbol{A}-\lambda\boldsymbol{E})^{n_j-1}\boldsymbol{u}_j\right)$$

$$= e^{\lambda_j t}\left(\boldsymbol{E} + \frac{t}{1!}(\boldsymbol{A}-\lambda\boldsymbol{E}) + \frac{t^2}{2!}(\boldsymbol{A}-\lambda\boldsymbol{E})^2 + \cdots + \frac{t^{n_j-1}}{(n_j-1)!}(\boldsymbol{A}-\lambda\boldsymbol{E})^{n_j-1}\right)\boldsymbol{u}_j, \tag{5.40}$$

其中,$\boldsymbol{u}_j(i=1,2,\cdots,k)$ 满足

$$(\boldsymbol{A}-\lambda_j\boldsymbol{E})^{n_j}\boldsymbol{u}_j = \boldsymbol{0}。$$

定理 5.12 对于常系数线性微分方程组(5.30),如果矩阵 $\boldsymbol{A}$ 具有 k 个不同的特征值 $\lambda_1,\lambda_2,\cdots,\lambda_k$,其重数分别是 $n_1,n_2,\cdots,n_k$, $n_1+n_2+\cdots+n_k=n$,且特征值分别对应的特征向量 $\boldsymbol{v}_1,\boldsymbol{v}_2,\cdots,\boldsymbol{v}_k$ 满足

$$(\boldsymbol{A}-\lambda_j\boldsymbol{E})^{n_j}\boldsymbol{v}_j = \boldsymbol{0},\quad j=1,2,\cdots,k, \tag{5.41}$$

则方程组(5.30)满足初始条件

$$\boldsymbol{x}(0) = \boldsymbol{\eta} = \boldsymbol{v}_1 + \boldsymbol{v}_2 + \cdots + \boldsymbol{v}_k \tag{5.42}$$

的解为

$$\boldsymbol{x}(t) = \sum_{j=1}^{k} e^{\lambda_j t}\left[\sum_{i=0}^{n_j-1}\frac{t^i}{i!}(\boldsymbol{A}-\lambda\boldsymbol{E})^i\right]\boldsymbol{v}_j。 \tag{5.43}$$

证明 对矩阵 $\boldsymbol{A}$ 的 k 个不同的特征值 $\lambda_1,\lambda_2,\cdots,\lambda_k$,由式(5.40)得到

$$\boldsymbol{x}(t) = \sum_{j=1}^{k} e^{\lambda_j t}\left[\sum_{i=0}^{n_j-1}\frac{t^i}{i!}(\boldsymbol{A}-\lambda\boldsymbol{E})^i\right]\boldsymbol{v}_j。$$

此时,在初始条件 $\boldsymbol{x}(0)=\boldsymbol{\eta}$ 下,有关系 $\boldsymbol{\eta}=\boldsymbol{x}(0)=\sum_{j=1}^{k}\boldsymbol{v}_j$,即定理成立。

当矩阵 $\boldsymbol{A}$ 只有 1 个特征值 λ 时，方程组(5.30) 的解无须求第一个和式。

推论 5.4 对于常系数线性微分方程组(5.30)，如果矩阵 $\boldsymbol{A}$ 只有 1 个特征值 λ，其重数分别是 n 且特征值 $\boldsymbol{v}$ 满足 $(\boldsymbol{A}-\lambda\boldsymbol{E})^n\boldsymbol{v}=\boldsymbol{0}$，则方程组(5.30) 满足初始条件 $\boldsymbol{x}(0)=\boldsymbol{\eta}$ 的解为

$$\boldsymbol{x}(t)=\mathrm{e}^{\lambda t}\left[\sum_{i=0}^{n_j-1}\frac{t^i}{i!}(\boldsymbol{A}-\lambda\boldsymbol{E})^i\right]\boldsymbol{\eta}。\tag{5.44}$$

例 13 解方程组 $\boldsymbol{x}'=\boldsymbol{A}\boldsymbol{x}$，$\boldsymbol{x}=\begin{pmatrix}x_1\\x_2\end{pmatrix}$，$\boldsymbol{A}=\begin{pmatrix}2&1\\-1&4\end{pmatrix}$，$\boldsymbol{x}(0)=\begin{pmatrix}\eta_1\\\eta_2\end{pmatrix}$。

解 特征方程是

$$\det(\boldsymbol{A}-\lambda\boldsymbol{E})=\begin{vmatrix}2-\lambda&1\\-1&4-\lambda\end{vmatrix}=-(\lambda^2-6\lambda+9)=-(\lambda-3)^2=0,$$

特征根为 $\lambda_1=\lambda_2=3$。

因此，对于 1 个 2 重特征根 3，由式(5.44) 求得特解

$$\begin{aligned}\boldsymbol{x}(t)&=\mathrm{e}^{3t}[\boldsymbol{E}+t(\boldsymbol{A}-3\boldsymbol{E})]\boldsymbol{\eta}\\&=\mathrm{e}^{3t}\left(\boldsymbol{E}+t\begin{pmatrix}-1&1\\-1&1\end{pmatrix}\right)\begin{pmatrix}\eta_1\\\eta_2\end{pmatrix}\\&=\mathrm{e}^{3t}\begin{pmatrix}\eta_1+t(-\eta_1+\eta_2)\\\eta_2+t(-\eta_1+\eta_2)\end{pmatrix}。\end{aligned}$$

例 14 解方程组 $\boldsymbol{x}'=\boldsymbol{A}\boldsymbol{x}$，$\boldsymbol{x}=\begin{pmatrix}x_1\\x_2\\x_3\end{pmatrix}$，$\boldsymbol{A}=\begin{pmatrix}3&-1&1\\2&0&1\\1&-1&2\end{pmatrix}$，$\boldsymbol{x}(0)=\begin{pmatrix}\eta_1\\\eta_2\\\eta_3\end{pmatrix}$。

解 特征方程是

$$\det(\boldsymbol{A}-\lambda\boldsymbol{E})=-(\lambda-1)(\lambda-2)^2=0,$$

解之得特征根为 $\lambda_1=1$，$\lambda_2=\lambda_3=2$。

设 $\lambda_1=1$ 所对应的特征向量 $\boldsymbol{v}_1=(k_1,k_2,k_3)^{\mathrm{T}}$ 满足

$$(\boldsymbol{A}-\boldsymbol{E})\boldsymbol{v}_1=\begin{pmatrix}2&-1&1\\2&-1&1\\1&-1&1\end{pmatrix}\begin{pmatrix}k_1\\k_2\\k_3\end{pmatrix}=\boldsymbol{0},$$

求得 $\boldsymbol{v}_1=(0,\alpha,\alpha)^{\mathrm{T}}$，其中 α 为任意常数。

对于二重根设 $\lambda_2=2$，所对应的特征向量 $\boldsymbol{v}_2=(k_1,k_2,k_3)^{\mathrm{T}}$ 满足

$$(\boldsymbol{A}-2\boldsymbol{E})^2\boldsymbol{v}_2=\begin{pmatrix}0&0&0\\-1&1&0\\-1&1&0\end{pmatrix}^2\begin{pmatrix}k_1\\k_2\\k_3\end{pmatrix}=\boldsymbol{0},$$

求得 $\boldsymbol{v}_2=(\beta,\beta,\gamma)^{\mathrm{T}}$，其中 β,γ 为任意常数。

现在，由式(5.42)，求得

$$\begin{pmatrix}\eta_1\\\eta_2\\\eta_3\end{pmatrix}=\boldsymbol{\eta}=\boldsymbol{v}_1+\boldsymbol{v}_2=\begin{pmatrix}0\\\alpha\\\alpha\end{pmatrix}+\begin{pmatrix}\beta\\\beta\\\gamma\end{pmatrix}=\begin{pmatrix}\beta\\\alpha+\beta\\\alpha+\gamma\end{pmatrix},$$

即
$$\boldsymbol{v}_1=\begin{pmatrix}0\\\eta_2-\eta_1\\\eta_2-\eta_1\end{pmatrix},\ \boldsymbol{v}_2=\begin{pmatrix}\eta_1\\\eta_1\\\eta_3-\eta_2+\eta_1\end{pmatrix}。$$

于是，由式(5.43)求得特解

$$\begin{aligned}\boldsymbol{x}(t)&=e^t\boldsymbol{v}_1+e^{2t}[\boldsymbol{E}+t(\boldsymbol{A}-2\boldsymbol{E})]\boldsymbol{v}_2\\&=e^t\begin{pmatrix}0\\\eta_2-\eta_1\\\eta_2-\eta_1\end{pmatrix}+e^{2t}\left(\boldsymbol{E}+t\begin{pmatrix}1&-1&1\\2&-2&1\\1&-1&0\end{pmatrix}\right)\begin{pmatrix}\eta_1\\\eta_1\\\eta_3-\eta_2+\eta_1\end{pmatrix}\\&=e^t\begin{pmatrix}0\\\eta_2-\eta_1\\\eta_2-\eta_1\end{pmatrix}+e^{2t}\begin{pmatrix}\eta_1+t(\eta_3-\eta_2+\eta_1)\\\eta_1+t(\eta_3-\eta_2+\eta_1)\\\eta_3-\eta_2+\eta_1\end{pmatrix}。\end{aligned}$$

5.3.2 基解矩阵的两种计算方法

对于常系数线性微分方程组(5.30)的解法，关键是求出其基解矩阵。通常还可以用以下方法，求其基解矩阵。

Ⅰ 利用若尔当标准型计算基解矩阵

对于矩阵 $\boldsymbol{A}$，由矩阵理论知道，必存在非奇异的矩阵 $\boldsymbol{T}$，使得

$$\boldsymbol{T}^{-1}\boldsymbol{A}\boldsymbol{T}=\boldsymbol{J},\tag{5.45}$$

其中 $\boldsymbol{J}$ 具有若尔当标准型，即

$$\boldsymbol{J}=\begin{pmatrix}\boldsymbol{J}_1&0&\cdots&0\\0&\boldsymbol{J}_2&\cdots&0\\\vdots&\vdots&\ddots&\vdots\\0&0&0&\boldsymbol{J}_l\end{pmatrix},$$

这里

$$\boldsymbol{J}_j=\begin{pmatrix}\lambda_j&1&0&0&0&0\\0&\lambda_j&1&0&0&0\\0&0&\ddots&\ddots&0&0\\0&0&0&\ddots&\ddots&0\\0&0&0&0&\ddots&1\\0&0&0&0&0&\lambda_j\end{pmatrix}\quad(j=1,2,\cdots,l)$$

为 n_j 阶矩阵，并且 $n_1+n_2+\cdots+n_l=n$，而 l 为矩阵 $\boldsymbol{A}-\lambda\boldsymbol{E}$ 的初级因子的个数；$\lambda_1,\lambda_2,\cdots,\lambda_l$

是特征方程(5.34) 的根,其间可能有相同者。

根据矩阵指数定义(见王高雄《常微分方程》(第三版),高等教育出版社,2006 年),容易计算得到微分方程组(5.30) 的基解矩阵 $\exp\boldsymbol{J}t$ 满足

$$\exp\boldsymbol{J}t=\begin{pmatrix}\exp\boldsymbol{J}_1t & 0 & 0 & 0\\ 0 & \exp\boldsymbol{J}_2t & 0 & 0\\ 0 & 0 & \ddots & 0\\ 0 & 0 & 0 & \exp\boldsymbol{J}_lt\end{pmatrix},\tag{5.46}$$

$$\exp\boldsymbol{J}_jt=\begin{pmatrix}1 & t & \frac{t^2}{2!} & \cdots & \frac{t^{n_j-1}}{(n_j-1)!}\\ 0 & 1 & t & \cdots & \frac{t^{n_j-2}}{(n_j-2)!}\\ 0 & 0 & 1 & \cdots & \frac{t^{n_j-3}}{(n_j-3)!}\\ 0 & 0 & 0 & \ddots & \vdots\\ 0 & 0 & 0 & \cdots & 1\end{pmatrix}e^{\lambda_jt}。\tag{5.47}$$

所以,如果矩阵 $\boldsymbol{J}$ 是若尔当标准型,那么可以计算得到基解矩阵 $\exp\boldsymbol{J}t$,由式(5.45) 及矩阵指数的性质,可以得到微分方程组(5.30) 的基解矩阵 $\exp\boldsymbol{A}t$ 的计算公式

$$\exp\boldsymbol{A}t=\exp(\boldsymbol{TJT}^{-1})t=\boldsymbol{T}(\exp\boldsymbol{J}t)\boldsymbol{T}^{-1}。\tag{5.48}$$

当然,根据推论 5.1*,矩阵

$$\boldsymbol{\psi}(t)=\boldsymbol{T}\exp\boldsymbol{J}t\tag{5.49}$$

也是微分方程组(5.30) 的基解矩阵。由式(5.48) 或式(5.49) 都可以得到基解矩阵的具体结构,问题是非奇异矩阵 $\boldsymbol{T}$ 的计算比较麻烦。

由曹之江《常微分方程简明教程》(科学出版社,2007 年) 一书中给出用若尔当标准型矩阵 $\boldsymbol{J}$ 求基解矩阵的步骤:

(1) 对于 $\lambda\boldsymbol{E}-\boldsymbol{A}$ 进行初等变换化为标准形式

$$\lambda\boldsymbol{E}-\boldsymbol{A}\sim\begin{pmatrix}d_1(\lambda) & 0 & \cdots & 0\\ 0 & d_2(\lambda) & \cdots & 0\\ \vdots & \vdots & \ddots & \vdots\\ 0 & 0 & \cdots & d_n(\lambda)\end{pmatrix},$$

其中,$d_j(\lambda)$ 为 λ 的多项式,并且满足 $d_{j-1}(\lambda)\mid d_j(\lambda)$,且 $\prod_{j=1}^{n}d_j(\lambda)=|\lambda\boldsymbol{E}-\boldsymbol{A}|$;

(2) 求出 $\boldsymbol{A}$ 的所有初等因子 $(\lambda-\lambda_j)^{\alpha_j}(1\leqslant\alpha_j\leqslant n)$;

(3) 写出矩阵 $\boldsymbol{A}$ 的若尔当标准型矩阵 $\boldsymbol{J}$;

(4) 根据 $\boldsymbol{AT}=\boldsymbol{TJ}$ 求出线性代数变换 $\boldsymbol{T}$;

(5) 计算得到基解矩阵 $\boldsymbol{T}\exp\boldsymbol{J}t$。

例 15 求微分方程组 $\boldsymbol{x}'=\boldsymbol{A}\boldsymbol{x}$，$\boldsymbol{x}=\begin{pmatrix}x_1\\x_2\\x_3\end{pmatrix}$，$\boldsymbol{A}=\begin{pmatrix}3&-1&1\\2&0&1\\1&-1&2\end{pmatrix}$ 的基解矩阵。

解 对矩阵 $\boldsymbol{A}-\lambda\boldsymbol{E}$ 作初等变换

$$\lambda\boldsymbol{E}-\boldsymbol{A}\sim\begin{pmatrix}\lambda-3&-1&-1\\-2&\lambda&-1\\-1&1&\lambda-2\end{pmatrix}\sim\begin{pmatrix}1&0&0\\0&1&0\\0&0&(\lambda-1)(\lambda-2)^2\end{pmatrix}。$$

由此求得 $\lambda\boldsymbol{E}-\boldsymbol{A}$ 的标准形式，其中 $d_1(\lambda)=d_2(\lambda)=1,d_3(\lambda)=(\lambda-1)(\lambda-2)^2$，满足 $d_1(\lambda)\mid d_2(\lambda)\mid d_3(\lambda)$，即有初等因子 $(\lambda-1),(\lambda-2)^2$。从而知矩阵 $\boldsymbol{A}$ 的若尔当标准型矩阵

$$\boldsymbol{J}=\begin{pmatrix}1&0&0\\0&2&1\\0&0&2\end{pmatrix}。$$

根据 $\boldsymbol{AT}=\boldsymbol{TJ}$ 求出线性代数变换

$$\boldsymbol{T}=\begin{pmatrix}0&1&0\\1&1&0\\1&0&1\end{pmatrix},$$

于是得到基解矩阵

$$\boldsymbol{T}\exp\boldsymbol{J}t=\begin{pmatrix}0&1&0\\1&1&0\\1&0&1\end{pmatrix}\begin{pmatrix}\mathrm{e}^t&0&0\\0&\mathrm{e}^{2t}&t\mathrm{e}^t\\0&0&\mathrm{e}^{2t}\end{pmatrix}=\begin{pmatrix}0&\mathrm{e}^{2t}&t\mathrm{e}^{2t}\\\mathrm{e}^t&\mathrm{e}^{2t}&t\mathrm{e}^{2t}\\\mathrm{e}^t&0&\mathrm{e}^{2t}\end{pmatrix}。$$

Ⅱ 应用哈密顿—凯莱定理计算基解矩阵

东北师范大学数学系微分方程教研室编《常微分方程》(第二版)(高等教育出版社，2005 年)一书中，给出结论：

定理 5.13 常系数线性微分方程组(5.30)，如果矩阵 $\boldsymbol{A}$ 具有 k 个不同的特征值 $\lambda_1,\lambda_2,\cdots,\lambda_k$，其重数分别是 $n_1,n_2,\cdots,n_k,n_1+n_2+\cdots+n_k=n$，则对于特征值 λ_i 的重数 n_i 存在 n_i 个形如

$$x_{1j}=p_{1j}(t)\mathrm{e}^{\lambda_i t},x_{2j}=p_{2j}(t)\mathrm{e}^{\lambda_i t},\cdots,x_{nj}=p_{nj}(t)\mathrm{e}^{\lambda_i t}(j=1,2,\cdots,n_i) \quad (5.50)$$

的线性无关解，其中 $p_{rj}(t)(r=1,2,\cdots,n;j=1,2,\cdots,n_i)$ 为 t 的次数不高于 n_i-1 的多项式，取遍所有的 $\lambda_i(i=1,2,\cdots,k)$，可以求得基解矩阵。

例 16 求微分方程组 $\boldsymbol{x}'=\boldsymbol{A}\boldsymbol{x}$，$\boldsymbol{x}=\begin{pmatrix}x_1\\x_2\\x_3\end{pmatrix}$，$\boldsymbol{A}=\begin{pmatrix}3&-1&1\\2&0&1\\1&-1&2\end{pmatrix}$ 的基解矩阵。

解 由例 15，得到特征根为 $\lambda_1=1,\lambda_2=\lambda_3=2$。首先，对于特征根 $\lambda_1=1$，求得一个解

$$\boldsymbol{x}_1(t)=\mathrm{e}^t\begin{pmatrix}0\\1\\1\end{pmatrix}。$$

其次，对于二重根 $\lambda_2=2$ 的解 $\boldsymbol{x}_2$，根据式(5.50)应该满足

$$\boldsymbol{x}_{21}(t)=(r_{11}+r_{12}t)\mathrm{e}^{2t},\quad \boldsymbol{x}_{22}(t)=(r_{21}+r_{22}t)\mathrm{e}^{2t},\quad \boldsymbol{x}_{23}(t)=(r_{31}+r_{32}t)\mathrm{e}^{2t},$$

将解代入原方程组，得到

$$\begin{cases}2(r_{11}+r_{12}t)+r_{12}=3(r_{11}+r_{12}t)-(r_{21}+r_{22}t)+(r_{31}+r_{32}t),\\2(r_{21}+r_{22}t)+r_{22}=2(r_{11}+r_{12}t)+(r_{31}+r_{32}t),\\2(r_{31}+r_{32}t)+r_{32}=(r_{11}+r_{12}t)-(r_{21}+r_{22}t)+2(r_{31}+r_{32}t),\end{cases}$$

即

$$2r_{11}+r_{12}=3r_{11}-r_{21}+r_{31},\quad 2r_{12}=3r_{12}-r_{22}+r_{32},$$
$$2r_{21}+r_{22}=2r_{11}+r_{31},\quad 2r_{22}=2r_{12}+r_{32},$$
$$2r_{31}+r_{32}=r_{11}-r_{21}+2r_{31},\quad 2r_{32}=r_{12}-r_{22}+2r_{32},$$

解得 $r_{32}=0,\quad r_{11}=r_{21}=r_{22},\quad r_{12}=r_{22}=r_{31}$。

以 r_{11},r_{12} 为独立变量，分别取

$$r_{11}=1,r_{12}=0;r_{11}=0,r_{12}=1,$$

则有

$$r_{32}=0,\ r_{11}=r_{21}=r_{22}=1,\ r_{12}=r_{22}=r_{31}=0;$$
$$r_{32}=0,\ r_{11}=r_{21}=r_{22}=0,\ r_{12}=r_{22}=r_{31}=1。$$

得到2个线性无关的解

$$x_{21}(t)=\mathrm{e}^{2t},\ x_{22}(t)=\mathrm{e}^{2t},\ x_{23}(t)=0;$$
$$x_{21}(t)=t\mathrm{e}^{2t},\ x_{22}(t)=t\mathrm{e}^{2t},x_{23}(t)=\mathrm{e}^{2t},$$

于是得到基解矩阵

$$\boldsymbol{\Phi}(t)=\begin{pmatrix}0&\mathrm{e}^{2t}&t\mathrm{e}^{2t}\\\mathrm{e}^{t}&\mathrm{e}^{2t}&t\mathrm{e}^{2t}\\\mathrm{e}^{t}&0&\mathrm{e}^{2t}\end{pmatrix}。$$

王高雄在《常微分方程》(第三版)(高等教育出版社，2006年)一书中，也给出了与上述等价的结论。

定理5.13* 常系数线性微分方程组(5.30)，如果矩阵 $\boldsymbol{A}$ 具有 k 个不同的特征值 $\lambda_1,\lambda_2,\cdots,\lambda_k$，其重数分别是 $n_1,n_2,\cdots,n_k,n_1+n_2+\cdots+n_k=n$，则方程组(5.30)基解矩阵是

$$\exp\boldsymbol{A}t=\sum_{j=0}^{n-1}r_{j+1}(t)\boldsymbol{P}_j,\tag{5.51}$$

其中，$\boldsymbol{P}_0=\boldsymbol{E},\boldsymbol{P}_j=\prod_{k=1}^{j}(\boldsymbol{A}-\lambda_k\boldsymbol{E})(j=1,2,\cdots,n)$，而 $r_1(t),r_2(t),\cdots,r_n(t)$ 是初值问题

$$\begin{cases}r_1'=\lambda_1r_1,\\r_1'=r_{j-1}+\lambda_jr_j\quad(j=1,2,\cdots,n),\\r_1(0)=1,r_j(0)=0,\end{cases}$$

的解。

现在应用这一方法计算例16。这时 $\lambda_1=1,\lambda_2=\lambda_3=2$，求解初值问题

$$\begin{cases} r_1' = r_1, \\ r_2' = r_1 + 2r_2, \\ r_3' = r_2 + 2r_3, \\ r_1(0) = 1, r_2(0) = r_3(0) = 0, \end{cases}$$

得到 $r_1 = \mathrm{e}^t, r_2 = \mathrm{e}^{2t} - \mathrm{e}^t, r_3 = (t-1)\mathrm{e}^{2t} + \mathrm{e}^t$,计算得

$$\boldsymbol{P}_1 = \boldsymbol{A} - \boldsymbol{E} = \begin{pmatrix} 2 & -1 & 1 \\ 2 & -1 & 1 \\ 1 & -1 & 1 \end{pmatrix},$$

$$\boldsymbol{P}_2 = (\boldsymbol{A} - \boldsymbol{E})(\boldsymbol{A} - 2\boldsymbol{E}) = \begin{pmatrix} 1 & -1 & 1 \\ 1 & -1 & 1 \\ 0 & 0 & 0 \end{pmatrix},$$

最后得到

$$\exp \boldsymbol{A}t = \sum_{j=0}^{n-1} r_{j+1}(t)\boldsymbol{P}_j = \begin{pmatrix} (1+t)\mathrm{e}^{2t} & -t\mathrm{e}^{2t} & t\mathrm{e}^{2t} \\ (1+t)\mathrm{e}^{2t} - \mathrm{e}^t & -t\mathrm{e}^{2t} + \mathrm{e}^t & t\mathrm{e}^{2t} \\ \mathrm{e}^{2t} - \mathrm{e}^t & -\mathrm{e}^{2t} + \mathrm{e}^t & \mathrm{e}^{2t} \end{pmatrix}。$$

此时,由推论 5.2* 知,2 个基解矩阵 $\boldsymbol{\Phi}(t)$,$\exp(\boldsymbol{A}t)$ 有关系式

$$\boldsymbol{\Phi}(t) = \exp(\boldsymbol{A}t)\boldsymbol{C},$$

其中,$\boldsymbol{C}$ 为常数方阵。取 $\boldsymbol{C} = \exp^{-1}(0)\boldsymbol{\Phi}(0) = \boldsymbol{E\Phi}(0) = \boldsymbol{\Phi}(0)$,则

$$\boldsymbol{\Phi}(t) = \exp(\boldsymbol{A}t)\boldsymbol{\Phi}(0) = \begin{pmatrix} (1+t)\mathrm{e}^{2t} & -t\mathrm{e}^{2t} & t\mathrm{e}^{2t} \\ (1+t)\mathrm{e}^{2t} - \mathrm{e}^t & -t\mathrm{e}^{2t} + \mathrm{e}^t & t\mathrm{e}^{2t} \\ \mathrm{e}^{2t} - \mathrm{e}^t & -\mathrm{e}^{2t} + \mathrm{e}^t & \mathrm{e}^{2t} \end{pmatrix} \begin{pmatrix} 0 & 1 & 0 \\ 1 & 1 & 0 \\ 1 & 0 & 1 \end{pmatrix}$$

$$= \begin{pmatrix} 0 & \mathrm{e}^{2t} & t\mathrm{e}^{2t} \\ \mathrm{e}^t & \mathrm{e}^{2t} & t\mathrm{e}^{2t} \\ \mathrm{e}^t & 0 & \mathrm{e}^{2t} \end{pmatrix}。$$

说明,两种方法求得的基解矩阵一致。

常系数线性微分方程组(5.30) 的基解矩阵中的每一个解形式为式(5.50),而式(5.30) 的解都是基解矩阵中的每一个解的线性组合,所以方程组(5.30) 的解的各个分量 $x_j(t)$ 也都是形式为 $p(t)\mathrm{e}^{\lambda t}$ 的和,其中 $p(t)$ 为 t 的多项式。

定理 5.14 给定常系数线性微分方程组 $\boldsymbol{x}' = \boldsymbol{Ax}$(5.30) 那么:

(1) 如果矩阵 $\boldsymbol{A}$ 的特征值的实部都是负的,则方程组(5.30) 的任一解当 $t \to +\infty$ 时都趋于零;

(2) 如果矩阵 $\boldsymbol{A}$ 的特征值的实部都是非负的,且实部为零的特征值都是简单特征值,则方程组(5.30) 的任一解当 $t \to +\infty$ 时都保持有界;

(3) 如果矩阵 $\boldsymbol{A}$ 的特征值至少有一个具有正实部,则方程组(5.30) 至少有一个解当 $t \to +\infty$ 时趋于无穷。

证明 根据式(5.43),知道方程组(5.30) 的任一解都可以表示为 t 的指数函数与 t

的幂函数乘积的线性组合，再根据指数函数的简单性质及定理中(1)，(2)两部分所作的假设，即可得(1)，(2)的证明。为了证明(3)，设$\lambda=\alpha+\mathrm{i}\beta$是矩阵$\boldsymbol{A}$的特征值，其中$\alpha,\beta$是实数且$\alpha>0$。取$\boldsymbol{\eta}$为矩阵$\boldsymbol{A}$的对应于特征值$\lambda$的特征向量，则向量函数

$$\boldsymbol{\varphi}(t)=\mathrm{e}^{\lambda t}\boldsymbol{\eta}$$

是方程组(5.30)的一个解，于是

$$\|\boldsymbol{\varphi}(t)\|=\mathrm{e}^{\lambda t}\|\boldsymbol{\eta}\|\to+\infty(t\to+\infty),$$

这就是所要证明的结论。

5.3.3　常系数齐次线性微分方程组的初等解法

对于常系数齐次线性微分方程组(5.30)，设$\boldsymbol{K}=(k_1,k_2,\cdots,k_n)$，其中$k_1,k_2,\cdots,k_n$是不全为零的常数，使得

$$\boldsymbol{K}\begin{pmatrix}x_1'\\x_2'\\\vdots\\x_n'\end{pmatrix}=\boldsymbol{K}\boldsymbol{A}\begin{pmatrix}x_1\\x_2\\\vdots\\x_n\end{pmatrix}\Leftrightarrow(k_1,\cdots,k_n)\begin{pmatrix}x_1'\\x_2'\\\vdots\\x_n'\end{pmatrix}=(k_1,\cdots,k_n)\boldsymbol{A}\begin{pmatrix}x_1\\x_2\\\vdots\\x_n\end{pmatrix},$$

即

$$(k_1x_1'+\cdots+k_nx_n')=(k_1a_{11}+\cdots+k_na_{n1})x_1+\cdots+(k_1a_{1n}+\cdots+k_na_{nn})x_n。\tag{5.52}$$

令

$$k_1a_{1i}+\cdots+k_na_{ni}=\lambda k_i(i=1,\cdots,n,\lambda\text{ 为常数}),\tag{5.53}$$

亦即

$$\begin{cases}k_1a_{11}+\cdots+k_na_{n1}=\lambda k_1,\\k_1a_{12}+\cdots+k_na_{n2}=\lambda k_2,\\\cdots\cdots\cdots\cdots\\k_1a_{1n}+\cdots+k_na_{nn}=\lambda k_n,\end{cases}\tag{5.54}$$

所以

$$\boldsymbol{K}(\boldsymbol{A}-\lambda\boldsymbol{E})^{\mathrm{T}}=\boldsymbol{0}\Leftrightarrow(\boldsymbol{A}-\lambda\boldsymbol{E})\boldsymbol{K}^{\mathrm{T}}=\boldsymbol{0}。\tag{5.55}$$

因此，依然将方程$|\boldsymbol{A}-\lambda\boldsymbol{E}|=0$称为方程组(5.30)的特征方程，而将满足式(5.55)的$\boldsymbol{K}_1,\boldsymbol{K}_2,\cdots,\boldsymbol{K}_n$称为特征根$\lambda_1,\lambda_2,\cdots,\lambda_n$所对应的特征行向量。

这说明方程组(5.30)的特征根λ对应的特征行向量$\boldsymbol{K}$的转置为方程组(5.30)的特征根λ对应的特征列向量$\boldsymbol{C}$。即方程组(5.30)的解$\boldsymbol{x}$也可以通过特征根$\lambda_1,\lambda_2,\cdots,\lambda_n$所对应的特征行向量$\boldsymbol{K}_1,\boldsymbol{K}_2,\cdots,\boldsymbol{K}_n$表示为

$$\boldsymbol{x}=(\boldsymbol{K}_1^{\mathrm{T}}\mathrm{e}^{\lambda_1t},\boldsymbol{K}_2^{\mathrm{T}}\mathrm{e}^{\lambda 2t},\cdots,\boldsymbol{K}_n^{\mathrm{T}}\mathrm{e}^{\lambda_nt})\boldsymbol{C},\tag{5.56}$$

其中，$\boldsymbol{C}$为常数列向量。

1. 矩阵$\boldsymbol{A}$的特征根均是单根。

定理 5.15　如果常系数齐次线性微分方程组(5.30)的特征方程$|(\boldsymbol{A}-\lambda\boldsymbol{E})|=0$有$n$个互异的特征根$\lambda_1,\lambda_2,\cdots,\lambda_n$，而对应的线性无关的特征行向量为$\boldsymbol{K}_1,\boldsymbol{K}_2,\cdots,\boldsymbol{K}_n$，则方程

组(5.30)化为 n 个一阶齐次线性微分方程

$$\left(\sum_{i=1}^{n}\boldsymbol{K}_i\boldsymbol{x}_i\right)' = \lambda_j\left(\sum_{i=1}^{n}\boldsymbol{K}_i\boldsymbol{x}_i\right)(j = 1,2,\cdots,n)。\tag{5.57}$$

证明 方程组(5.30)的系数矩阵 $\boldsymbol{A}$ 的 n 个互异的特征根 $\lambda_i(i = 1,2,\cdots,n)$ 为 n 个固定值 $\lambda_j(j = 1,2,\cdots,n)$，则其对应特征向量 $\boldsymbol{u}_i$ 满足

$$(\boldsymbol{A} - \lambda_i\boldsymbol{E})\boldsymbol{u}_i = \boldsymbol{0},\tag{5.58}$$

即方程组(5.30)的解 $\boldsymbol{x}_i = \boldsymbol{u}_i\mathrm{e}^{\lambda_i t}(i = 1,2,\cdots,n)$ 满足

$$(\boldsymbol{A} - \lambda_i\boldsymbol{E})\boldsymbol{x}_i = \boldsymbol{0},\tag{5.59}$$

$$\lambda_i\boldsymbol{E}\boldsymbol{x}_i = \boldsymbol{A}\boldsymbol{x}_i = \boldsymbol{x}_i'。\tag{5.60}$$

此时，特征根 $\lambda_i(i = 1,2,\cdots,n)$ 为固定值 $\lambda_j(j = 1,2,\cdots,n)$，对方程组(5.30)的解进行线性组合，即有一阶齐次线性微分方程

$$\left(\sum_{i=1}^{n}\boldsymbol{K}_i\boldsymbol{x}_i\right)' = \lambda_j\left(\sum_{i=1}^{n}\boldsymbol{K}_i\boldsymbol{x}_i\right)(j = 1,2,\cdots,n),\tag{5.61}$$

即方程组(5.30)化为 n 个一阶齐次线性微分方程(5.57)。

此时，由方程(5.57)得到解

$$\sum_{i=1}^{n}\boldsymbol{K}_i\boldsymbol{x}_i = c_j\mathrm{e}^{\lambda_j t}(j = 1,2,\cdots,n),\tag{5.62}$$

其中，c_j 为任意常数。

现记

$$\boldsymbol{K}_0 = \begin{pmatrix} k_{11} & \cdots & k_{1n} \\ \vdots & \ddots & \vdots \\ k_{n1} & \cdots & k_{nn} \end{pmatrix} = (\boldsymbol{K}_1 \quad \boldsymbol{K}_2 \quad \cdots \quad \boldsymbol{K}_n)^{\mathrm{T}},$$

于是，方程组(5.30)的通解是

$$\begin{aligned}\boldsymbol{x}(t) &= \boldsymbol{K}_0^{-1}\begin{pmatrix} \mathrm{e}^{\lambda_1 t} & 0 & \cdots & 0 \\ 0 & \mathrm{e}^{\lambda_2 t} & \cdots & 0 \\ \vdots & \vdots & \ddots & \vdots \\ 0 & 0 & \cdots & \mathrm{e}^{\lambda_n t} \end{pmatrix}(c_1,c_2,\cdots,c_n)^{\mathrm{T}} \\ &= \boldsymbol{K}_0^{-1}\exp\boldsymbol{J}t\ (c_1,c_2,\cdots,c_n)^{\mathrm{T}},\end{aligned}\tag{5.63}$$

其中，$c_1,c_2,\cdots,c_n$ 为任意常数，若尔当标准型矩阵 $\boldsymbol{J}$ 满足

$$\exp\boldsymbol{J}t = \begin{pmatrix} \mathrm{e}^{\lambda_1 t} & 0 & \cdots & 0 \\ 0 & \mathrm{e}^{\lambda_2 t} & \cdots & 0 \\ \vdots & \vdots & \ddots & \vdots \\ 0 & 0 & \cdots & \mathrm{e}^{\lambda_n t} \end{pmatrix}。\tag{5.64}$$

推论 5.5 如果常系数齐次线性微分方程组(5.30)的特征方程 $|(\boldsymbol{A} - \lambda\boldsymbol{E})| = 0$ 有 n

个互异的特征根 $\lambda_1,\lambda_2,\cdots,\lambda_n$，而对应的线性无关的特征行向量为 $\boldsymbol{K}_1,\boldsymbol{K}_2,\cdots,\boldsymbol{K}_n$，若记 $\boldsymbol{K}_0=(\boldsymbol{K}_1\quad \boldsymbol{K}_2\quad \cdots\quad \boldsymbol{K}_n)^{\mathrm{T}}$，则方程组(5.30)的通解为式(5.63)。

2. 矩阵 $\boldsymbol{A}$ 的特征根有重根。

定理 5.16 如果常系数齐次线性微分方程组(5.30)的特征方程 $|\boldsymbol{A}-\lambda\boldsymbol{E}|=0$ 有不同的特征根 $\lambda_1,\lambda_2,\cdots,\lambda_m$，其重数分别为 $n_1,n_2,\cdots,n_m$，$n_1+n_2+\cdots+n_m=n$，而对应的线性无关的特征行向量为 $\boldsymbol{K}_1,\boldsymbol{K}_2,\cdots,\boldsymbol{K}_m$，则方程组(5.30)化为一阶齐次线性微分方程

$$\begin{cases}\left(\sum\limits_{i=1}^{m}\boldsymbol{K}_i\boldsymbol{x}_i\right)'=\lambda_j\left(\sum\limits_{i=1}^{m}\boldsymbol{K}_i\boldsymbol{x}_i\right)(\boldsymbol{A}-\lambda_j\boldsymbol{E})\boldsymbol{x}_m=\boldsymbol{0}\\ \left(\sum\limits_{i=1}^{m}\boldsymbol{K}_i\boldsymbol{x}_i\right)'=\lambda_j\left(\sum\limits_{i=1}^{m}\boldsymbol{K}_i\boldsymbol{x}_i\right)+c_m\mathrm{e}^{\lambda_j t}(\boldsymbol{A}-\lambda_j\boldsymbol{E})\boldsymbol{x}_{i-1}=\boldsymbol{E}x_i,\\ \qquad i=1,2,\cdots,m,j=1,2,\cdots,m,\end{cases}\tag{5.65}$$

其中，c_m 为任意常数。

证明 方程组(5.30)的特征根 $\lambda_i(i=1,2,\cdots,m)$ 的重数为 $n_i(i=1,2,\cdots,m;\ n_1+n_2+\cdots+n_m=n)$，则由定义 5.6，知其广义特征向量 $\boldsymbol{u}_i(i=1,2,\cdots,m)$ 满足

$$(\boldsymbol{A}-\lambda_i\boldsymbol{E})\boldsymbol{u}_i=\boldsymbol{u}_{i+1}(i=1,2,\cdots,m-1),\quad (\boldsymbol{A}-\lambda_i\boldsymbol{E})\boldsymbol{u}_m=\boldsymbol{0},\tag{5.66}$$

即方程组(5.30)的解 $\boldsymbol{x}_i=\boldsymbol{u}_i\mathrm{e}^{\lambda_i t}(i=1,2,\cdots,m)$ 满足

$$(\boldsymbol{A}-\lambda_i\boldsymbol{E})\boldsymbol{x}_i=\boldsymbol{E}\boldsymbol{x}_{i+1}(i=1,2,\cdots,m-1),(\boldsymbol{A}-\lambda_i\boldsymbol{E})\boldsymbol{x}_m=\boldsymbol{0}。\tag{5.67}$$

(1) 对于 $(\boldsymbol{A}-\lambda_i\boldsymbol{E})\boldsymbol{x}_m=\boldsymbol{0}$，由矩阵 $\boldsymbol{A}$ 的特征根均是单根情况，得到

$$\left(\sum_{i=1}^{m}\boldsymbol{K}_i\boldsymbol{x}_i\right)'=\lambda_j\left(\sum_{i=1}^{m}\boldsymbol{K}_i\boldsymbol{x}_i\right)\quad(j=1,2,\cdots,m)。\tag{5.68}$$

(2) 对于 $(\boldsymbol{A}-\lambda_i\boldsymbol{E})\boldsymbol{x}_i=\boldsymbol{E}\boldsymbol{x}_{i+1}(i=1,2,\cdots,m-1)\Leftrightarrow\boldsymbol{x}_i'=\boldsymbol{A}\boldsymbol{x}_i=\lambda_i\boldsymbol{E}\boldsymbol{x}_i+\boldsymbol{E}\boldsymbol{x}_{i+1}(i=1,2,\cdots,m-1)$，结合方程(5.68)的解

$$\sum_{i=1}^{m}\boldsymbol{K}_i\boldsymbol{x}_i=c_m\mathrm{e}^{\lambda_j t}(j=1,2,\cdots,m;\ c_m\ 为任意常数)\tag{5.69}$$

对于一个特征根 $\lambda_i(i=1,2,\cdots,m)$ 的固定值 $\lambda_j(j=1,2,\cdots,m)$，对方程组(5.30)的解 $\boldsymbol{x}$ 进行线性组合，有一阶齐次线性微分方程

$$\left(\sum_{i=1}^{m}\boldsymbol{K}_i\boldsymbol{x}_i\right)'=\lambda_j\left(\sum_{i=1}^{m}\boldsymbol{K}_i\boldsymbol{x}_i\right)+c_m\mathrm{e}^{\lambda_j t}(j=1,2,\cdots,m;\ c_m\ 为任意常数),\tag{5.70}$$

即定理成立。

此时，由方程(5.70)得到解

$$\sum_{i=1}^{m}\boldsymbol{K}_i\boldsymbol{x}_i=c_{m-1}\mathrm{e}^{\lambda_j t}+c_m t\mathrm{e}^{\lambda_j t}(j=1,2,\cdots,m;c_m,c_{m-1}\ 为任意常数)。\tag{5.71}$$

若记 $\boldsymbol{K}_i=(k_{i1},\cdots,k_{in})(i=1,2,\cdots,m)$，依次利用式(5.70)，则求得式(5.71)的结果

$$\begin{cases} k_{11}x_{11}+\cdots+k_{1n}x_{n1}=c_1\mathrm{e}^{\lambda_j t}+c_2 t\mathrm{e}^{\lambda_j t}+c_3\dfrac{t^2}{2!}\mathrm{e}^{\lambda_j t}+\cdots+c_m\dfrac{t^{n_j-1}}{(n_j-1)!}\mathrm{e}^{\lambda_j t},\\ k_{21}x_{12}+\cdots+k_{2n}x_{n2}=c_2\mathrm{e}^{\lambda_j t}+c_3 t\mathrm{e}^{\lambda_j t}+c_4\dfrac{t^2}{2!}\mathrm{e}^{\lambda_j t}+\cdots+c_m\dfrac{t^{n_j-2}}{(n_j-2)!}\mathrm{e}^{\lambda_j t},\\ \cdots\cdots\cdots\cdots \\ k_{m-11}x_{1m-1}+\cdots+k_{m-1n}x_{nm-1}=c_{m-1}\mathrm{e}^{\lambda_j t}+c_m t\mathrm{e}^{\lambda_j t},\\ k_{m1}x_{1m}+\cdots+k_{mn}x_{nm}=c_m\mathrm{e}^{\lambda_j t}。\end{cases}$$

现记 $\boldsymbol{K}_0=\begin{pmatrix} k_{11} & \cdots & k_{1n}\\ \vdots & \ddots & \vdots\\ k_{m1} & \cdots & k_{mn}\end{pmatrix}$，于是式(5.72)表示为

$$\begin{aligned}\boldsymbol{K}_0(x_1,x_2,\cdots,x_n)^{\mathrm{T}}&=\mathrm{e}^{\lambda_j t}\begin{pmatrix} 1 & t & \dfrac{t^2}{2!} & \cdots & \dfrac{t^{n_j-1}}{(n_j-1)!}\\ 0 & 1 & t & \cdots & \dfrac{t^{n_j-2}}{(n_j-2)!}\\ \vdots & \vdots & \vdots & \ddots & \vdots\\ 0 & 0 & 0 & \cdots & t\\ 0 & 0 & 0 & \cdots & 1\end{pmatrix}(c_1,c_2,\cdots,c_m)^{\mathrm{T}}\\ &=\exp\boldsymbol{J}t\,(c_1,c_2,\cdots,c_m)^{\mathrm{T}},\end{aligned}\tag{5.72}$$

其中，$c_1,\cdots,c_m$ 为任意常数，且若尔当标准型矩阵 $\boldsymbol{J}$ 满足

$$\exp\boldsymbol{J}t=\mathrm{e}^{\lambda_j t}\begin{pmatrix} 1 & t & \dfrac{t^2}{2!} & \cdots & \dfrac{t^{n_j-1}}{(n_j-1)!}\\ 0 & 1 & t & \cdots & \dfrac{t^{n_j-2}}{(n_j-2)!}\\ \vdots & \vdots & \vdots & \ddots & \vdots\\ 0 & 0 & 0 & \cdots & t\\ 0 & 0 & 0 & \cdots & 1\end{pmatrix}(j=1,2,\cdots,m)。\tag{5.73}$$

推论 5.6 如果常系数齐次线性微分方程组(5.30)的特征方程 $|\boldsymbol{A}-\lambda\boldsymbol{E}|=0$ 有不同的特征根 $\lambda_1,\lambda_2,\cdots,\lambda_m$，其重数分别为 $n_1,n_2,\cdots,n_m$，$n_1+n_2+\cdots+n_m=n$，而对应的线性无关的特征行向量为 $\boldsymbol{K}_1,\boldsymbol{K}_2,\cdots,\boldsymbol{K}_n$，若记 $\boldsymbol{K}_0=(\boldsymbol{K}_1\quad\boldsymbol{K}_2\quad\cdots\quad\boldsymbol{K}_n)^{\mathrm{T}}$，则方程组(5.30)的通解是

$$(x_1,x_2,\cdots,x_n)^{\mathrm{T}}=\boldsymbol{K}_0^{-1}\exp\boldsymbol{J}t\,(c_1,c_2,\cdots,c_n)^{\mathrm{T}},\tag{5.74}$$

其中 $c_1,c_2,\cdots,c_n$ 为任意常数，且若尔当标准型矩阵 $\boldsymbol{J}$ 满足

$$\exp\boldsymbol{J}t=\begin{pmatrix} \exp\boldsymbol{J}_1 t & 0 & \cdots & 0\\ 0 & \exp\boldsymbol{J}_2 t & \cdots & 0\\ \vdots & \vdots & \ddots & \vdots\\ 0 & 0 & \cdots & \exp\boldsymbol{J}_m t\end{pmatrix},$$

$$\exp \boldsymbol{J}_j t = e^{\lambda_j t}\begin{pmatrix} 1 & t & \frac{t^2}{2!} & \cdots & \frac{t^{n_j-1}}{(n_j-1)!} \\ 0 & 1 & t & \cdots & \frac{t^{n_j-2}}{(n_j-2)!} \\ \vdots & \vdots & \vdots & \ddots & \vdots \\ 0 & 0 & 0 & \cdots & t \\ 0 & 0 & 0 & \cdots & 1 \end{pmatrix} \quad (j = 1,2,\cdots,m)。 \qquad (5.75)$$

例 17　试求微分方程组 $\begin{cases} \frac{dy_1}{dx} = 3y_1 - y_2 + y_3, \\ \frac{dy_2}{dx} = -y_1 + 5y_2 - y_3, \\ \frac{dy_3}{dx} = y_1 - y_2 + 3y_3 \end{cases}$ 的通解。

解　特征方程是

$$\det(\boldsymbol{A} - \lambda \boldsymbol{E}) = \begin{vmatrix} 3-\lambda & -1 & 1 \\ -1 & 5-\lambda & -1 \\ 1 & -1 & 3-\lambda \end{vmatrix} = \lambda^3 - 11\lambda^2 + 36\lambda - 36 = 0,$$

解之得特征根为 $\lambda_1 = 2, \lambda_2 = 3, \lambda_3 = 6$。

$\lambda_1 = 2$ 所对应的特征行向量 $\boldsymbol{K}_1 = (k_{11}, k_{21}, k_{31})$ 满足

$$\boldsymbol{K}_1(\boldsymbol{A} - \lambda_1 \boldsymbol{E}) = (k_{11}, k_{21}, k_{31})\begin{pmatrix} 1 & -1 & 1 \\ -1 & 3 & -1 \\ 1 & -1 & 1 \end{pmatrix} = \boldsymbol{0},$$

求得 $\boldsymbol{K}_1 = (1, 0, -1)$，于是有代数方程 $y_1 - y_3 = c_1 e^{2x}$。

同理可得代数方程　$y_1 + y_2 + y_3 = c_2 e^{3x}$；$y_1 - 2y_2 + y_3 = c_3 e^{6x}$。

解代数方程组，得通解

$$\begin{pmatrix} y_1 \\ y_2 \\ y_3 \end{pmatrix} = c_1\begin{pmatrix} e^{2x} \\ 0 \\ -e^{2x} \end{pmatrix} + c_2\begin{pmatrix} e^{3x} \\ e^{3x} \\ e^{3x} \end{pmatrix} + c_3\begin{pmatrix} e^{6x} \\ -2e^{6x} \\ e^{6x} \end{pmatrix}。$$

其中，c_1, c_2, c_3 为任意常数。

例 18　试求微分方程组 $\frac{d\boldsymbol{y}}{dx} = \boldsymbol{A}\boldsymbol{y}, \boldsymbol{A} = \begin{pmatrix} 3 & -1 & 1 \\ 2 & 0 & 1 \\ 1 & -1 & 2 \end{pmatrix}$ 的通解。

解　特征方程为 $\det(\boldsymbol{A} - \lambda \boldsymbol{E}) = (\lambda - 1)(\lambda - 2)^2 = 0$，故特征根为 $\lambda_1 = 1, \lambda_2 = \lambda_3 = 2$。

$\lambda_1 = 1$ 所对应的特征行向量 $\boldsymbol{K}_1 = (k_{11}, k_{21}, k_{31})$ 满足

$$\boldsymbol{K}_1(\boldsymbol{A} - \lambda_1 \boldsymbol{E}) = (k_{11}, k_{21}, k_{31})\begin{pmatrix} 2 & -1 & 1 \\ 2 & -1 & 1 \\ 0 & -1 & 1 \end{pmatrix} = \boldsymbol{0},$$

求得 $\boldsymbol{K}_1=(1,-1,0)$，有代数方程 $y_1-y_2=c_1\mathrm{e}^x$。

$\lambda_2=\lambda_3=2$ 所对应的特征行向量 $\boldsymbol{K}_2=(k_{12},k_{22},k_{32})$ 满足

$$\boldsymbol{K}_2(\boldsymbol{A}-\lambda_2\boldsymbol{E})^2=(k_{12},k_{22},k_{32})\begin{pmatrix}0&0&0\\-1&1&0\\-1&1&0\end{pmatrix}=\boldsymbol{0},$$

求得 $\boldsymbol{K}_2=(0,1-1)$，有代数方程 $y_2-y_3=c_2\mathrm{e}^{2x}+c_3x\mathrm{e}^{2x}$。

$\lambda_2=\lambda_3=2$ 所对应的特征行向量 $\boldsymbol{K}_3=(k_{13},k_{23},k_{33})$ 满足

$$\boldsymbol{K}_3(\boldsymbol{A}-\lambda_2\boldsymbol{E})=(k_{13},k_{23},k_{33})\begin{pmatrix}1&-1&1\\2&-2&1\\1&-1&0\end{pmatrix}=\boldsymbol{0},$$

求得 $\boldsymbol{K}_3=(1,-1,1)$，有代数方程 $y_1-y_2+y_3=c_3\mathrm{e}^{2x}$。

于是，有代数方程 $\begin{cases}y_1-y_2=c_1\mathrm{e}^x,\\y_2-y_3=c_2\mathrm{e}^{2x}+c_3x\mathrm{e}^{2x},\\y_1-y_2+y_3=c_3\mathrm{e}^{2x}\end{cases}$ 得到方程组的解

$$\boldsymbol{y}=\begin{pmatrix}0&\mathrm{e}^{2x}&x\mathrm{e}^{2x}\\-\mathrm{e}^x&\mathrm{e}^{2x}&x\mathrm{e}^{2x}\\-\mathrm{e}^x&0&\mathrm{e}^{2x}\end{pmatrix}\begin{pmatrix}\mathrm{c}_1\\c_2+\mathrm{c}_3\\c_3\end{pmatrix}=\begin{pmatrix}0&\mathrm{e}^{2x}&x\mathrm{e}^{2x}\\\mathrm{e}^x&\mathrm{e}^{2x}&x\mathrm{e}^{2x}\\\mathrm{e}^x&0&\mathrm{e}^{2x}\end{pmatrix}\begin{pmatrix}\eta_1\\\eta_2\\\eta_3\end{pmatrix},$$

其中，η_1,η_2,η_3 是常数，c_1,c_2,c_3 为任意常数。

例 19 解微分方程组 $\boldsymbol{x}'=\boldsymbol{A}\boldsymbol{x}+\boldsymbol{f}(t)$，$\boldsymbol{A}=\begin{pmatrix}-5&-1\\1&-3\end{pmatrix}$，$\boldsymbol{f}(t)=\begin{pmatrix}\mathrm{e}^t\\\mathrm{e}^{2t}\end{pmatrix}$。

解 齐次微分方程组的特征方程 $\det(\boldsymbol{A}-\lambda\boldsymbol{E})=(\lambda+4)^2=0$，故特征根为 $\lambda_1=\lambda_2=-4$。

$\lambda_1=\lambda_2=-4$ 所对应的特征行向量 $\boldsymbol{K}_1=(k_{11},k_{21})$ 满足

$$\boldsymbol{K}_1(\boldsymbol{A}-\lambda_1\boldsymbol{E})^2=(k_{11},k_{21})\begin{pmatrix}-1&-1\\1&1\end{pmatrix}^2$$

$$=(k_{11},k_{21})\begin{pmatrix}0&0\\0&0\end{pmatrix}=\boldsymbol{0},$$

求得 $\boldsymbol{K}_1=(0,1)$，有代数方程

$$x_2=c_1\mathrm{e}^{-4t}+c_2t\mathrm{e}^{-4t}。$$

$\lambda_1=\lambda_2=-4$ 所对应的特征行向量 $\boldsymbol{K}_2=(k_{12},k_{22})$ 满足

$$\boldsymbol{K}_2(\boldsymbol{A}-\lambda_1\boldsymbol{E})=(k_{12},k_{22})\begin{pmatrix}-1&-1\\1&1\end{pmatrix}=\boldsymbol{0},$$

求得 $\boldsymbol{K}_2=(1,1)$，有代数方程 $x_1+x_2=c_2\mathrm{e}^{-4t}$。

于是，得到齐次微分方程组的解

$$x=\begin{pmatrix}(c_2-c_1)\mathrm{e}^{-4t}-c_2t\mathrm{e}^{-4t}\\c_1\mathrm{e}^{-4t}+c_2t\mathrm{e}^{-4t}\end{pmatrix}。$$

由常系数变易法，得到方程组的解

$$\begin{cases} x_1 = \mathrm{e}^{-4t}\left(\dfrac{4}{25}\mathrm{e}^{5t} - \dfrac{1}{6}\mathrm{e}^{6t} - c_2 t + c_2 - c_1\right), \\ x_2 = \mathrm{e}^{-4t}\left(\dfrac{1}{25}\mathrm{e}^{5t} + \dfrac{7}{36}\mathrm{e}^{3t} + c_2 t + c_1\right), \end{cases}$$

其中，c_1，c_2 为任意常数。

例 20　解微分方程组 $\boldsymbol{x}' = \boldsymbol{A}\boldsymbol{x} + \boldsymbol{f}(t)$，$\boldsymbol{A} = \begin{pmatrix} 3 & 5 \\ -5 & 3 \end{pmatrix}$，$\boldsymbol{f}(t) = \begin{bmatrix} \mathrm{e}^{-t} \\ 0 \end{bmatrix}$，$\boldsymbol{x}(0) = \begin{pmatrix} 0 \\ 1 \end{pmatrix}$。

解　通过观察，直接将方程组化为一阶线性方程

$$(x_1 + \mathrm{i}x_2)' = (3 - 5\mathrm{i})(x_1 + \mathrm{i}x_2) + \mathrm{e}^{-t},$$

$$\begin{aligned} x_1 + \mathrm{i}x_2 &= \mathrm{e}^{(3-5\mathrm{i})t}\left[\int \mathrm{e}^{-t}\mathrm{e}^{-(3-5\mathrm{i})t}\mathrm{d}t + c\right] \\ &= \mathrm{e}^{(3-5\mathrm{i})t}\left[\frac{1}{-4+5\mathrm{i}}\mathrm{e}^{-(4-5\mathrm{i})t} + c\right], \end{aligned}$$

根据初值条件求得 $c = 4\mathrm{i} + 6$。

于是，方程组的解

$$\begin{cases} x_1 = \dfrac{-4}{41}\mathrm{e}^{-t} + \mathrm{e}^{3t}\left(\dfrac{4}{41}\cos 5t + \dfrac{46}{41}\sin 5t\right), \\ x_2 = \dfrac{-5}{41}\mathrm{e}^{-t} + \mathrm{e}^{3t}\left(\dfrac{46}{41}\cos 5t - \dfrac{4}{41}\sin 5t\right)。 \end{cases}$$

5.3.4　拉普拉斯变换的应用

首先定义

$$L[\boldsymbol{f}(t)] = \int_0^{+\infty} \mathrm{e}^{-st}\boldsymbol{f}(t)\mathrm{d}t,$$

这里 $\boldsymbol{f}(t)$ 是 n 维向量函数，要求 $L[\boldsymbol{f}(t)]$ 的每一个分量都存在拉普拉斯变换。

例 21　利用拉普拉斯变换求解例 20。

解　将方程组写成分量形式，即

$$\begin{cases} x_1' = 3x_1 + 5x_2 + \mathrm{e}^{-t}, \\ x_2' = -5x_1 + 3x_2, \varphi_1(0) = 0, \varphi_2(0) = 1。 \end{cases}$$

令 $X_1(s) = L[\varphi_1(t)]$，$X_2(s) = L[\varphi_2(t)]$，以 $x_1 = \varphi_1(t)$，$x_2 = \varphi_2(t)$ 代入方程组后，对方程组施行拉普拉斯变换，得到

$$\begin{cases} sX_1(s) = 3X_1(s) + 5X_2(s) + \dfrac{1}{s+1}, \\ sX_2(s) - 1 = -5X_1(s) + 3X_2(s), \end{cases}$$

即

$$\begin{cases} (s-3)X_1(s) - 5X_2(s) = \dfrac{1}{s+1}, \\ 5X_1(s) + (s-3)X_2(s) = 1。 \end{cases}$$

由此解得

$$\begin{cases} X_1(s)=\dfrac{\dfrac{s-3}{s+1}+5}{(s-3)^2+5^2}=\dfrac{1}{41}\left[4\dfrac{s-3}{(s-3)^2+5^2}+46\dfrac{5}{(s-3)^2+5^2}-4\dfrac{1}{s+1}\right], \\ X_2(s)=\dfrac{s-3-\dfrac{5}{s+1}}{(s-3)^2+5^2}=\dfrac{1}{41}\left[46\dfrac{s-3}{(s-3)^2+5^2}-4\dfrac{5}{(s-3)^2+5^2}-5\dfrac{1}{s+1}\right], \end{cases}$$

取反变换或查拉普拉斯变换表即得

$$\varphi_1(t)=\frac{1}{41}e^{3t}(4\cos 5t+46\sin 5t-4e^{-4t}),$$

$$\varphi_2(t)=\frac{1}{41}e^{3t}(46\cos 5t-4\sin 5t-5e^{-4t}),$$

所得结果与例 20 一致。

例 22 试求微分方程组

$$\begin{cases} x_1'=2x_1+x_2, \\ x_2'=-x_1+4x_2, \end{cases}$$

满足初始条件 $\varphi_1(0)=0,\varphi_2(0)=1$ 的解 $(\varphi_1(t),\varphi_2(t))$。

解 令

$$X_1(s)=L[\varphi_1(t)],X_2(s)=L[\varphi_2(t)]。$$

假设 $x_1=\varphi_1(t),x_2=\varphi_2(t)$ 满足微分方程组，对方程取拉普拉斯变换，得到

$$\begin{cases} sX_1(s)-\varphi_1(0)=2X_1(s)+X_2(s), \\ sX_2(s)-\varphi_2(0)=-X_1(s)+4X_2(s), \end{cases}$$

即

$$\begin{cases} (s-2)X_1(s)-X_2(s)=\varphi_1(0)=0, \\ X_1(s)+(s-4)X_2(s)=\varphi_2(0)=1, \end{cases}$$

解出 $X_1(s),X_2(s)$，得到

$$X_1(s)=\frac{1}{(s-3)^2},X_2(s)=\frac{s-2}{(s-3)^2}=\frac{1}{s-3}+\frac{1}{(s-3)^2},$$

取反变换，即得

$$\varphi_1(t)=te^{3t},\varphi_2(t)=e^{3t}+te^{3t}=(1+t)e^{3t}。$$

应用拉普拉斯变换还可以直接求解高阶的常系数线性微分方程组，而不必先化为一阶的常系数线性微分方程组。

例 23 试求微分方程组

$$\begin{cases} x''_1-2x_1'-x_2'+2x_2=0, \\ x_1'-2x_1+x_2'=-2e^{-t}, \end{cases}$$

满足初始条件 $\varphi_1(0)=3,\varphi_1'(0)=2,\varphi_2(0)=0$ 的解 $(\varphi_1(t),\varphi_2(t))$。

解 令

$$X_1(s)=L[\varphi_1(t)],X_2(s)=L[\varphi_2(t)],$$

对方程组取拉普拉斯变换，得到

$$\begin{cases}[s^2X_1(s)-3s-2]-2[sX_1(s)-3]-sX_2(s)+2X_2(s)=0,\\ [sX_1(s)-3]-2X_1(s)+sX_2(s)=\dfrac{-2}{s+1},\end{cases}$$

整理后得到

$$\begin{cases}(s^2-2s)X_1(s)-(s-2)X_2(s)=3s-4,\\ (s-2)X_1(s)+sX_2(s)=\dfrac{3s+1}{s+1},\end{cases}$$

解上面方程组，即有

$$X_1(s)=\frac{3s^2-4s-1}{(s+1)(s-1)(s-2)}=\frac{1}{s-1}+\frac{1}{s+1}+\frac{1}{s-2},$$

$$X_2(s)=\frac{2}{(s+1)(s-1)}=\frac{1}{s-1}-\frac{1}{s+1},$$

再取反变换得到解

$$\varphi_1(t)=\mathrm{e}^t+\mathrm{e}^{-t}+\mathrm{e}^{2t},\varphi_2(t)=\mathrm{e}^t-\mathrm{e}^{-t}。$$

拉普拉斯变换可以提供另一种寻求常系数线性微分方程组 $\boldsymbol{x}'=\boldsymbol{A}\boldsymbol{x}$(5.30) 的基解矩阵的方法。

设 $\boldsymbol{\varphi}(t)$ 是微分方程组(5.30) 满足初始条件 $\boldsymbol{\varphi}(0)=\boldsymbol{\eta}$ 的解，令 $\boldsymbol{X}(s)=L[\varphi(t)]$。对方程组(5.30) 两边取拉普拉斯变换并利用初始条件，得到 $s\boldsymbol{X}(s)-\boldsymbol{\eta}=\boldsymbol{A}\boldsymbol{X}(s)$。因此

$$(s\boldsymbol{E}-\boldsymbol{A})\boldsymbol{X}(s)=\boldsymbol{\eta}。\tag{5.76}$$

方程组(5.76) 是以 $\boldsymbol{X}(s)$ 的 n 个分量 $X_1(s),X_2(s),\cdots,X_n(s)$ 为未知量的 n 阶线性代数方程组。

显然，如果 s 不等于矩阵 $\boldsymbol{A}$ 的特征值，那么 $\det(s\boldsymbol{E}-\boldsymbol{A})\neq 0$。这时，根据克莱姆法则，从方程组(5.76) 中可以唯一地解出 $\boldsymbol{X}(s)$。因为 $\det(s\boldsymbol{E}-\boldsymbol{A})$ 是 s 的 n 次多项式，所以 $\boldsymbol{X}(s)$ 的每一个分量都是 s 的有理函数，而且关于 $\boldsymbol{\eta}$ 的分量 $\eta_1,\eta_2,\cdots,\eta_n$ 都是线性的。因此，$\boldsymbol{X}(s)$ 的每一个分量都可以展开为部分分式(分母是 $(s-\lambda_i)$ 的整数幂，这里 λ_i 是 $\boldsymbol{A}$ 的特征值)。这样一来，取 $\boldsymbol{X}(s)$ 的反变换就能求得对应于任何初始向量 $\boldsymbol{\eta}$ 的解 $\boldsymbol{\varphi}(t)$。依次令

$$\boldsymbol{\eta}_1=\begin{pmatrix}1\\0\\0\\\vdots\\0\end{pmatrix},\quad \boldsymbol{\eta}_2=\begin{pmatrix}0\\1\\0\\\vdots\\0\end{pmatrix},\cdots,\quad \boldsymbol{\eta}_n=\begin{pmatrix}0\\0\\0\\\vdots\\1\end{pmatrix}$$

求得解 $\varphi_1(t),\varphi_2(t),\cdots,\varphi_n(t)$。以 $\varphi_1(t),\varphi_2(t),\cdots,\varphi_n(t)$ 作为列向量就构成方程组(5.30) 的一个基解矩阵 $\boldsymbol{\Phi}(t)$，且 $\boldsymbol{\Phi}(0)=\boldsymbol{E}$。

例 24　试构造微分方程组 $\boldsymbol{x}'=\boldsymbol{A}\boldsymbol{x}$ 的一个基解矩阵，其中

$$\boldsymbol{A}=\begin{pmatrix}3 & -1 & 1\\ 2 & 0 & 1\\ 1 & -1 & 2\end{pmatrix}。$$

解 对方程组两边取拉普拉斯变换，得到 $s\boldsymbol{X}(s)-\boldsymbol{\eta}=\boldsymbol{A}\boldsymbol{X}(s)$，即

$$(s\boldsymbol{E}-\boldsymbol{A})\boldsymbol{X}(s)=\boldsymbol{\eta}。$$

由矩阵 $\boldsymbol{A}$ 的具体元素代入，得到方程组

$$\begin{pmatrix}s-3 & 1 & -1\\ -2 & s & -1\\ -1 & 1 & s-2\end{pmatrix}\begin{pmatrix}X_1(s)\\ X_2(s)\\ X_3(s)\end{pmatrix}=\begin{pmatrix}\eta_1\\ \eta_2\\ \eta_3\end{pmatrix}。$$

按第一行将 $\det(s\boldsymbol{E}-\boldsymbol{A})$ 展开，得到

$$\begin{aligned}\det(s\boldsymbol{E}-\boldsymbol{A})&=(s-3)[s(s-2)+1]+[2(s-2)+1]-(-2+s)\\&=s^3-5s^2+8s-4=(s-1)(s-2)^2,\end{aligned}$$

根据克莱姆法则，有

$$\begin{aligned}X_1(s)&=\frac{\begin{vmatrix}\eta_1 & 1 & -1\\ \eta_2 & s & -1\\ \eta_3 & 1 & s-2\end{vmatrix}}{(s-1)(s-2)^2}=\frac{\eta_1[s(s-2)+1]-\eta_2(s-2+1)+\eta_3(-1+s)}{(s-1)(s-2)^2}\\&=\frac{\eta_1(s-1)-\eta_2+\eta_3}{(s-2)^2},\end{aligned}$$

$$\begin{aligned}X_2(s)&=\frac{\begin{vmatrix}s-3 & \eta_1 & -1\\ -2 & \eta_2 & -1\\ -1 & \eta_3 & s-2\end{vmatrix}}{(s-1)(s-2)^2}\\&=\frac{\eta_1(2s-3)-\eta_2(s^2-5s+5)+\eta_3(-1+s)}{(s-1)(s-2)^2},\end{aligned}$$

$$\begin{aligned}X_3(s)&=\frac{\begin{vmatrix}s-3 & 1 & \eta_1\\ -2 & s & \eta_2\\ -1 & 1 & \eta_3\end{vmatrix}}{(s-1)(s-2)^2}=\frac{\eta_1(s-2)-\eta_2(s-2)+\eta_3(s^2-3s+2)}{(s-1)(s-2)^2}\\&=\frac{\eta_1-\eta_2}{(s-1)(s-2)}+\frac{\eta_3}{s-2}。\end{aligned}$$

到此，最好先将 η_1,η_2,η_3 的具体数值代入，再取反变换比较方便。

首先，令 $\eta_1=1,\eta_2=0,\eta_3=0$，得到

$$X_1(s)=\frac{s-1}{(s-2)^2}=\frac{A}{s-2}+\frac{B}{(s-2)^2},$$

从 $(s-1)=A(s-2)+B$ 得到 $A=1,B=1$。因此

$$X_1(s)=\frac{1}{s-2}+\frac{1}{(s-2)^2},x_1(t)=e^{2t}+te^{2t}=(1+t)e^{2t}。$$

同时，又得

$$X_2(s)=\frac{2s-3}{(s-1)(s-2)^2}=\frac{C}{s-1}+\frac{D}{s-2}+\frac{F}{(s-2)^2},$$

从 $2s-3=C(s-2)^2+D(s-2)(s-1)+F(s-1)$ 得到 $C=-1,D=1,F=1$，因此

$$X_2(s)=\frac{-1}{s-1}+\frac{1}{s-2}+\frac{1}{(s-2)^2},x_2(t)=(t+1)e^{2t}-e^t。$$

同样，可以计算得到

$$X_3(s)=\frac{1}{(s-1)(s-2)}=\frac{1}{s-2}-\frac{1}{s-1},x_3(t)=e^{2t}-e^t。$$

这样一来，

$$\boldsymbol{\varphi}_1(t)=\begin{pmatrix}(1+t)e^{2t}\\(1+t)e^{2t}-e^t\\e^{2t}-e^t\end{pmatrix}。$$

其次，令 $\eta_1=0,\eta_2=1,\eta_3=0$，得到

$$X_1(s)=\frac{-1}{(s-2)^2},\quad x_1(t)=-te^{2t},$$

$$X_2(s)=\frac{s^2-5s+5}{(s-1)(s-2)^2}=\frac{A_1}{s-1}+\frac{B_1}{s-2}+\frac{C_1}{(s-2)^2},$$

从 $s^2-5s+5=A_1(s-2)^2+B_1(s-1)(s-2)+C_1(s-1)$ 得 $A_1=1,B_1=0,C_1=-1$。因此

$$X_2(s)=\frac{1}{s-1}-\frac{1}{(s-2)^2},x_2(t)=e^t-e^{2t}$$

又
$$X_3(s)=\frac{-1}{(s-1)(s-2)}=\frac{1}{s-1}-\frac{1}{s-2},\quad x_3(t)=e^t-e^{2t}。$$

这样一来，

$$\boldsymbol{\varphi}_2(t)=\begin{pmatrix}-te^{2t}\\e^t-te^{2t}\\e^t-e^{2t}\end{pmatrix}。$$

最后，令 $\eta_1=0,\eta_2=0,\eta_3=1$，得到

$$X_1(s)=\frac{1}{(s-2)^2},x_1(t)=te^{2t},$$

$$X_2(s)=\frac{1}{(s-2)^2},x_2(t)=te^{2t},$$

$$X_3(s)=\frac{1}{s-2},x_3(t)=e^{2t},$$

这样一来，

$$\boldsymbol{\varphi}_3(t)=\begin{pmatrix}te^{2t}\\te^{2t}\\e^{2t}\end{pmatrix}。$$

综合上面的结果，得到基解矩阵

$$\boldsymbol{\Phi}(t)=[\boldsymbol{\varphi}_1(t),\boldsymbol{\varphi}_2(t),\boldsymbol{\varphi}_3(t)]=\begin{pmatrix}(1+t)e^{2t} & -te^{2t} & te^{2t}\\(1+t)e^{2t}-e^t & e^t-te^{2t} & te^{2t}\\e^{2t}-e^t & e^t-e^{2t} & e^{2t}\end{pmatrix},$$

且 $\boldsymbol{\Phi}(0)=\boldsymbol{E}$。

本章学习要点

线性微分方程组理论是微分方程理论中重要的组成部分，无论从理论还是应用的角度来说，本章所学的方法和结果都很重要，线性微分方程组理论是进一步学习常微分方程理论和其他相关课程的必要基础知识。学习本章时应注意以下几点：

1. 理解线性微分方程组的存在唯一性定理，进一步熟悉和掌握逐步逼近法。熟悉向量与矩阵的表述方法。

2. 掌握线性方程的一般理论主要是了解其所有解的代数结构问题。这里的中心问题是齐次线性微分方程组的基解矩阵的概念。有了基解矩阵，齐次线性方程的任意解可以由基解矩阵表示，而非齐次线性微分方程组的常数变易公式可以求得某个解。

3. 基解矩阵的存在与具体的求解不是一回事。一般齐次线性微分方程组的基解矩阵是无法通过积分求得的。但若系数矩阵是常系数矩阵，则可以通过代数方法求出基解矩阵，给出基解矩阵的一般形式。

拉普拉斯变化是求解常系数线性微分方程组的初值问题的一种便捷方法，要求掌握并灵活运用。

4. 掌握高阶线性微分方程与线性微分方程组的关系，懂得将线性微分方程组的有关结果推论到高阶线性微分方程中去，从而在一个统一的观点下理解这两部分内容。

习题 5

1. 给定微分方程组

$$\boldsymbol{x}'=\begin{pmatrix}0 & 1\\-1 & 0\end{pmatrix}\boldsymbol{x},\boldsymbol{x}=\begin{pmatrix}x_1\\x_2\end{pmatrix} \tag{*}$$

(1) 验证 $\boldsymbol{x}_1(t)=\begin{pmatrix}\sin t\\\cos t\end{pmatrix},\boldsymbol{x}_2(t)=\begin{pmatrix}\cos t\\-\sin t\end{pmatrix}$分别是方程组(*)满足初始条件 $\boldsymbol{x}_1(0)=\begin{pmatrix}0\\1\end{pmatrix},\boldsymbol{x}_2(t)=\begin{pmatrix}1\\0\end{pmatrix}$的解；

(2) 验证 $\boldsymbol{x}(t)=c_1\boldsymbol{x}_1(t)+c_2\boldsymbol{x}_2(t)$ 是方程组(*)满足初始条件 $\boldsymbol{x}(0)=\begin{pmatrix}c_1\\c_2\end{pmatrix}$的解。

2. 将下列微分方程化成一阶微分方程组

(1) $\boldsymbol{x}''+p(t)\boldsymbol{x}'+q(t)\boldsymbol{x}=\boldsymbol{f}(t)$；

(2) $x^{(4)}+x=te^t,x(0)=1,x'(0)=-1,x''(0)=2,x'''(0)=1$；

(3) $\begin{cases}x''+5y'-7x+6y=e^t,\\y''-2x'+13y'-15x=\cos t,\end{cases}$ $x(0)=1,y(0)=0,x'(0)=0,y(0)=1,$

（提示：$w_1=x, w_2=x', w_3=y, w_4=y'$）。

3. 验证微分方程组

$$x'=\begin{pmatrix}0 & 1\\ -\dfrac{2}{t^2} & \dfrac{2}{t}\end{pmatrix}x$$

有基解矩阵

$$\Phi(t)=\begin{pmatrix}t^2 & t\\ 2t & 1\end{pmatrix}(0<t<+\infty)。$$

4. 对于微分方程组

$$x'=A(t)x+f(t),\quad A(t)=\begin{pmatrix}2 & 1\\ 0 & 2\end{pmatrix},\quad f(t)=\begin{pmatrix}\sin t\\ \cos t\end{pmatrix}。$$

(1) 验证

$$\Phi(t)=\begin{pmatrix}e^{2t} & te^{2t}\\ 0 & e^{2t}\end{pmatrix}$$

是 $x'=A(t)x$ 的基解矩阵；

(2) 试求微分方程组 $x'=A(t)x+f(t)$ 满足初始条件 $x(0)=\begin{pmatrix}1\\ -1\end{pmatrix}$ 的解。

5. 试求微分方程组 $x'=A(t)x+f(t)$ 满足初始条件 $x(0)=\begin{pmatrix}1\\ -1\end{pmatrix}$ 的解，其中

$$A(t)=\begin{pmatrix}2 & 1\\ 0 & 2\end{pmatrix},\quad f(t)=\begin{pmatrix}0\\ e^{2t}\end{pmatrix}。$$

6. 已知微分方程组

$$x'=\begin{pmatrix}\cos^2 t & \sin t\cos t-1\\ \sin t\cos t+1 & \sin^2 t\end{pmatrix}x$$

有解 $x_1=-\sin t, x_2=\cos t$，求其通解。

7. 已知微分方程组

$$x'=\begin{pmatrix}\dfrac{1}{t} & -1\\ \dfrac{1}{t^2} & \dfrac{2}{t}\end{pmatrix}x+\begin{pmatrix}t\\ -t^2\end{pmatrix}$$

有解 $x_1=t^2, x_2=-t$，求其通解。

8. 解微分方程组 $x'=\begin{pmatrix}0 & 1\\ 1 & 0\end{pmatrix}x+\begin{pmatrix}2e^{2t}\\ t^2\end{pmatrix}$。

（提示：考虑 $(x_1+x_2)'=f(x_1+x_2)$，$(x_1-x_2)'=g(x_1-x_2)$）

9. 解微分方程

(1) $x''+x=\sec t\left(|t|\leqslant\dfrac{\pi}{2}\right)$；　(2) $x''-6x'+9x=e^t$；　(3) $x'''-8x=e^{2t}$。

10. 对于微分方程 $x''+3x'+2x=f(t)$，其中 $f(t)$ 在 $0\leqslant t<+\infty$ 上连续，利用常系数变易公式，证明：

(1) $f(t)$ 在 $0\leqslant t<+\infty$ 上有界，则方程的每一个解在 $0\leqslant t<+\infty$ 上有界；

(2) 若当 $t\to\infty$ 时，$f(t)\to 0$，则方程的每一个解 $\varphi(t)$，满足 $\varphi(t)\to 0$（当 $t\to\infty$ 时）。

11. 求下列矩阵的特征根及对应的特征向量

(1) $\begin{pmatrix}1 & 2\\ 4 & 3\end{pmatrix}$；　　(2) $\begin{pmatrix}\alpha & \beta\\ -\beta & \alpha\end{pmatrix}$；

(3) $\begin{pmatrix}0 & 1 & 0\\ 0 & 0 & 1\\ -6 & -11 & -6\end{pmatrix}$；　　(4) $\begin{pmatrix}1 & 2 & 3\\ 1 & -1 & 1\\ 2 & 0 & 1\end{pmatrix}$。

12. 求下列方程组 $\boldsymbol{x}' = \boldsymbol{A}\boldsymbol{x}$ 的基解矩阵，其中

(1) $\begin{pmatrix}1 & 2\\ 4 & 3\end{pmatrix}$；　　(2) $\begin{pmatrix}\alpha & \beta\\ -\beta & \alpha\end{pmatrix}$；

(3) $\begin{pmatrix}0 & 1 & 0\\ 0 & 0 & 1\\ -6 & -11 & -6\end{pmatrix}$；　　(4) $\begin{pmatrix}-1 & 1 & 0\\ 0 & -1 & 4\\ 1 & 0 & -4\end{pmatrix}$。

13. 求齐次微分方程组 $\boldsymbol{x}' = \boldsymbol{A}\boldsymbol{x}$ 的特解，其中：

(1) $\boldsymbol{\varphi}(0) = \begin{pmatrix}3\\ 3\end{pmatrix}, \boldsymbol{A} = \begin{pmatrix}1 & 2\\ 4 & 3\end{pmatrix}$；　　(2) $\boldsymbol{\varphi}(0) = \begin{pmatrix}\eta_1\\ \eta_2\end{pmatrix}, \boldsymbol{A} = \begin{pmatrix}\alpha & \beta\\ -\beta & \alpha\end{pmatrix}$；

(3) $\boldsymbol{\varphi}(0) = \begin{pmatrix}1\\ 0\\ 0\end{pmatrix}, \boldsymbol{A} = \begin{pmatrix}1 & 2 & 1\\ 1 & -1 & 1\\ 2 & 0 & 1\end{pmatrix}$；　　(4) $\boldsymbol{\varphi}(0) = \begin{pmatrix}-4\\ 0\\ 1\end{pmatrix}, \boldsymbol{A} = \begin{pmatrix}0 & 8 & 0\\ 0 & 0 & -2\\ 2 & 8 & -2\end{pmatrix}$。

14. 求非齐次微分方程组 $\boldsymbol{x}' = \boldsymbol{A}\boldsymbol{x} + \boldsymbol{f}(t)$ 的特解，其中：

(1) $\boldsymbol{\varphi}(0) = \begin{pmatrix}-1\\ 1\end{pmatrix}, \boldsymbol{A} = \begin{pmatrix}1 & 2\\ 4 & 3\end{pmatrix}, \boldsymbol{f}(t) = \begin{pmatrix}e^t\\ 1\end{pmatrix}$；

(2) $\boldsymbol{\varphi}(0) = \begin{pmatrix}\eta_1\\ \eta_2\end{pmatrix}, \boldsymbol{A} = \begin{pmatrix}4 & -3\\ 2 & -1\end{pmatrix}, \boldsymbol{f}(t) = \begin{pmatrix}\sin t\\ -2\cos t\end{pmatrix}$；

(3) $\boldsymbol{\varphi}(0) = 0, \boldsymbol{A} = \begin{pmatrix}0 & 1 & 0\\ 0 & 0 & 1\\ -6 & -11 & -6\end{pmatrix}, \boldsymbol{f}(t) = \begin{pmatrix}0\\ 0\\ e^{-t}\end{pmatrix}$；

(4) $\boldsymbol{\varphi}(0) = \begin{pmatrix}0\\ 0\\ 1\end{pmatrix}, \boldsymbol{A} = \begin{pmatrix}1 & 0 & 0\\ 2 & 1 & -2\\ 3 & 2 & 1\end{pmatrix}, \boldsymbol{f}(t) = \begin{pmatrix}0\\ 0\\ e^{-t}\cos 2t\end{pmatrix}$。

15. 解齐次微分方程组

(1) $\boldsymbol{x}' = \begin{pmatrix}-3 & 1\\ 8 & -1\end{pmatrix}\boldsymbol{x}$；　　(2) $\boldsymbol{x}' = \begin{pmatrix}1 & -1\\ 1 & 1\end{pmatrix}\boldsymbol{x}$；

(3) $\boldsymbol{x}' = \begin{pmatrix}0 & 1 & 1\\ 1 & 0 & 1\\ 1 & 1 & 0\end{pmatrix}\boldsymbol{x}$；　　(4) $\boldsymbol{x}' = \begin{pmatrix}1 & 1 & -1\\ -1 & 1 & 1\\ 1 & -1 & 1\end{pmatrix}\boldsymbol{x}$。

16. 解非齐次微分方程组：

(1) $\boldsymbol{x}' = \begin{pmatrix}-5 & 2\\ 1 & -6\end{pmatrix}\boldsymbol{x} + \begin{pmatrix}e^t\\ e^{-3t}\end{pmatrix}$；　　(2) $\begin{pmatrix}x' + y'\\ x' - y'\end{pmatrix} = \begin{pmatrix}-1 & 1\\ 1 & 1\end{pmatrix}\begin{pmatrix}x'\\ y'\end{pmatrix} + \begin{pmatrix}3\\ -3\end{pmatrix}$；

(3)$\boldsymbol{x}' = \begin{pmatrix} 2 & 1 & -2 \\ 1 & 0 & 0 \\ 1 & 1 & -1 \end{pmatrix}\boldsymbol{x} + \begin{pmatrix} 2-t \\ 0 \\ 1-t \end{pmatrix}$；

(4)$\begin{pmatrix} x'+y' \\ y'+z' \\ z'+x' \end{pmatrix} = \begin{pmatrix} 1 & -2 & 0 \\ 0 & -2 & -1 \\ 1 & 0 & -1 \end{pmatrix}\begin{pmatrix} x \\ y \\ z \end{pmatrix} + \begin{pmatrix} 1+e^t \\ 2+e^t \\ 3+e^t \end{pmatrix}$。

17. 试用拉普拉斯变换求解微分方程组

(1)$\boldsymbol{x}' = \begin{pmatrix} 3 & 5 \\ -5 & 3 \end{pmatrix}\boldsymbol{x} + \begin{pmatrix} -2e^{3t} - 55\cos t \\ 5e^{3t} - 5\sin t \end{pmatrix}$，$\boldsymbol{x}(0) = \begin{pmatrix} 0 \\ 0 \end{pmatrix}$；

(2)$\begin{cases} x_1'' + 3x_1' + 2x_1 + x_2' + x_2 = 0, \\ x_1' + 2x_1 + x_2' - x_2 = 0, \\ x_1(0) = 1, x_1'(0) = -1, x_2(0) = 0; \end{cases}$

(3)$\boldsymbol{x}' = \begin{pmatrix} 2 & -1 & 1 \\ 1 & 0 & 1 \\ -3 & 1 & -2 \end{pmatrix}\boldsymbol{x}$(仅求基解矩阵)。

18. 证明常系数线性微分方程组 $\boldsymbol{x}' = \boldsymbol{A}\boldsymbol{x}$ 的任何解当 $t \to \infty$ 时都趋于零，当且仅当该方程组的系数矩阵 $\boldsymbol{A}$ 的所有特征值都有负的实部。

第 6 章 定性与稳定性理论初步

动力系统的研究起于 19 世纪末期，早在 1881 年起的若干年里，庞加莱(Poincare，1854—1912) 便开始了常微分方程定性理论的研究，所讨论的解的稳定性、周期轨道的存在及回归性等课题，即为动力系统这一数学分支的创始。而与庞加莱同年代，俄国数学家李雅普诺夫(Liapunov，1857—1918) 对微分方程解的稳定性研究也是一项奠基性的工作。这两方面的理论在于不借助对微分方程的求解，而是从方程本身的一些特点来研究解的性质，它们是研究非线性微分方程的有效工具，无论是对纯粹的数学理论研究，还是工程技术应用领域都具有十分重要的意义，现在仍然是常微分方程发展的主流。这里我们只对其一些基本概念和基本方法作一个初步介绍。读者可以参阅一些相应的文献，如参考文献[1]-[4]。

6.1 动力系统、相空间与轨线

6.1.1 自治系统的基本概念

如果微分方程组右端不显含自变量 t，即

$$\frac{\mathrm{d}\boldsymbol{Y}}{\mathrm{d}t} = F(t, \boldsymbol{Y}),\ \boldsymbol{Y} \in D \subseteq \mathbf{R}^n, \tag{6.1}$$

则方程组(6.1) 称为**自治系统**。若方程组右端显含自变量 t，称之为**非自治系统**。

与一阶微分方程情形类似，可以考虑微分方程组的解的存在唯一性以及解的延拓和解对初值的连续性、可微性等。相应的初始条件为

$$\boldsymbol{Y}(t_0) = \boldsymbol{Y}_0,$$

并定义在范数意义下的关于$\boldsymbol{Y}$的局部李普希兹条件：对于域G内任一点$(t_0,\boldsymbol{Y}_0)$，存在闭邻域

$$R = \left\{(t,\boldsymbol{Y}) \,\middle|\, |t - t_0| \leqslant a,\ \|\boldsymbol{Y} - \boldsymbol{Y}_0\| \leqslant b\right\}$$

且 $D \subset G$，使得不等式成立

$$\|F(t,\boldsymbol{Y}) - F(t,\bar{\boldsymbol{Y}})\| \leqslant L\|\boldsymbol{Y} - \bar{\boldsymbol{Y}}\|,$$

其中$(t,\boldsymbol{Y}),(t,\bar{\boldsymbol{Y}}) \in D, L > 0$为李普希兹常数。特别说明，本章向量 $\boldsymbol{X} = (x_1, x_2, \cdots, x_n)$ 的范数为 $\|\boldsymbol{X}\| = \sqrt{x_1^2 + x_2^2 + \cdots + x_n^2}$。

以下我们考虑自治系统，并总假定函数 $F(\boldsymbol{Y})$ 在区域 D 上连续并满足初值解的存在与唯一性定理的条件。特别地，当 $n = 2$ 时，即方程组

$$\begin{cases} \dot{x} = P(x,y) \\ \dot{y} = Q(x,y) \end{cases} \tag{6.2}$$

被称为平面自治系统。我们把 xOy 平面称为系统(6.2) 的相平面，而把式(6.2) 的解 $x = x(t), y = y(t)$ 在 xOy 平面上的轨迹称为式(6.2) 的轨线或相轨线。轨线族在相平面上的图像称为式(6.2) 的相图。易知解 $x = x(t), y = y(t)$ 在相平面上的轨线，正是这个解在(t,x,y) 的三维空间中的积分曲线在相平面上的投影。通常用轨线来研究系统(6.2) 的解要比用积分曲线方便得多。

一般地，对于系统(6.1) 而言，我们称 $\boldsymbol{Y}$ 取值的空间 $\mathbf{R}^n$ 为**相空间**，而把积分曲线在相空间中的投影称为**轨线**或**相轨线**，轨线族的拓扑结构图称为**相图**。

下面通过一个例子来说明方程组的积分曲线和轨线的关系。

例 1 $\begin{cases} \dot{x} = -y, \\ \dot{y} = x。 \end{cases}$

为了绘制出方程组在相平面上的相图，我们先求出方程的通解

$$\begin{cases} x = c_1\cos t - c_2\sin t, \\ y = c_1\sin t + c_2\cos t \end{cases} \text{或} \begin{cases} x = A\cos(t+\alpha), \\ y = A\sin(t+\alpha), \end{cases}$$

其中，$A = \sqrt{c_1^2 + c_2^2}$，$\alpha = \arctan\dfrac{c_2}{c_1}$，$c_1, c_2$ 为任意常数。

方程组的任一非零解在(t, x, y) 三维空间中的积分曲线是一条螺旋线，如图 6-1(1) 所示，当 t 增加时，螺旋线向上方盘旋。易见对应的相轨线为 $x^2 + y^2 = A^2$，即相图是以原点为圆心的同心圆族，如图 6-1(2) 所示。同时，可以看出 $x = A\cos(t+\alpha), y = A\sin(t+\alpha)$ 的积分曲线可以由 $x = A\cos t, y = A\sin t$ 的积分曲线沿 t 轴向下平移距离 α 而得到。由于 α 的任意性，可知轨线 $x^2 + y^2 = A^2$ 对应着无穷多条积分曲线。

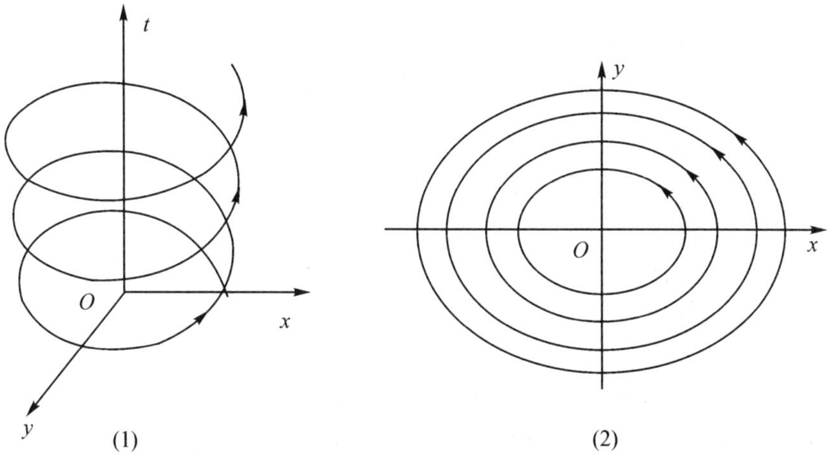

图 6-1

特别地，$x = 0, y = 0$ 是方程的解，其轨线是原点 $O(0,0)$。

6.1.2 自治系统的三个基本性质

性质 6.1 （积分曲线的平移不变性）设 $\boldsymbol{Y}=\boldsymbol{Y}(t)$ 是自治系统

$$\frac{\mathrm{d}\boldsymbol{Y}}{d\mathrm{t}}=F(\boldsymbol{Y}),\quad \boldsymbol{Y}\in D\subseteq\mathbf{R}^{n}\tag{6.3}$$

的一个解，则对于任意常数 τ，函数 $\boldsymbol{Y}=\boldsymbol{Y}(t+\tau)$ 也是式(6.3)的一个解。

事实上，有恒等式

$$\frac{\mathrm{d}\boldsymbol{Y}(t+\tau)}{\mathrm{d}t}\equiv\frac{\mathrm{d}\boldsymbol{Y}(t+\tau)}{\mathrm{d}(t+\tau)}\equiv F(t+\tau),$$

由这个事实可以推出：式(6.3)的积分曲线沿 t 轴作任意平移后，仍然是(6.3)的积分曲线。

性质 6.2 （轨线的唯一性）如果系统(6.3)右端函数 $F(\boldsymbol{Y})$ 在区域 D 上连续且满足初值解的存在与唯一性定理的条件，则过相空间中区域 D 内的任一点 $\boldsymbol{Y}_0=(y_{01},y_{02},\cdots,y_{0n})$ 存在一条且唯一一条轨线。

以二维情形为例，假设在相平面的 P_0 点附近有两条不同的轨线段 l_1 和 l_2 都通过 P_0 点，则在(t,x,y)空间中至少存在两条不同的积分曲线段 Γ_1 和 Γ_2（它们有可能属于同一条积分曲线），使得它们在相空间中的投影分别是 l_1 和 l_2（如图 6-2 所示），这样 Γ_1 与 Γ_2 要么是相交的，要么其中一条沿 t 轴平移必定与另一条相交，且交点的投影为点 P_0。利用性质 6.1 可知经过此交点的解至少有两个，这与解的存在唯一性定理矛盾，故前面假设错误，即在相平面上，经过一点仅有一条相轨线。

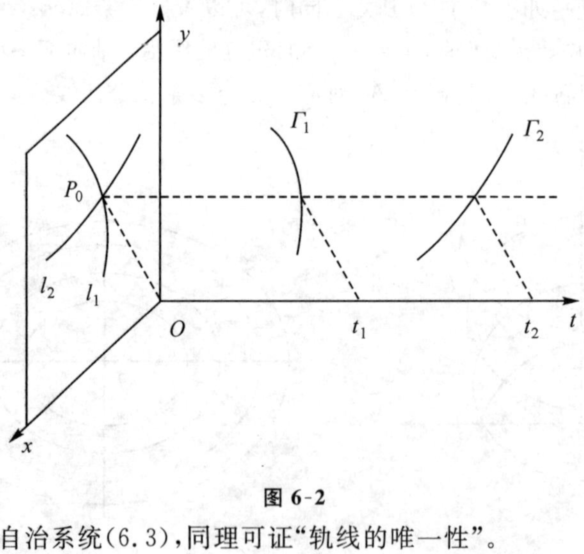

图 6-2

对于一般 n 维自治系统(6.3)，同理可证“轨线的唯一性”。

性质 6.3 （群的性质）自治系统(6.3)的解 $\varphi(t,\boldsymbol{Y}_0)$ 满足关系式

$$\varphi(t_2,\varphi(t_1,\boldsymbol{Y}_0))=\varphi(t_2+t_1,\boldsymbol{Y}_0)。$$

此式易由性质 6.1 推得，其含义是在相空间中，如果从 $\boldsymbol{Y}_0$ 出发的运动轨线经过时间 t_1 到达 $\boldsymbol{Y}_1=\varphi(t_1,\boldsymbol{Y}_0)$，再经过 t_2 到达 $\boldsymbol{Y}_2=(t_2,\varphi(t_1,\boldsymbol{Y}_0))$，那么从 $\boldsymbol{Y}_0$ 出发的运动沿轨线经过

时间 t_1+t_2 也到达 $\boldsymbol{Y}_2$。这样可知在相空间中任意轨线上点到点的映射具有群的性质，这个相空间到自身的变换群称为方程(6.3)所生成的**动力系统**，有时也可以直接称 n 维自治系统(6.3)为动力系统。

6.1.3　奇点与闭轨

对于自治系统(6.1)而言，常常要考虑的轨线是以下两种类型：

1. **奇点**　若相空间中一点 $\boldsymbol{Y}_0=(y_{01},y_{02},\cdots,y_{0n})$，使得系统右端函数 $F(\boldsymbol{Y}_0)=0$，则称该点为自治系统(6.1)的奇点或平衡点。事实上，该点对应着系统(6.1)的一个定常解 $\boldsymbol{Y}=\boldsymbol{Y}_0$，其积分曲线是$(t,\boldsymbol{Y})$空间中平行于 t 轴的直线。

2. **闭轨**　若存在 $T>0$，使得对一切 t 有

$$\boldsymbol{Y}=\boldsymbol{Y}(t)=\boldsymbol{Y}(t+T)$$

则称 $\boldsymbol{Y}=\boldsymbol{Y}(t)$ 为式(6.3)的一个周期解，T 为周期。上式所对应的轨线显然是相空间中的一条闭曲线，称之为闭轨。

另外，由自治系统(6.1)轨线的唯一性，可知其轨线要么自身相交，要么自身不相交。我们有以下结论：自治系统(6.1)的一条轨线只可能是下列三种类型之一：

(1) 奇点；(2) 闭轨；(3) 自不相交的非闭轨线。

后面将对平面动力系统这一情形作简单介绍。

6.2　解的稳定性

6.2.1　李雅普诺夫稳定性的概念

微分方程组

$$\frac{\mathrm{d}\boldsymbol{Y}}{\mathrm{d}t}=F(t,\boldsymbol{Y}),\boldsymbol{Y}\in D\subseteq\mathbf{R}^n, \tag{6.1}$$

与一阶微分方程情形类似，当右端函数 $F(t,\boldsymbol{Y})$ 在域 G 内任一点$(t_0,\boldsymbol{Y}_0)$的闭邻域

$$R=\{(t,\boldsymbol{Y})\mid |t-t_0|\leqslant a,\|\boldsymbol{Y}-\boldsymbol{Y}_0\|\leqslant b\}$$

内满足解的存在唯一性定理的条件，亦即，$F(t,\boldsymbol{Y})$ 在范数意义下连续且满足关于 $\boldsymbol{Y}$ 的局部李普希兹条件，那么在任一闭域 R 内解对初值具有连续性。然而当区域为无限时，结论不一定成立，即 $\|\boldsymbol{Y}_1-\boldsymbol{Y}_0\|$ 很小，而相应解的差 $\|\boldsymbol{Y}(t,t_0,\boldsymbol{Y}_1)-\boldsymbol{Y}(t,t_0,\boldsymbol{Y}_0)\|$ 的变化有可能很大。

例如，考虑一阶非线性微分方程$\frac{\mathrm{d}y}{\mathrm{d}t}=y(1-y)$的两个常数解 $y=0$ 和 $y=1$，由方程的通解 $y=\frac{1}{1+c\mathrm{e}^{-t}}$($c$ 为任意常数)可知，当 $t\to+\infty$ 时，$y=0$ 邻近的解均越来越离开这个解，而 $y=1$ 邻近的解均逼近于这个解，那么我们说解 $y=1$ 是稳定的，而解 $y=0$ 是不稳定的。

这样我们需要引入解的稳定性概念。

为了简化讨论，通常把所考虑的特解 $\boldsymbol{X}=\boldsymbol{X}(t,t_0,\boldsymbol{X}_1)$ 作以下变量代换

$$Y = X(t) - \varphi(t), \tag{6.4}$$

其中 $X(t) = X(t,t_0,X_0)$ 为其他一般解，记 $\varphi(t) = X(t,t_0,X_1)$ 为所考虑的特解，则

$$\begin{aligned}\frac{\mathrm{d}Y}{\mathrm{d}t} &= \frac{\mathrm{d}X}{\mathrm{d}t} - \frac{\mathrm{d}\varphi}{\mathrm{d}t} = F(t,X(t)) - F(t,\varphi(t)) \\ &= F(t,\varphi(t)+Y) - F(t,\varphi(t)) \triangleq \widetilde{F}(t,Y),\end{aligned}$$

于是在变换(6.4)下，将方程(6.1)化成

$$\frac{\mathrm{d}Y}{\mathrm{d}t} = \widetilde{F}(t,Y)。 \tag{6.5}$$

显然有 $\widetilde{F}(t,0) \equiv 0$ 成立。这样关于方程(6.1)的解 $\varphi(t) = X(t,t_0,X_1)$ 的稳定性态问题就化为方程(6.5)的零解 $Y = 0$ 的稳定性态问题。因此，可以只需考虑方程(6.5)零解 $Y \equiv 0$ 的稳定性，下面介绍李雅普诺夫意义下的稳定性的概念。

定义 6.1 若对任意给定的 $\varepsilon > 0$ 和 $t_0 > 0$，存在 $\delta = \delta(\varepsilon,t_0) > 0$，使当任一 Y_0 满足 $\| Y_0 \| \leqslant \delta$ 时，由初值条件 $Y(t_0) = Y_0$ 确定的解 $Y(t,t_0,Y_0)$，对所有的 $t > t_0$，不等式

$$\| Y(t,t_0,Y_0) \| < \varepsilon \tag{6.6}$$

成立，则称方程(6.5)的零解是**稳定的**，反之是**不稳定的**。

定义 6.2 若系统(6.5)的零解是稳定的，且存在这样的 $\delta_1 > 0$，使当 $\| Y_0 \| < \delta_1$ 时，由初值条件 $Y(t_0) = Y_0$ 确定的解 $Y(t,t_0,Y_0)$ 均有

$$\lim_{t\to+\infty} Y(t,t_0,Y_0) = 0,$$

则称系统(6.5)的零解是**渐近稳定的**。如果系统(6.5)的零解 $Y = 0$ 是渐近稳定的，且从域 D_0 中任一点 Y_0 出发的解曲线均逼近于零，即有 $\lim\limits_{t\to+\infty} Y(t,t_0,Y_0) = 0$，则称域 D_0 为**渐近稳定域或吸引域**。若吸引域 D_0 为全空间，则称零解 $Y = 0$ 为**全局渐近稳定的或全局稳定的**。

例 2 考察系统 $\begin{cases}\dot{x} = y, \\ \dot{y} = -x\end{cases}$ 零解的稳定性。

解 易知方程组的通解为

$$\begin{cases}x(t) = c_1\cos t + c_2\sin t, \\ y(t) = -c_1\sin t + c_2\cos t。\end{cases}$$

若取初始值 $x(0) = x_0, y(0) = y_0$，且有 $x_0^2 + y_0^2 \neq 0$，那么经过此点的解为

$$\begin{cases}x(t) = x_0\cos t + y_0\sin t, \\ y(t) = -x_0\sin t + y_0\cos t。\end{cases}$$

对任意的 $\varepsilon > 0$，取 $\delta = \varepsilon$，则当 $\sqrt{x_0^2 + y_0^2} < \delta$ 时，有

$$\| Y \| = \sqrt{x^2(t) + y^2(t)} = \sqrt{x_0^2 + y_0^2} < \delta = \varepsilon,$$

故该系统的零解是稳定的。但由

$$\lim_{t\to+\infty} \| Y \| = \sqrt{x^2(t) + y^2(t)} = \sqrt{x_0^2 + y_0^2} \neq 0$$

可知该系统的零解不是渐近稳定的。

6.2.2　按线性近似判断系统的稳定性

对于常系数线性微分方程组

$$\frac{\mathrm{d}\boldsymbol{X}}{\mathrm{d}t}=\boldsymbol{AX},\boldsymbol{X}\in\mathbf{R}^n,\tag{6.7}$$

其中 $\boldsymbol{A}$ 是 $n\times n$ 阶方阵。

根据第 5 章方程组解的一般表示，可以得到以下结论。

定理 6.1　若系统(6.7) 的系数矩阵 $\boldsymbol{A}$ 的所有特征根都具有严格负实部，则系统(6.7) 的零解是渐近稳定的；若 $\boldsymbol{A}$ 的某特征根具有正实部，则系统(6.7) 的零解是不稳定的；若 $\boldsymbol{A}$ 的所有特征根都不具有正实部，但其中出现了零实部(包括零根)，则系统(6.7) 的零解可能是稳定的，也可能是不稳定的。

证明　这里我们只具体证定理的第一部分。不妨取初始时刻 $t_0=0$，设 $\boldsymbol{\Phi}(t)$ 是系统(6.7) 的标准基本解矩阵，由第 5 章内容知，满足 $\boldsymbol{X}(t)=\boldsymbol{X}_0$ 的解 $\boldsymbol{X}(t)$ 可以写成

$$\boldsymbol{X}(t)=\boldsymbol{\Phi}(t)\boldsymbol{X}_0。\tag{6.8}$$

由 $\boldsymbol{A}$ 的所有特征根都具有负实部知

$$\lim_{t\to+\infty}\|\boldsymbol{\Phi}(t)\|=0,\tag{6.9}$$

于是存在 $t_1>0$，使当 $t>t_1$ 时，$\|\boldsymbol{\Phi}(t)\|<1$。从而对任意 $\varepsilon>0$，取 $\delta_0=\varepsilon$，则当 $\|\boldsymbol{\Phi}(t)\|<\delta_0$ 时，由式(6.8) 有

$$\|\boldsymbol{X}(t)\|\leqslant\|\boldsymbol{\Phi}(t)\|\,\|\boldsymbol{X}_0\|\leqslant\|\boldsymbol{X}_0\|<\varepsilon,\quad t\geqslant t_1。$$

当 $t\in[0,t_1]$ 时，由解对初值的连续依赖性，对上述 $\varepsilon>0$，存在 $\delta_1>0$，当 $\|\boldsymbol{X}_0\|<\delta_1$ 时

$$\|\boldsymbol{X}(t)-0\|<\varepsilon,\quad t\in[0,t_1]。$$

取 $\delta=\min\{\delta_0,\delta_1\}$，综合上述讨论知，当 $\|\boldsymbol{X}_0\|<\delta$ 时有

$$\|\boldsymbol{X}(t)\|<\varepsilon,\quad t\in[0,+\infty],$$

即 $\boldsymbol{X}=0$ 是稳定的。

由式(6.9) 知对任意 $\boldsymbol{X}_0$ 有 $\lim\limits_{t\to+\infty}\boldsymbol{\Phi}(t)\boldsymbol{X}_0=0$，故 $\boldsymbol{X}=0$ 是渐近稳定的。

对于定理的第二部分，可以类似证明得到；对于定理的第三部分，可以通过举例说明，在本章的 6.3 节中会有相应的讨论。

现在考虑非线性微分方程组

$$\frac{\mathrm{d}\boldsymbol{X}}{\mathrm{d}t}=\boldsymbol{AX}+R(\boldsymbol{X}),\boldsymbol{X}\in\mathbf{R}^n,\tag{6.10}$$

其中 $R(0)=0$，且满足条件：当 $\|\boldsymbol{X}\|\to0$ 时

$$\frac{\|R(\boldsymbol{X})\|}{\|\boldsymbol{X}\|}\to0。$$

显然 $\boldsymbol{X}=0$ 是方程组(6.10) 的解，而这个解的稳定性是怎样的呢?这里只给出其稳定性可以由对应线性系统(6.7) 零解的稳定性来决定的结论。

定理 6.2　若系统(6.7) 的系数矩阵 $\boldsymbol{A}$ 的所有特征根都具有严格负实部，则系统

(6.10) 的零解是渐近稳定的；若 $\boldsymbol{A}$ 的某特征根具有正实部，则系统(6.10) 的零解是不稳定的。

特别地，当 $\boldsymbol{A}$ 的所有特征根都不具有正实部，但其中出现了零实部(包括零根)，则系统(6.7) 的零解的稳定性不能由线性近似系统(6.7) 零解的稳定性来决定，也可以通过举例来说明，在本章的 6.3 节中会有相应的讨论。

6.2.3 李雅普诺夫第二方法

李雅普诺夫创立了处理稳定性问题的两种方法。第一种方法要利用微分方程的级数解，但在他之后没有得到大的发展；第二种方法是在不求方程解的情况下，巧妙地借助一个所谓的李雅普诺夫函数 $V(\boldsymbol{X})$ 和通过微分方程所计算出来的导数 $\frac{\mathrm{d}V(\boldsymbol{X})}{\mathrm{d}t}$ 的符号性质，就能直接推断出解的稳定性，因此又称为直接法。该方法在许多实际问题中得到了成功的应用，在这里我们主要介绍李雅普诺夫第二种方法。

对于一般系统，解的稳定性的判断是十分困难的。我们只考虑自治系统

$$\frac{\mathrm{d}\boldsymbol{X}}{\mathrm{d}t} = F(\boldsymbol{X}),\ \boldsymbol{X} \in \mathbf{R}^n。\tag{6.11}$$

假设 $F(\boldsymbol{X}) = (F_1(x), \cdots, F_1(x))^{\mathrm{T}}$ 在

$$G = \{\boldsymbol{X} \in \mathbf{R}^n \mid \|\boldsymbol{X}\| \leqslant k\}$$

上连续，满足局部李普希兹条件，且 $F(0) = 0$。

为介绍李雅普诺夫基本定理，我们先引入李雅普诺夫函数的概念。

定义 6.3 若实连续函数

$$V(\boldsymbol{X}): G \to \mathbf{R}$$

满足 $V(0) = 0$，且若存在 $0 < h < k$，使在域 $D = \{\boldsymbol{X} \mid \|\boldsymbol{X}\| \leqslant h\}$ 内恒有 $V(\boldsymbol{X}) \geqslant 0 (\leqslant 0)$，则称 $V(\boldsymbol{X})$ 是**常正(负)的**；若在 D 内对一切 $\boldsymbol{X} \neq 0$ 都有 $V(\boldsymbol{X}) > 0 (< 0)$，则称 $V(\boldsymbol{X})$ 是**正(负)定的**；既不是常正又不是常负的函数称为**变号的**。进一步假设函数 $V(\boldsymbol{X})$ 关于所有变元的偏导数存在且连续，即 $\frac{\partial V}{\partial x_i} (i = 1, 2, \cdots, n)$ 均存在且连续，通常称函数 $V(\boldsymbol{X})$ 为**李雅普诺夫函数**。

例 3 函数 $V = x_1^2 + x_2^2$ 在 (x_1, x_2) 平面上为正定的；函数 $V = -(x_1^2 + x_2^2)$ 在 (x_1, x_2) 平面上为负定的；函数 $V = x_1^2 - x_2^2$ 在 (x_1, x_2) 平面上为变号函数；函数 $V = x_1^2$ 在 (x_1, x_2) 平面上是常正函数。

李雅普诺夫函数有明显的几何意义。

首先看正定函数 $V = V(x_1, x_2)$。在三维空间 (x_1, x_2, V) 中，$V = V(x_1, x_2)$ 是一个位于坐标平面 x_1Ox_2 上方的曲面。它与坐标平面 x_1Ox_2 只有一个交点，即原点 $O(0,0,0)$。对任意的足够小的正常数 C，将曲线 $V(x_1, x_2) = C$ 投影到 x_1Ox_2 平面上，会得到一组一个套一个的闭曲线族 $\gamma(C)$ (如图 6-3 所示)，由于 $V = V(x_1, x_2)$ 连续可微且 $V(0,0) = 0$，故当 $C \to 0$ 时，在 x_1Ox_2 平面上对应的闭曲线将收缩到 $(0,0)$ 点。

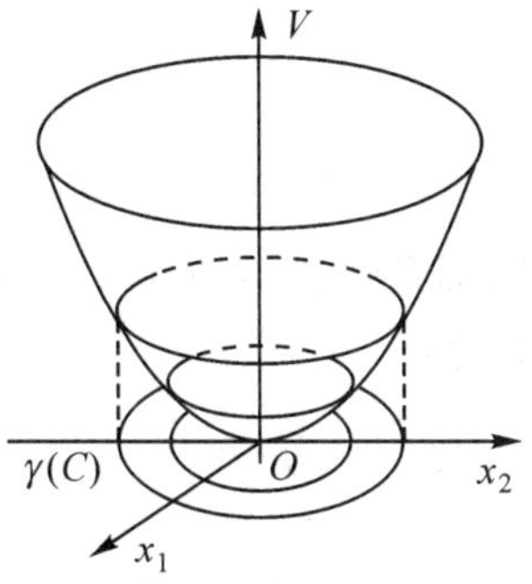

图 6-3

对于负定函数 $V=V(x_1,x_2)$ 可以作类似的几何解释，只是曲面 $V=V(x_1,x_2)$ 将在坐标面 x_1Ox_2 的下方。

对于变号函数 $V=V(x_1,x_2)$，则应对应于这样的曲面，在原点 O 的任意邻域，该函数所表示的曲面既有在 x_1Ox_2 平面上方的点，又有在其下方的点。

借助构造一个李雅普诺夫函数 $V(\boldsymbol{X})$，并利用 $V(\boldsymbol{X})$ 及其通过方程组(6.11)的全导数 $\frac{\mathrm{d}V(\boldsymbol{X})}{\mathrm{d}t}$ 的性质来判定方程组解的稳定性，这即为李雅普诺夫第二种方法的思想。下面仅就解的渐近稳定的判定，介绍一个常见的李雅普诺夫函数方法。

定理 6.3　对系统(6.11)，若在区域 D 上存在正定函数 $V(\boldsymbol{X})$ 满足

$$\left.\frac{\mathrm{d}V(\boldsymbol{X})}{\mathrm{d}t}\right|_{(6.11)}=\sum_{i=1}^{n}\frac{\partial V}{\partial x_i}F_i(\boldsymbol{X})<0,$$

则系统(6.11)的零解是渐近稳定的。

这里对定理不作严格证明，读者可以参阅相关的文献。对此定理我们以二维情形为例作以下解释：在(0,0)点附近，系统(6.11)的轨线 Γ 与 $V(x_1,x_2)=C$ 在 x_1Ox_2 平面上的投影闭曲线族相交，且沿着 t 增大的方向，$V(x_1,x_2)=C$ 的值严格地由大变小。也就是随着 $t\to+\infty$，轨线 Γ 将由外向内与投影闭曲线族相交，最终趋于(0,0)点(如图 6-4 所示)。

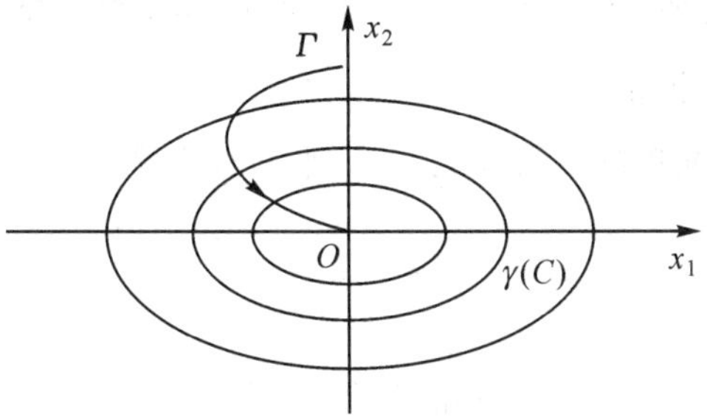

图 6-4

应该注意，当上述条件中"<"改为"≤"时，$V(x_1,x_2)=C$ 的值不一定严格地随着 t 增大而由大变小，可能会环绕某一投影闭曲线无限盘旋，那么此时零解是稳定的，而不是渐近稳定的；当上述条件中"<"改为">"时，$V(x_1,x_2)=C$ 的值严格地随着 t 增大而由小变

大,那么此时零解是不稳定的。

例 4 考虑线性振动方程

$$m\ddot{x}+\mu\dot{x}+cx=0 \tag{6.12}$$

的平衡位置的稳定性,其中,μ 为阻尼系数,m,c 为正的常数。

解 把方程(6.12)化为等价系统

$$\begin{cases}\dfrac{dx}{dt}=y,\\[2mm] \dfrac{dy}{dt}=-\dfrac{c}{m}x-\dfrac{\mu}{m}y,\end{cases} \tag{6.13}$$

方程(6.12)的平衡位置即系统(6.13)的零解。若取 V 函数为

$$V(x,y)=\frac{c}{m}x^2+y^2,$$

则其全导数为

$$\left.\frac{dV(x,y)}{dt}\right|_{(6.13)}=-\frac{2\mu}{m}y^2。$$

当无阻力时,$\mu=0$,因而由$\dfrac{dV}{dt}=0$ 可知方程零解是稳定的。

当有阻力时,$\mu>0$,因而$\dfrac{dV}{dt}<0$ 或 $y=0$,而在原点邻域中 $y=0$ 直线上除零解 $x=0$,$y=0$ 之外不含有方程的整条正半轨线,则方程零解是渐近稳定的。

6.3 平面动力系统的奇点与极限环

对于一个确定的系统,我们常常采用定性理论的方法,通过相图来得到解的特性。在研究相图的局部结构时,奇点是主要对象,而对于整体结构,除了奇点外,孤立闭轨将起重要的作用。为此,本节就平面动力系统的奇点与极限环作简单介绍。

6.3.1 奇点与轨线分布

本节先研究一类最简单的自治系统 —— 平面线性系统的奇点与奇点附近的轨线的关系。

平面线性系统的一般形式为

$$\begin{cases}\dfrac{dx}{dt}=ax+by,\\[2mm] \dfrac{dy}{dt}=cx+dy。\end{cases} \tag{6.14}$$

可以把方程组(6.14)写成向量形式

$$\frac{d\boldsymbol{X}}{dt}=\boldsymbol{AX},$$

其中，$\boldsymbol{X}=\begin{pmatrix}x\\y\end{pmatrix}$，$\boldsymbol{A}=\begin{pmatrix}a & b\\c & d\end{pmatrix}$。

特别说明这里系数矩阵 $\boldsymbol{A}$ 为非奇异矩阵，即其行列式 $|\boldsymbol{A}|\neq 0$，也就是 $\boldsymbol{A}$ 不以零为特征根，此时系统奇点(0,0) 称为**初等奇点**；若 $\boldsymbol{A}$ 以零为特征根，则称之为**高阶奇点**。

因为方程组(6.14) 是可解的，可先求出系统的通解，然后消去参数 t，得到轨线方程。从而了解在奇点(0,0) 附近的轨线分布情况，并根据奇点附近轨线分布的形式来确定奇点的类型。

首先作非退化线性变换，令

$$\boldsymbol{X}=\boldsymbol{T}\tilde{\boldsymbol{X}},$$

其中 $\tilde{\boldsymbol{X}}=\begin{pmatrix}\tilde{x}\\\tilde{y}\end{pmatrix}$，行列式 $|\boldsymbol{T}|\neq 0$，则系统变为

$$\frac{\mathrm{d}\tilde{\boldsymbol{X}}}{\mathrm{d}t}=\boldsymbol{T}^{-1}\boldsymbol{A}\boldsymbol{T}\tilde{\boldsymbol{X}}\triangleq\boldsymbol{J}\tilde{\boldsymbol{X}}。\tag{6.15}$$

适当选取 $\boldsymbol{T}$ 可以把系统(6.14) 化成标准型，并从该标准型的方程组求出解来，先确定其轨线分布，然后再回来考虑原系统(6.14) 在奇点附近的轨线分布。

根据线性代数中关于线性变换的理论可知，若尔当标准型 $\boldsymbol{J}=\boldsymbol{T}^{-1}\boldsymbol{A}\boldsymbol{T}$ 的形式由实系数矩阵 $\boldsymbol{A}$ 的特征根的情况决定，可能为下列 3 种情形之一：

$$\begin{pmatrix}\lambda & 0\\0 & \mu\end{pmatrix},\quad\begin{pmatrix}\lambda & 0\\1 & \lambda\end{pmatrix}\text{和}\begin{pmatrix}\alpha & -\beta\\\beta & \alpha\end{pmatrix},$$

其中，λ,μ 和 β 均不等于零。为了书写方便，去掉系统(6.15) 中的上标，依然把方程写成

$$\frac{\mathrm{d}\boldsymbol{X}}{\mathrm{d}t}=\boldsymbol{J}\boldsymbol{X}。\tag{6.16}$$

下面分别就 $\boldsymbol{J}$ 的每一情况来讨论奇点(0,0) 附近的轨线分布。

1. 当 $\boldsymbol{J}=\begin{pmatrix}\lambda & 0\\0 & \mu\end{pmatrix}(\lambda\mu\neq 0)$ 时，系统(6.16) 可以写成

$$\begin{cases}\dfrac{\mathrm{d}x}{\mathrm{d}t}=\lambda x,\\[2mm]\dfrac{\mathrm{d}y}{\mathrm{d}t}=\mu y,\end{cases}\tag{6.17}$$

求其通解，得

$$x=c_1\mathrm{e}^{\lambda t},\quad y=c_2\mathrm{e}^{\mu t},\tag{6.18}$$

消去参数 t，得轨线方程

$$y=c\,|x|^{\frac{\mu}{\lambda}}\text{ 和 }x=0,\tag{6.19}$$

其中，c_1,c_2,c 为任意常数。

(1) $\lambda\neq\mu$ 且 $\lambda\mu>0$，即两实特征根同号而不相等情形。

这时式(6.19) 的曲线族中除了 x 轴与 y 轴外，其余都是以原点(0,0) 为顶点的抛物线形曲线。当 $\left|\frac{\mu}{\lambda}\right|>1$ 时，它们均与 x 轴相切；而当 $\left|\frac{\mu}{\lambda}\right|<1$ 时，它们均与 y 轴相切(如

图 6-5，图 6-6 所示）。由于原点(0,0) 是式(6.17) 的奇点以及轨线的唯一性，所有抛物轨线及半轴轨线均不过原点。但是由式(6.18) 可以看出，当 $\mu < \lambda < 0$ 时，轨线在 $t \to +\infty$ 趋于原点(如图 6-5)；当 $\mu > \lambda > 0$ 时，轨线在 $t \to -\infty$ 时趋于原点(如图 6-6)。因此所有的轨线都是沿着两个方向进入或离开奇点，此时就称这样的奇点为**正常结点**，且前者为稳定的，后者为不稳定的。

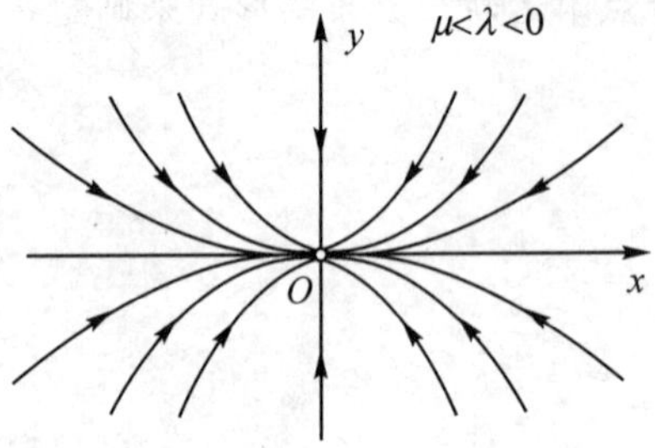

图 6-5

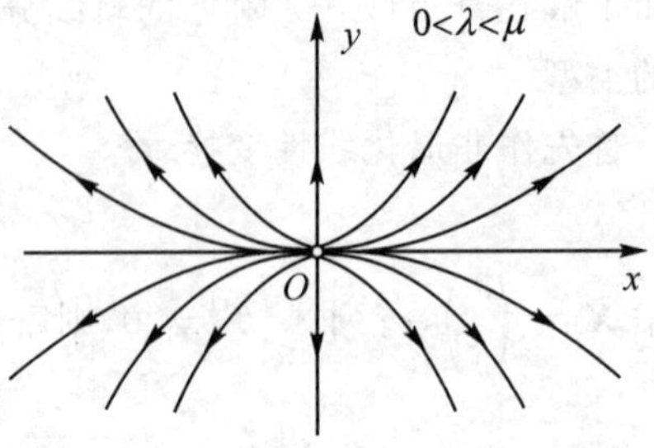

图 6-6

(2) $\lambda\mu < 0$，即两实特征根异号情形。

这时轨线除了四个坐标半轴与奇点外，其余都是以坐标轴为渐进线的双曲线形轨线(如图 6-7，图 6-8 所示)，且易看出，在 $\mu > 0 > \lambda$ 条件下，当 $t \to +\infty$ 时，动点 (x,y) 沿 x 正、负半轴轨线趋于奇点(0,0)，而沿 y 正、负半轴轨线远离奇点(0,0)(如图 6-7)；而在 $\mu < 0 < \lambda$ 条件下情况刚好相反(如图 6-8)；其余的双曲线形轨线均最终远离奇点。

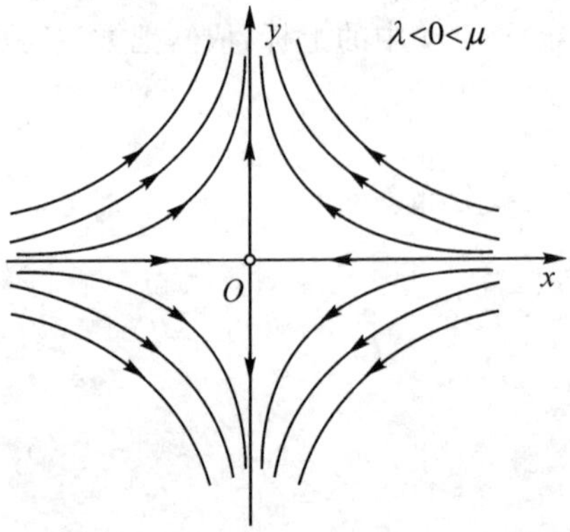

图 6-7

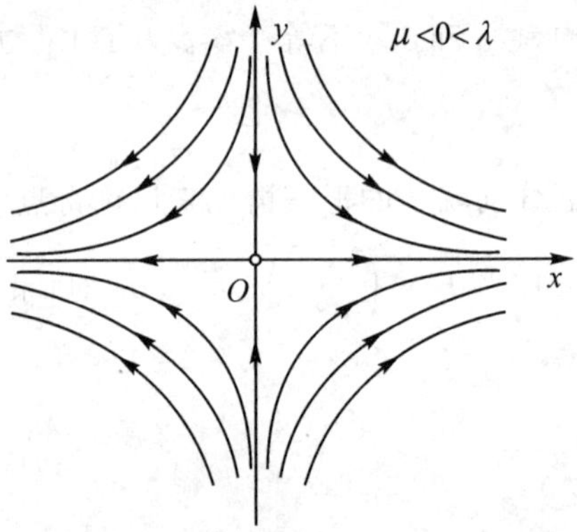

图 6-8

此时称这样的奇点为**鞍点**，且总是不稳定的。

(3) $\lambda = \mu$，即两实特征根相等情形。

此时易得轨线方程为

$$y = cx \text{ 和 } x = 0,$$

其中 c 为任意常数。根据 λ 的符号，轨线图像如图 6-9 和图 6-10 所示。轨线为从奇点出发的半射线。此时称这样的奇点为**临界结点**，且当 $\lambda < 0$ 时，轨线在 $t \to +\infty$ 时趋近于原点，这时奇点 O 是稳定的；当 $\lambda > 0$ 时，轨线在 $t \to +\infty$ 时远离原点，这时奇点 O 是不稳定的。

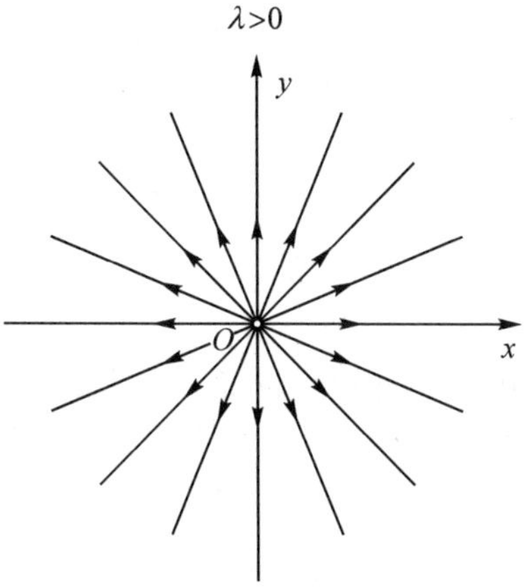

图 6-9

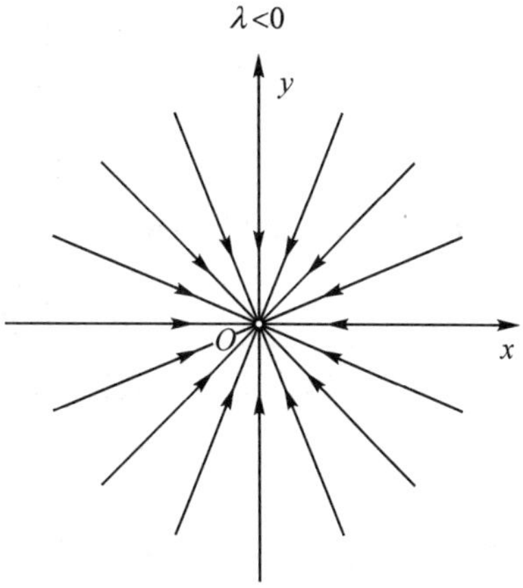

图 6-10

2. 当 $\boldsymbol{J}=\begin{pmatrix}\lambda & 0\\ 1 & \lambda\end{pmatrix}$ 时，系统(6.16)为

$$\begin{cases}\dfrac{\mathrm{d}x}{\mathrm{d}t}=\lambda x,\\ \dfrac{\mathrm{d}y}{\mathrm{d}t}=x+\lambda y,\end{cases}$$

其通解为

$$x=c_1\mathrm{e}^{\lambda t},\ y=(c_2t+c_1)\mathrm{e}^{\lambda t},$$

消去参数 t，得到轨线方程

$$c_1\lambda y=(c_1\ln|x|+c_0)x,$$

其中，c_0,c_1,c_2 为任意常数。

易知有 $\lim\limits_{x\to0}y=0,\quad \lim\limits_{x\to0}y'_x=\infty$。所以当轨线接近原点时，均以 y 轴为其切线的极限位置，而 y 正、负半轴也都是轨线，此时称这样的奇点为**退化结点**，且当 $\lambda<0$ 时奇点为稳定的，当 $\lambda>0$ 时奇点为不稳定的，如图 6-11 及图 6-12 所示。

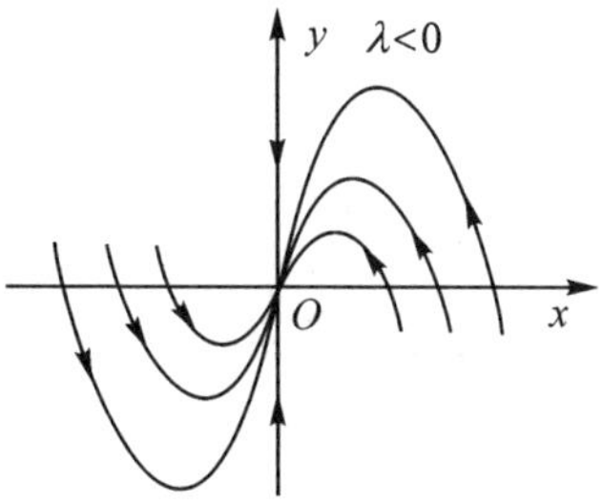

图 6-11

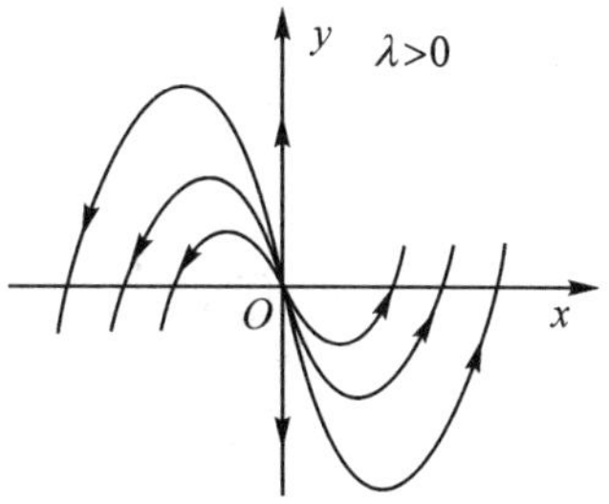

图 6-12

3. 当 $\boldsymbol{J}=\begin{pmatrix}\alpha & -\beta\\ \beta & \alpha\end{pmatrix},\quad \beta\neq0$ 时，系统(6.16)为

$$\begin{cases}\dfrac{dx}{dt}=\alpha x+\beta y,\\[2mm]\dfrac{dy}{dt}=-\beta x+\alpha y。\end{cases}\tag{6.20}$$

首先将第一个方程乘以 x,第二个方程乘以 y,然后相加,得

$$x\frac{dx}{dt}+y\frac{dy}{dt}=\alpha(x^2+y^2)。$$

其次,对方程(6.20)第一个方程乘以 y,第二个方程乘以 x,然后相减,得

$$y\frac{dx}{dt}-x\frac{dy}{dt}=\beta(x^2+y^2)。$$

此时取极坐标 $x=\rho\cos\theta, y=\rho\sin\theta$ 得到

$$\rho=\sqrt{x^2+y^2}=c_1e^{\alpha t},\theta=\arctan\frac{y}{x}=-\beta t+c_2,\tag{6.21}$$

进一步消去参数 t,得到轨线的极坐标方程

$$\rho=ce^{-\frac{\alpha}{\beta}\theta},\tag{6.22}$$

其中 c 为任意非负常数。从式(6.22)可知,若 $c\alpha\neq 0$,则轨线为对数螺线族;又从式(6.21)第二式可知,由 β 的符号可以确定轨线的方向,当 $\beta<0$ 时,轨线的方向是逆时针的;当 $\beta>0$ 时,轨线的方向是顺时针的。相图根据 α 的不同符号分为三种:当 $\alpha<0$ 时,随着 t 的无限增大,相点沿着轨线趋近于坐标原点,这时,称原点是**稳定焦点**(如图 6-13);当 $\alpha>0$ 时,相点沿着轨线远离原点,这时,称原点是**不稳定焦点**(如图 6-14)。

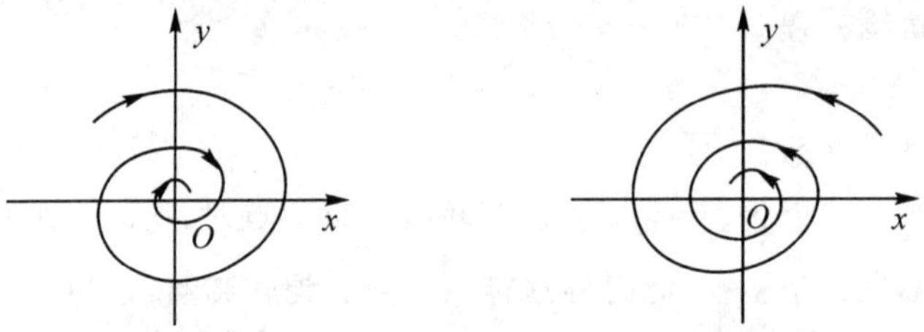

(a) $\beta>0$　　(b) $\beta<0$

图 6-13　$\alpha<0$

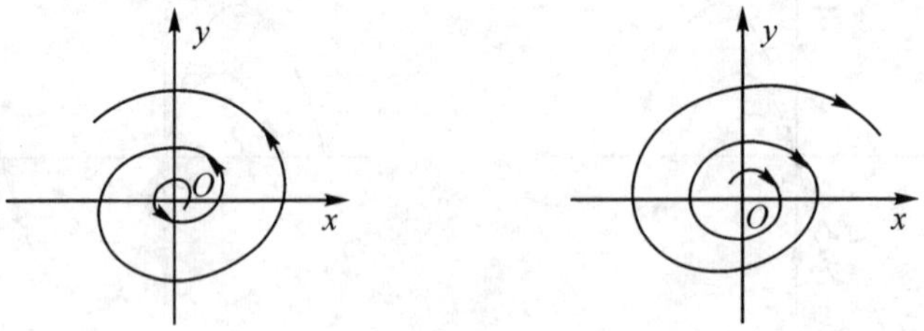

(a) $\beta<0$　　(b) $\beta>0$

图 6-14　$\alpha>0$

当 $\alpha=0$ 时,则轨线方程(6.22)为

$$\rho=c \text{ 或 } x^2+y^2=c^2,$$

方程表示的是以坐标原点为中心的一族圆，如图 6-15，图 6-16 所示。显然，此时奇点是稳定的但为非渐进稳定的，称之为**中心**。

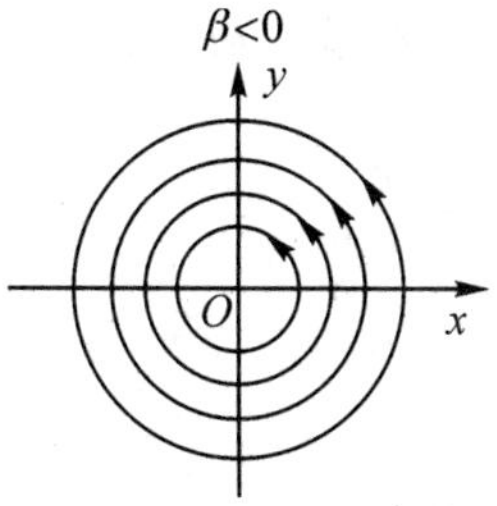

图 6-15

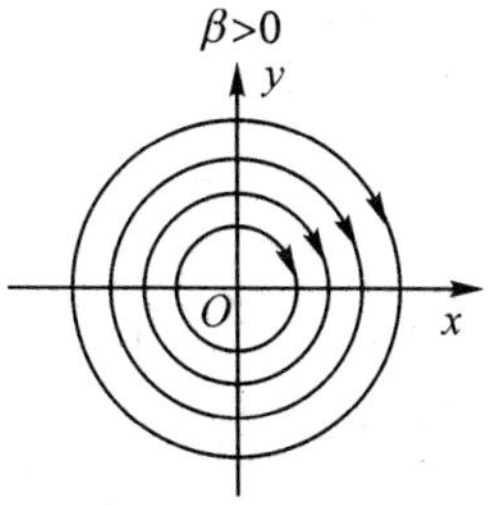

图 6-16

综上所述，由矩阵 $\boldsymbol{A}$ 的特征根的不同情况，方程(6.16) 的奇点可能会出现四种类型，即结点型、鞍点型、焦点型和中心型。

现在回来看一般的平面线性系统

$$\frac{\mathrm{d}\boldsymbol{X}}{\mathrm{d}t} = \boldsymbol{A}\boldsymbol{X}$$

的轨线在奇点(0,0) 附近的分布情况。

由于前面标准化变换 $\boldsymbol{X} = \boldsymbol{T}\tilde{\boldsymbol{X}}$ 是非奇异变换，变换不改变奇点的位置，也不会引起相平面上轨线性态的改变，从而奇点的类型也保持不变。由此可见，方程(6.16) 在各种情况下的轨线，经过逆变换后得到方程(6.14) 的轨线，其结点型、鞍点型、焦点型以及中心型的轨线分布也是不变的。

于是，系统(6.14) 的奇点(0,0)，当行列式 $|\boldsymbol{A}| \neq 0$ 时，可以根据矩阵 $\boldsymbol{A}$ 的特征根的不同情况进行分类，而 $\boldsymbol{A}$ 的特征根完全由 $\boldsymbol{A}$ 的系数确定，所以 $\boldsymbol{A}$ 的系数可以确定出奇点的类型。因此，下面给出矩阵 $\boldsymbol{A}$ 的系数与奇点分类的关系。

定理 6.4　对于方程(6.14)，其系数矩阵的特征方程为

$$\lambda^2 - (a+d)\lambda + ad - bc = 0。$$

若令 $p = -(a+d)$，$q = ad - bc$，$\Delta = p^2 - 4q$，则有

(1) 当 $q < 0$ 时，(0,0) 为鞍点；

(2) 当 $q > 0$ 且 $\Delta > 0$ 时，(0,0) 为正常结点；

(3) 当 $q > 0$ 且 $\Delta = 0$ 时，(0,0) 为临界结点或退化结点；

(4) 当 $q > 0$ 且 $p \neq 0$，$\Delta < 0$ 时，(0,0) 为焦点；

(5) 当 $q > 0$ 且 $p = 0$ 时，(0,0) 为中心点。

此外，在情形(2)—(4) 中，奇点的稳定性由 p 的符号决定：当 $p > 0$ 时奇点是稳定的，而当 $p < 0$ 时奇点是不稳定的。

最后回到更一般的非线性平面系统

$$\begin{cases} \dfrac{\mathrm{d}x}{\mathrm{d}t} = P(x,y), \\ \dfrac{\mathrm{d}y}{\mathrm{d}t} = Q(x,y)。 \end{cases} \tag{6.23}$$

注意到任何平衡点可从平移至原点，不妨假定(0,0)是系统的平衡点，且为初等奇点。接下来研究平衡点附近的轨线分布问题。

在一定条件下，利用泰勒展式可以将式(6.23)的右端写成

$$\begin{cases}\dfrac{dx}{dt}=ax+by+\varphi(x,y),\\[2ex]\dfrac{dy}{dt}=cx+dy+\psi(x,y),\end{cases}\tag{6.24}$$

其中

$$a=P'_x(0,0),\ b=P'_y(0,0),\ c=Q'_x(0,0),\ d=Q'_y(0,0);$$

$\varphi(x,y)$，$\psi(x,y)$是x，y的高于一次的项。我们考虑当函数$\varphi(x,y)$，$\psi(x,y)$满足什么条件时，在相平面上(0,0)点附近，系统(6.23)与其平面线性化系统的轨线分布情形相同。这里只介绍以下的一个常见的结果而不加以证明。

定理6.5 如果在一次近似系统(6.14)中，有

$$\begin{vmatrix}a & b\\ c & d\end{vmatrix}\neq 0,$$

且(0,0)为其结点(不包括退化结点及临界结点)、鞍点或焦点，又在式(6.23)中$P(x,y)$与$Q(x,y)$在(0,0)点的邻域连续可微，且满足当$r\to 0$时，

$$\varphi(x,y),\psi(x,y)=o(r)\ (r=\sqrt{x^2+y^2}),$$

则系统(6.23)的轨线在(0,0)点附近的分布情形与系统(6.14)的完全相同。

注 当(0,0)点为系统(6.14)的退化结点、临界结点或中心时，定理6.5中的条件还必须加强，结论才能够成立，具体情形以及上述定理的证明均可参阅参考文献[4]。

6.3.2 极限环与判定定理

定义6.4 设系统(6.23)具有闭轨线Γ，假设在其某个环形邻域内不再有别的闭轨，即闭轨线Γ是孤立的，则称Γ为系统(6.23)的一个**极限环**。

显然，极限环Γ将相平面分成两个区域：**内域和外域**。可以证明极限环有以下性质：极限环Γ存在一个外侧邻域，使得在这一邻域出发的所有轨线当$t\to+\infty$或$t\to-\infty$时趋近于闭轨线Γ，同样也存在一个内侧邻域，这正好体现了极限环的含意。

定义6.5 如果当$t\to+\infty(-\infty)$时，极限环Γ的内部及外部靠近Γ的轨线都盘旋地趋近于Γ，则称Γ是**稳定的**(**不稳定的**)，如果当$t\to+\infty(-\infty)$时，Γ的内部及外部的稳定性相反，则称Γ为**半稳定的**。

为了说明极限环的概念，现在来看看下面的例子。

例5 考察方程组

$$\begin{cases}\dfrac{dx}{dt}=y+x(1-x^2-y^2),\\[2ex]\dfrac{dy}{dt}=-x+y(1-x^2-y^2)\end{cases}\tag{6.25}$$

的轨线分布。

解　取极坐标 $x=\rho\cos\theta, y=\rho\sin\theta$,则可以将方程(6.25)化为

$$\frac{d\rho}{dt}=\rho(1-\rho^2),\quad \frac{d\theta}{dt}=-1\ 。\tag{6.26}$$

容易看出,方程组(6.26)有两个特解:$\rho=0,1$。其中 $\rho=0$ 对应系统(6.25)的奇点,而 $\rho=1$ 对应于系统(6.25)的一个周期解,$\rho=1$ 所对应的闭轨线是以原点为中心,以 1 为半径的圆。

进一步地,考察其余轨线的性态。考虑通过相平面上任一点(x_0,y_0)的方程轨线的走向,此点对应的极坐标为

$$\rho_0=\sqrt{x_0^2+y_0^2},\quad \theta_0=\arctan\frac{y_0}{x_0}。$$

当 $\rho=\rho_0<1$ 时,由式(6.26)有

$$\left.\frac{d\rho}{dt}\right|_{\rho=\rho_0}=\rho_0(1-\rho_0^2)>0,\quad \left.\frac{d\theta}{dt}\right|_{\theta=\theta_0}=-1<0,$$

可知极径 ρ 随时间的延长而增大,即轨线按顺时针方向远离圆周 $\rho=\rho_0$ 向外而趋于圆周 $\rho=1$;当 $\rho=\rho_0>1$ 时,由式(6.26)有

$$\left.\frac{d\rho}{dt}\right|_{\rho=\rho_0}=\rho_0(1-\rho_0^2)<0,\quad \left.\frac{d\theta}{dt}\right|_{\theta=\theta_0}=-1<0,$$

可知极径 ρ 随时间的延长而减小,即轨线按顺时针方向远离圆周 $\rho=\rho_0$ 向内而趋于圆周 $\rho=1$。方程(6.25)的轨线分布如图 6-17 所示。易于看出,例 5 中的轨线 $x^2+y^2=1$ 是稳定的极限环。

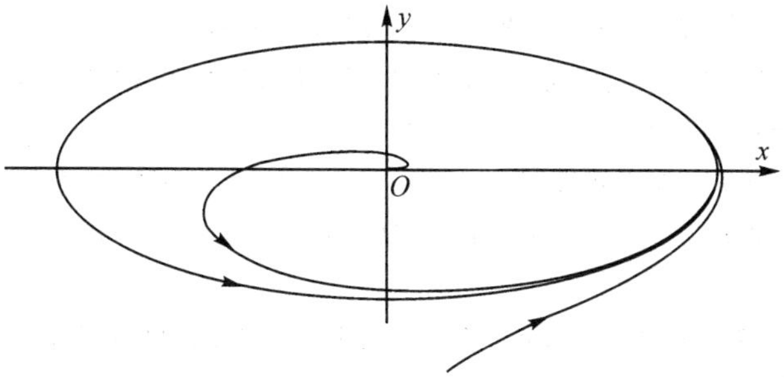

图 6-17

稳定的极限环表示了运动的一种稳定的周期态,这个结论在非线性振动问题中具有重要意义。一般说来,一个系统的极限环并不能像例 5 那样容易算出来。关于判断极限环存在性的方法,我们只叙述著名的庞加莱—班迪克松(Poincaré—Bendixson)环域定理,其证明可以参阅参考文献[4]。

定理 6.6　设区域 D 是由两条简单闭曲线 L_1 和 L_2 所围成的环域,并且在 $\overline{D}=L_1\cup D\cup L_2$ 上系统(6.23)无奇点;从 L_1 和 L_2 上出发的轨线都不能离开(或都不能进入)$\overline{D}$。设 L_1 和 L_2 均不是闭轨线,则系统(6.23)在 D 内至少存在一条闭轨线 Γ,Γ 与 L_1 和 L_2 的相对位置如图 6-18 所示,即 Γ 在 D 内不能收缩到一点。

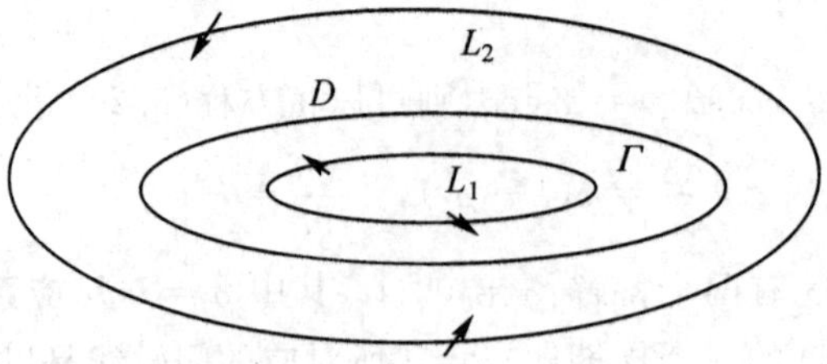

图 6-18

如果把系统(6.23)看成一平面流体的运动方程，那么上述环域定理表明：如果流体从环域D的边界流入D，而在D内又没有渊和源，那么流体在D内有环流存在。这个力学意义是比较容易想象的。习惯上，把L_1和L_2分别称为庞加莱一班迪克松环域的内、外境界线。

本章学习要点

本章对动力系统定性理论与稳定性理论作了一些简单的初步介绍。它们是常微分方程理论的两个主要内容，前者研究包括奇点和极限环在内的相平面或相空间中的轨线结构与性质，后者则主要研究非线性系统解的局部或全局稳定性态。这两项理论的发展不仅是微分方程理论本身发展的需要，而且在力学、现代控制论、空间技术以及生化反应、种群动力学、流行病学等方面都有着广泛的应用。

本章首先介绍了动力系统、相空间与轨线的一些基本概念，给出了相空间轨线三条基本性质；接下来在6.2节中给出了李雅普诺夫稳定性的概念，重点介绍了按线性近似判断稳定性的一般结论以及李雅普诺夫第二方法的思想与定理；最后在6.3节中从最简单的常系数二阶线性微分方程组出发，讨论了平面线性动力系统初等奇点邻域的轨线分布与分类，并给出了按线性近似决定平面非线性系统稳定性态的一个结论；最后介绍了极限环的有关定义，并给出了判断方程在平面内存在极限环的环域定理。

本章介绍了不少新的概念和方法，学习时主要应把握以下几点：

1. 正确理解动力系统解与曲线之间的关系，正确理解奇点、相图、相轨线、稳定性和极限环等概念。

2. 正确理解平面线性动力系统初等奇点邻域的轨线分布与分类，掌握用特征根来判断奇点类型的技能。

3. 理解利用李雅普诺夫函数进行稳定性判断的思想方法，同时也要理解极限环存在性判断方法，并能熟练掌握。

习题 6

1. 设$f(t,0)=0$用$\varepsilon-\delta$语言叙述微分方程$\dfrac{dx}{dt}=f(t,x)$的零解不稳定的定义。

2. 考虑纯量方程$\dfrac{dx}{dt}=a(t)x$，$a(t)$是$[0,+\infty)$上的连续函数。证明：

(1) 零解$x=0$为稳定的充分必要条件是存在$M(t_0)>0$，$\int_{t_0}^{t}a(s)ds\leqslant M(t_0)$，使得$\int_{t_0}^{t}a(s)ds\leqslant M(t_0)$对一切$t\geqslant t_0\geqslant 0$成立。

(2) 零解 $x=0$ 为渐近稳定的充分必要条件是 $\lim\limits_{t\to+\infty}\int_{t_0}^{t}a(s)\mathrm{d}s=-\infty$。

3. 证明方程组

$$\begin{cases}\dot{x}=-y+x(x^2+y^2-1),\\ \dot{y}=x+y(x^2+y^2-1)\end{cases}$$

的零解是渐近稳定的。

4. 确定下列各方程的奇点类型，轨线分布以及稳定性。

(1) $\begin{cases}\dfrac{\mathrm{d}x}{\mathrm{d}t}=-3x,\\ \dfrac{\mathrm{d}y}{\mathrm{d}t}=x-3y;\end{cases}$ (2) $\begin{cases}\dfrac{\mathrm{d}x}{\mathrm{d}t}=2x-y,\\ \dfrac{\mathrm{d}y}{\mathrm{d}t}=4x-y;\end{cases}$ (3) $\begin{cases}\dfrac{\mathrm{d}x}{\mathrm{d}t}=2x-5y,\\ \dfrac{\mathrm{d}y}{\mathrm{d}t}=x-2y;\end{cases}$

(4) $\begin{cases}\dfrac{\mathrm{d}x}{\mathrm{d}t}=x+2y,\\ \dfrac{\mathrm{d}y}{\mathrm{d}t}=-y;\end{cases}$ (5) $\begin{cases}\dfrac{\mathrm{d}x}{\mathrm{d}t}=2x+3y,\\ \dfrac{\mathrm{d}y}{\mathrm{d}t}=x+3y;\end{cases}$ (6) $\begin{cases}\dfrac{\mathrm{d}x}{\mathrm{d}t}=2x+y,\\ \dfrac{\mathrm{d}y}{\mathrm{d}t}=3x-2y。\end{cases}$

5. 确定下列方程原点的奇点类型及稳定性。

(1) $\begin{cases}\dfrac{\mathrm{d}x}{\mathrm{d}t}=-y,\\ \dfrac{\mathrm{d}y}{\mathrm{d}t}=x(a^2-x^2)+by,\end{cases}$ 其中 $a,b\neq 0$ 且 $b^2-4a^2\neq 0$；

(2) $\begin{cases}\dfrac{\mathrm{d}x}{\mathrm{d}t}=y,\\ \dfrac{\mathrm{d}y}{\mathrm{d}t}=-ay+b\sin x,\end{cases}$ 其中 $b>0$。

6. 试讨论某自激振动系统（范得坡方程）：

$$\frac{\mathrm{d}^2x}{\mathrm{d}t^2}+\mu(x^2-1)\frac{\mathrm{d}x}{\mathrm{d}t}+x=0(\mu>0)$$

平衡状态的稳定性态，并证明该系统存在稳定的极限环。

第7章 常微分方程在数学建模中的应用

数学建模是在20世纪60年代进入一些西方国家大学的课堂，我国有几所大学也在20世纪80年代初将数学建模引入课堂。经过30余年的发展，现在绝大多数本科院校和许多专科学校都开设了各种形式的数学建模课程和讲座，为培养学生利用数学方法，分析、解决实际问题的能力开辟了一条有效的途径。

大学生数学建模竞赛最早是1985年在美国出现的，1989年在几位从事数学建模教育工作教师的组织和推动下，我国几所大学的学生开始参加美国的数学建模竞赛。1992年由中国工业与应用数学学会组织举办了我国10城市的大学生数学模型联赛，有74所院校的314个队参加。1994年起由国家教育部高等教育司和中国工业与应用数学学会共同主办全国大学生数学建模竞赛，每年一届。

全国大学生数学建模竞赛是面向全国大学生的群众性科技活动，目的在于激励学生学习数学的积极性，提高学生建立数学模型和运用计算机技术解决实际问题的综合能力，鼓励广大学生踊跃参加课外科技活动，开拓知识面，培养创造精神及合作意识，推动大学数学教学体系、教学内容和教学方法的改革。竞赛题目一般来源于工程技术和管理科学等方面经过适当简化加工的实际问题，不要求参赛者预先掌握深入的专门知识，只需要学习过普通高等学校的数学课程。题目有较大的灵活性供参赛者发挥其创造能力。参赛者应根据竞赛题目要求，完成一篇包括模型的假设、建立和求解，计算方法的设计和计算机实现，结果的分析和检验，模型的改进等方面的论文(即答卷)。

微分方程模型是数学建模的方法之一，本章将介绍常微分方程在数学建模中的应用。

7.1 数学模型与数学建模

7.1.1 数学模型及其分类

数学模型(Mathematical Model)是近些年发展起来的新学科，是数学理论与实际问题相结合的一门科学。数学模型将现实问题归结为相应的数学问题，并在此基础上利用数学的概念、方法和理论进行深入的分析和研究，从而从定性或定量的角度来刻画实际问题，并为解决现实问题提供精确的数据或可靠的指导。

数学模型一般是实际事物的一种数学简化。数学模型常常是以某种意义上接近实际事物的抽象形式存在的，但数学模型和真实的事物有着本质的区别。要描述一个实际现象可以有许多种方式，比如录音、录像、比喻和传言等。为了使描述更具科学性、逻辑性、客观性和可重复性，人们采用一种普遍认为比较严格的语言来描述各种现象，这种语言就是数学。使用数学语言描述的事物就称为数学模型。

数学模型现在还没有一个统一的准确的定义，因为站在不同的角度可以有不同的定义。不过我们可以给出以下定义，"数学模型是关于部分现实世界和为一种特殊目的而作的一个抽象的、简化的结构"。具体来说，数学模型就是为了某种目的，用字母、数字及其他数学符号建立起来的等式或不等式以及图表、图像、框图等描述客观事物的特征及其内在联系的数学结构表达式。

数学模型的分类方法有很多，主要有以下分类：

(1) 按模型的应用领域分类：

生物数学模型，医学数学模型，地质数学模型，数量经济学模型和数学社会学模型等。

(2) 按是否考虑随机因素分类：

确定性模型与随机性模型。

(3) 按是否考虑模型的变化分类：

静态模型与动态模型。

(4) 按应用离散方法或连续方法分类：

离散模型与连续模型。

(5) 按建立模型的数学方法分类：

几何模型，微分方程模型，图论模型，规划论模型和马尔科夫链模型等。

(6) 按人们对事物发展过程的了解程度分类：

白箱模型：指那些内部规律比较清楚的模型。如力学、热学以及相关的工程技术问题。

灰箱模型：指那些内部规律尚不十分清楚，在建立和改善模型方面都还不同程度地有许多工作要做的问题。如气象学、生态学、经济学等领域的模型。

黑箱模型：指一些其内部规律还很少为人们所知的现象。如生命科学、社会科学等方面的问题。但由于因素众多、关系复杂，这些问题也可以简化为灰箱模型来研究。

7.1.2　数学建模及建模步骤与方法

数学建模是运用数学的语言和方法，通过对实际问题进行抽象、简化，反复探索，构建一个能够刻画实际问题本质特征的数学模型，并用来分析、研究和解决实际问题的一种创新活动过程。数学建模是一种数学的思考方法，是一种强有力的数学手段。建立数学模型的过程就是数学建模的过程，其主要步骤有：

(1) 模型准备：了解问题的实际背景，明确其实际意义，掌握对象的各种信息并用数学语言来描述问题。

(2) 模型假设：根据实际对象的特征和建模的目的，对问题进行必要的简化，并用精确的语言提出一些恰当的假设。

(3) 模型建立：在假设的基础上，利用适当的数学工具来刻画各变量之间的数学关系，建立相应的数学结构(尽量用简单的数学工具)。

(4) 模型求解：利用获取的数据资料，对模型的所有参数做出计算(估计)。

(5) 模型分析：对所得的结果进行数学上的分析。

(6) 模型检验：将模型分析结果与实际情形进行比较，以此来验证模型的准确性、合理性和适用性。

如果模型与实际较吻合，则要对计算结果给出其实际含义，并进行解释。如果模型与实际吻合较差，则应该修改假设，再次重复建模过程。

(7) 模型应用：应用方式因问题的性质和建模的目的而异。

数学建模的方法主要有：

1. 机理分析法

从基本物理定律以及系统的结构数据来推导出模型。可以分为：

(1) 比例分析法：建立变量之间函数关系的最基本、最常用的方法。

(2) 代数方法：求解离散问题(离散的数据、符号、图形)的主要方法。

(3) 逻辑方法：是数学理论研究的重要方法，对社会学和经济学等领域的实际问题，在决策、对策等学科中得到广泛应用。

(4) 常微分方程：解决两个变量之间的变化规律，关键是建立"瞬时变化率"的表达式。

(5) 偏微分方程：解决因变量与两个以上自变量之间的变化规律。

2. 数据分析法

从大量的观测数据中利用统计方法建立数学模型。

(1) 回归分析法：用于对函数 $f(x)$ 的一组观测值 $(x_i, f(x_i))(i = 1, 2, \cdots, n)$，确定函数的表达式，由于处理的是静态的独立数据，故称为数理统计方法。

(2) 时序分析法：处理的是动态的相关数据，又称为过程统计方法。

3. 仿真和其他方法

(1) 计算机仿真(模拟)：实质上是统计估计方法，等效于抽样试验。

① 离散系统仿真：有一组状态变量。

② 连续系统仿真：有解析表达式或系统结构图。

(2) 因子试验法：在系统上作局部试验，再根据试验结果进行不断分析修改，求得所需的模型结构。

(3) 人工现实法：基于对系统过去行为的了解和对未来希望达到的目标，并考虑到系统有关因素的可能变化，人为地组成一个系统。

7.2 常微分方程在数学建模中的应用

7.2.1 常微分方程模型

在第1章中我们列举了几个有代表性的常微分方程模型，可以看出常微分方程模型的特点是反映客观世界中量与量的变化关系，往往与时间有关，是一个动态系统。同时可以看出，常微分方程与许多实际问题之间有着紧密的联系。这是因为在寻求某些变量之间的函数关系时，往往不易或不能找到这些函数关系，但却能建立有关变量和它们的导数（或微分）之间的关系式，即常微分方程。还可以看到，完全无关、本质上不同的问题有时可以用同样的常微分方程来描述。

常微分方程是数学联系实际问题的重要渠道之一，从这些例子可以看出用常微分方程解决实际问题的基本步骤：

1. 建立实际问题的数学模型（即常微分方程），从问题的内在规律出发，考虑主要因素，忽略次要因素，构造出自变量、未知函数及其导数的关系式即常微分方程；

2. 求解这个常微分方程；

3. 用所得结果解释实际问题并预测发展趋势。

利用微分方程解决实际问题的过程如图 7-1 所示：

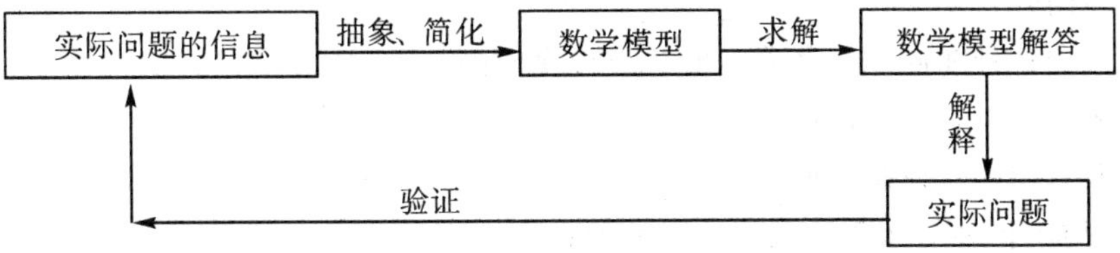

图 7-1

构造常微分方程模型有以下几种主要方法：

（1）根据规律列方程

利用数学、力学、物理和化学等学科中的定理或经过实验检验的规律等来建立微分方程模型。如牛顿第二定律、放射性物质的放射性规律等，我们常利用这些规律对某些实际问题列出微分方程。

（2）微元分析法

利用已知的定理与规律寻找微元之间的关系式，与第一种方法不同的是对微元而不是直接对函数及其导数应用规律。

（3）模拟近似法

在生物、经济等学科的实际问题中，许多现象的规律性不很清楚，即使有所了解也是极其复杂的，建模时在不同的假设下去模拟实际的现象，建立能近似反映问题的微分方程，然后从数学上求解或分析所建方程及其解的性质，再去同实际情况对比，检验此模型能否刻画、模拟某些实际现象。

其实在自然科学和技术科学的其他领域中，都提出了大量的微分方程问题，社会的生产实践是微分方程理论取之不尽的基本源泉。以下列举了一些不同领域中的微分方程模型。

1. 社会及市场经济中的微分方程模型：

（1）综合国力的微分方程模型；

(2) 诱发投资与加速发展的微分方程模型；
(3) 经济调整的微分方程模型；
(4) 广告的微分方程模型；
(5) 价格的微分方程模型。
2. 战争中的微分方程模型：
(1) 军备竞赛的微分方程模型；
(2) 战争的微分方程模型；
(3) 战斗中生存可能性的微分方程模型；
(4) 战争的预测与评估模型；
(5) 盯梢与追击问题的微分方程模型。
3. 人口与动物世界的微分方程模型：
(1) 单种群模型及进行开发的单种群模型；
(2) 弱肉强食模型；
(3) 两个物种在同一生态龛中的竞争排斥模型；
(4) 无管理的鱼类捕捞模型；
(5) 人口预测与控制模型。
4. 疾病的传染与诊断的微分方程模型：
(1) 艾滋病流行的微分方程模型；
(2) 糖尿病诊断的微分方程模型；
(3) 人体内碘的微分方程模型；
(4) 药物在体内的分布与排除模型。
5. 自然科学中的微分方程模型：
(1) 人造卫星运动的微分方程模型；
(2) 航空航天器翻滚控制的微分方程模型；
(3) 非线性振动的微分方程模型；
(4)PLC 电路自激振荡的微分方程模型。

7.2.2 常微分方程模型介绍

人口问题是当今世界最关注的问题之一。一些发展中国家的人口出生率过高，越来越严重地威胁着人类的正常生活，有些发达国家的自然增长率趋近于零，甚至变为负数，造成劳动力短缺，也是不容忽视的问题。由于我国20世纪50—60年代人口政策方面的失误，不仅造成人口总数增长过快，而且年龄结构也不合理，使得对人口增长的严格控制会导致人口老龄化问题严重。因此在首先保证人口有限增长的前提下适当控制人口老龄化，把年龄结构调整到合适的水平，是一项长期而又艰巨的任务。因而自然会产生这样一个问题：人口增长的规律是什么？如何在数学上描述这一规律。

1. Malthus 模型

1798 年，英国神父 Malthus 在分析了一百多年人口统计资料之后，提出了 Malthus

模型。

假设：(1)$x(t)$ 表示 t 时刻的人口数，且连续可微；(2) 人口的增长率 r 是常数(增长率 = 出生率 − 死亡率)；(3) 人口数量的变化是封闭的，即人口数量的增加与减少只取决于人口中个体的生育和死亡，且每一个体都具有相同的生育能力与死亡率。

建模与求解：由假设，t 时刻到 $t+\Delta t$ 时刻人口的增量为

$$x(t+\Delta t)-x(t)=rx(t)\Delta t,$$

于是得

$$\begin{cases}\dfrac{\mathrm{d}x}{\mathrm{d}t}=rx,\\ x(0)=x_0,\end{cases}$$

求解上述微分方程得

$$x(t)=x_0\mathrm{e}^{rt}。\tag{7.1}$$

模型评价：考虑 200 余年来人口增长的实际情况，1961 年世界人口总数为 3.06×10^9，在 1961—1970 年这段时间内，每年平均的人口自然增长率为 2%，则式(7.1) 可以写为

$$x(t)=3.06\times10^9\mathrm{e}^{0.02(t-1961)}。\tag{7.2}$$

根据 1961—1970 年间世界人口统计数据，发现这些数据与上式的计算结果相当吻合。因为在这期间地球上人口大约每 35 年增加 1 倍，而上式计算出每 34.6 年增加 1 倍。事实上，可以假设在 $T=t-t_0$ 内地球上的人口增加 1 倍，即当 $t=t_0$ 时，$x_0=3.06\times10^9$，当 $T=t-t_0$ 时，$2x_0=3.06\times10^9\mathrm{e}^{0.02T}$，故有 $\mathrm{e}^{0.02T}=2$，解出 $T=50\ln2\approx34.657$。

但是，当人们用式(7.1) 对 1790 年以来的美国人口进行检验，发现有很大差异。这里，取 1790 年为 $t=t_0=1790$，$x(1790)=3.9\times10^6$，$x(1800)=5.3\times10^6$，由此定出 $r=0.03\%$，故有

$$x(t)=3.9\times10^6\times\mathrm{e}^{0.03\%(t-1790)},$$

对上式进行计算并与实际人口进行比较，发现有较大的差异。

利用式(7.2) 对世界人口进行预测，也会得出惊异的结论：当 $t=2670$ 时，$x(t)=4.4\times10^{15}$，这相当于地球上每平方米要容纳至少 20 人。显然，用这一模型进行预测的结果远高于实际人口增长，误差的原因是对增长率的估计过高，由此，可以对 r 是常数的假设提出疑问。

2. 阻滞增长模型

如何对增长率 r 进行修正呢?我们知道，地球上的资源是有限的，它只能提供一定数量的生命生存所需的条件。随着人口数量的增加，自然资源、环境条件等对人口再增长的限制作用将越来越显著。如果在人口较少时，可以把增长率 r 看成常数，那么当人口增加到一定数量之后，就应当视 r 为一个随着人口的增加而减小的量，即将增长率 r 表示为人口 $x(t)$ 的函数 $r(x)$，且 $r(x)$ 是一个关于 $x(t)$ 的减函数。

假设：(1) 设 $r(x)$ 为 x 的线性函数 $r(x)=r-sx$；(2) 自然资源与环境条件所能容纳的最大人口数为 x_m，即当 $x=x_m$ 时，增长率 $r(x_m)=0$。

模型建立与求解：由假设可得 $r(x)=r\left(1-\frac{x}{x_m}\right)$，则有

$$\begin{cases}\dfrac{dx}{dt}=r\left(1-\dfrac{x}{x_m}\right)x,\\ x(t_0)=x_0,\end{cases}\tag{7.3}$$

解上述方程得

$$x(t)=\frac{x_m}{1+\left(\dfrac{x_m}{x_0}-1\right)e^{-r(t-t_0)}}。\tag{7.4}$$

模型检验：由以上计算可得

$$\frac{d^2x}{dt^2}=r^2\left(1-\frac{x}{x_m}\right)\left(1-\frac{2x}{x_m}\right)x。\tag{7.5}$$

人口总数 $x(t)$ 有以下规律：

(1) $\lim\limits_{t\to+\infty}x(t)=x_m$，即无论人口初值 x_0 如何，人口总数以 x_m 为极限。

(2) 当 $0<x<x_m$ 时，$\frac{dx}{dt}=r\left(1-\frac{x}{x_m}\right)x>0$，这说明 $x(t)$ 是单调增加的，又由式(7.5)知，当 $x<\frac{x_m}{2}$ 时，有 $\frac{d^2x}{dt^2}>0$，$x=x(t)$ 为凹函数，当 $x>\frac{x_m}{2}$ 时，有 $\frac{d^2x}{dt^2}<0$，$x=x(t)$ 为凸函数。

(3) 人口变化率 $\frac{dx}{dt}$ 在 $x=\frac{x_m}{2}$ 时取到最大值，即人口总数达到极限值一半以前是加速增长时期，经过这一点之后，增长速率会逐渐变小，最终到达零。

与 Malthus 模型一样，代入一些实际数据验算，若取1790年为 $t=t_0=0$，$x_0=3.9\times10^6$，$x_m=197\times10^6$，$r=0.3134$。可以看出，直到1930年，计算结果与实际数据都能较好地吻合，在1930年之后，计算与实际偏差较大，原因之一是20世纪60年代的实际人口已经突破了假设的极限人口 x_m，由此可知，本模型的缺点之一就是不容易确定 x_m。

3. 模型推广

可以从另一角度导出阻滞增长模型，在 Malthus 模型上增加一个竞争项 $-bx^2(b>0)$，该项的作用是使纯增长率减少。如果一个国家工业化程度较高，食品供应较充足，能够提供更多的人生存，此时 b 较小；反之 b 较大，故建立方程

$$\begin{cases}\dfrac{dx}{dt}=x(a-bx),\ (a,b>0),\\ x(t_0)=x_0,\end{cases}\tag{7.6}$$

其解为

$$x(t)=\frac{ax_0}{bx_0+(a-bx_0)e^{-a(t-t_0)}},\tag{7.7}$$

由上述方程得

$$\frac{d^2x}{dt^2}=(a-2bx)x(a-bx)。$$

对以上三式分析，有：(1) 当 $t>t_0$ 时，有 $x(t)>0$，且 $\lim\limits_{t\to+\infty}x(t)=\frac{a}{b}$。(2) 当 $0<x<\frac{a}{b}$ 时，$x'(t)>0$，$x(t)$ 递增；当 $x=0$ 时，$x'(t)=0$；当 $x>\frac{a}{b}$ 时，$x'(t)<0$，$x(t)$ 递减。(3) 当 $0<x<\frac{a}{2b}$ 时，$x''(t)>0$，$x(t)$ 为凹函数；当 $\frac{a}{2b}<x<\frac{a}{b}$ 时，$x''(t)<0$，$x(t)$ 为凸函数。

令式(7.6)右端为 0，得 $x_1=0$，$x_2=\frac{a}{b}$，称它们是该微分方程的平衡解，由图 6-8 可知 $\lim\limits_{t\to+\infty}x(t)=\frac{a}{b}$，故不论人口开始的数量 x_0 为多少，经过相当长的时间后，人口总数将稳定在 $\frac{a}{b}$。

如何确定 a,b，有学者以美国人口为例进行分析，考虑美国 1790 年、1850 年及 1910 年的人口分别为 3.9×10^6，23.2×10^6，92.0×10^6，设为：$x(t_0)=x_0$，$x(t_1)=x_1$，$x(t_2)=x_2$，其中 $t_1-t_0=t_2-t_1=\tau$，由式(7.7)可得

$$x_1=\frac{ax_0}{bx_0+(a-bx_0)\mathrm{e}^{-a\tau}},\quad x_2=\frac{ax_1}{bx_1+(a-bx_1)\mathrm{e}^{-a\tau}},$$

由此可得

$$a=\frac{1}{t}\ln\frac{x_2(x_1-x_0)}{x_0(x_2-x_1)},\quad b=\frac{a(x_0\mathrm{e}^{a\tau}-x_1)}{x_0x_1(\mathrm{e}^{a\tau}-1)}。$$

令 $x(\bar{t})=\frac{a}{2b}$，则可得 $\mathrm{e}^{-a(\bar{t}-t_0)}=\frac{bx_0}{a-bx_0}$，故有与式(7.4)近似且形式上简单的表达式

$$x(t)=\frac{a/b}{1+\mathrm{e}^{-a(t-\bar{t})}}。$$

由此可以计算出 $\frac{a}{b}=1.97\times10^9$，$a=0.031$，$\bar{t}=1914.3$，则式(7.4)可以进一步化为

$$x(t)=\frac{1.97\times10^9}{1+\mathrm{e}^{-0.031(t-1914.3)}}。$$

将上式的计算结果与实际情况对照，发现模型的计算结果与实际人口相当吻合。利用上述模型对世界人口的增长情况进行预测，据生态学家估计 $a=0.029$，人口为 3.06×10^8 时，平均纯增长率为每年 2%，可得 $\frac{a}{b}=9.86\times10^9$ 为世界人口的极限值。根据相关报道，1987 年的世界人口已达 50 亿，由模型的分析可知，世界人口的增长已进入减速阶段。

参考文献

[1] 东北师范大学微分方程教研室. 常微分方程[M]. 北京：高等教育出版社，2006.

[2] 丁同仁，李承治. 常微分方程[M]. 北京：高等教育出版社，1985.

[3] 庄万. 常微分方程习题解[M]. 济南：山东科学技术出版社，2005.

[4] 朱思铭. 常微分方程学习辅导与习题解答[M]. 北京：高等教育出版社，2009.

[5] 叶彦谦. 常微分方程讲义[M]. 北京：人民教育出版社，1979.

[6] 复旦大学数学系. 常微分方程[M]. 上海：上海科学技术出版社，1978.

[7] 罗定军，张祥，董梅芳. 动力系统的定性与分支理论[M]. 北京：科学出版社，2001.

[8] 钱祥征. 常微分方程解题方法[M]. 长沙：湖南科学技术出版社，1984.

[9] 蔡燧林. 常微分方程[M]. 杭州：浙江大学出版社，2001.

[10] 戴正德. 惯性流形及其在偏微分方程中的应用[M]. 北京：科学技术出版社，2000.

[11] 贺建勋，王志成. 常微分方程(上、中、下)[M]. 长沙：湖南科学技术出版社，1979.

[12] 金福临，阮炯，黄振勋. 应用常微分方程[M]. 上海：复旦大学出版社，1991.

[13] 胡包钢，赵星，康孟珍. 科学计算自由软件——SCILAB教程[M]. 北京：清华大学出版社，2003.

[14] 石瑞青，闫晓红，齐霄霏，等. 常微分方程全程导学及习题全解[M]. 第二版. 北京：中国时代经济出版社，2007.

[15] 孙清华，李金兰. 常微分方程内容、方法与技巧[M]. 武汉：华中科技大学出版社，2006.

[16] 王克，潘家齐. 常微分方程学习指导[M]. 北京：高等教育出版社，2007.

[17] 王高雄，周之铭，朱思铭，等. 常微分方程[M]. 第三版. 北京：高等教育出版社，2008.

[18] HIRSCH M W,SMALE S. 微分方程、动力系统和线性代数[M]. 黄偖,刘世伟,译. 北京:高等教育出版社,1987.

[19] 塞蒙斯 G F. 微分方程——附应用历史注记[M]. 张理京,译. 北京: 人民教育出版社, 1981.

[20] THXOHOB A H,等. 微分方程[M]. 张德荣,等,译. 北京:高等教育出版社,1991.